智能制造领域高素质技术技能型人才培养方案教材

电工电子技术

主　编◎薛媛丽　李锦丽

副主编◎盖超会　杨晓波　谭颖琦

参　编◎陈　艳　丁稳稳　岳汪洋　何京浩

华中科技大学出版社
http://press.hust.edu.cn
中国·武汉

内 容 简 介

本书共分 9 个项目,内容包括:电路与电路分析基础、正弦交流电路、三相交流电路、磁路及其基本应用、半导体二极管与直流稳压电源、半导体三极管与交流放大电路、集成运算放大电路及其应用、门电路与组合逻辑电路、触发器与时序逻辑电路等。

本书既可以作为高职高专院校机电类、自动化类、计算机类及控制类等专业的电工与电子技术课程教材,也可以作为成人教育教材,还可供工程技术人员自学使用。

图书在版编目(CIP)数据

电工电子技术 / 薛媛丽,李锦丽主编. -- 武汉 : 华中科技大学出版社,2024.8. -- ISBN 978-7-5772-1250-0

Ⅰ. TM;TN

中国国家版本馆 CIP 数据核字第 20241J3V76 号

电工电子技术
Diangong Dianzi Jishu

薛媛丽　李锦丽　主编

策划编辑:张　毅
责任编辑:张　毅
封面设计:王　琛
责任监印:朱　玢
出版发行:华中科技大学出版社(中国·武汉)　　电话:(027)81321913
　　　　　武汉市东湖新技术开发区华工科技园　　邮编:430223
录　　排:华中科技大学惠友文印中心
印　　刷:武汉市洪林印务有限公司
开　　本:787mm×1092mm　1/16
印　　张:15.5
字　　数:397 千字
版　　次:2024 年 8 月第 1 版第 1 次印刷
定　　价:52.80 元

党的二十大报告指出,教育、科技、人才是全面建设社会主义现代化国家的基础性、战略性支撑。必须坚持科技是第一生产力、人才是第一资源、创新是第一动力,深入实施科教兴国战略、人才强国战略、创新驱动发展战略,开辟发展新领域新赛道,不断塑造发展新动能新优势。教材是学科知识的精华和智慧的结晶,是教学的根本和重要支撑之一,是开展教学工作的中心和关键,是提高教学质量和教学改革效果、实现人才培养目标的重要保障。

"电工与电子技术"是高等职业院校非电类专业的一门重要的专业基础课程。一方面,随着科学技术的不断发展,课程教学内容不断扩大,各院校教学计划和培养计划随之修订,但课程的学时在不断压缩,造成了内容多与学时少之间矛盾的加剧;另一方面,由于电工电子技术教学对象的多样化,各个专业在教学中的要求不尽相同。

为解决上述问题,编者在认真总结了多年教学经验、借鉴参考了许多同行专家论著的基础上,编写了本书。

本书以"必需、够用"为度,以培养学生分析问题和解决问题能力、提高学生职业素质为目标,注重基本概念、基本原理、基本方法的介绍,使学生既能掌握好基础,又能启发思考、开拓视野。本书内容在叙述上深入浅出,通俗易懂;在编排上尽量符合学生的认识规律,便于学生学习。本书实例丰富,实用性强,每个项目、每个小节均配有一定数量思考与练习题,起到检验和加深学生理解理论知识、培养学生解题和应用能力及训练学生思维方式的作用。

本书由陕西机电职业技术学院薛媛丽、李锦丽担任主编,武汉软件工程职业学院盖超会、辽宁农业职业技术学院杨晓波、北京工业职业技术学院谭颖琦担任副主编,陕西机电职业技术学院陈艳、丁稳稳、岳汪洋、何京浩参编。

本书的编写和出版,得到了编者所在院校和华中科技大学出版社的大力支持,在此向关心和支持本书编写和出版的各位人士表示衷心的感谢。

由于编者水平有限,书中难免存在不妥之处,恳请广大读者批评指正。

编　者

2024 年 7 月

项目

电路与电路分析基础

知识目标

（1）掌握电路的基本物理量；

（2）理解电阻元件、电感元件、电容元件的特点及电压和电流的关系；

（3）熟练应用欧姆定律、基尔霍夫定律、支路电流法、叠加原理、电压源与电流源等效变换等电路的基本分析方法；

（4）了解结点电压法、戴维南定理及诺顿定理等知识。

能力目标

（1）能对电路各种分析方法进行实际应用；

（2）能使用电工仪表测量小型用电设备的电流、电压，能检查电路故障。

素质目标

（1）培养学生自主学习的能力，激发学习兴趣；

（2）理解物理学中解决问题的思路与方法。

◀ 1.1 电路的基本组成 ▶

1.1.1 电路的组成

电路,简单地说就是电流流通的路径,它是由电气设备、元件等按一定方式用导线连接而成的。电路的作用是实现能量的输送与转换,或者信号的传递和处理。组成电路的元器件及其连接方式虽然多种多样,但都包含电源(信号源)、负载和中间环节这三个基本组成部分。

(1)电源。电源是将其他形式能量转换为电能的装置(如蓄电池、发电机和信号源等),可将化学能、机械能、水能、原子能等能量转换为电能。

(2)负载。负载是将电能转换成非电形态能量的用电设备(如电动机、照明灯、电炉等),可将电能转换成机械能、光能和热能。

(3)中间环节。中间环节包括连接导线、控制开关和保护装置等,主要起传输、控制、分配与保护作用。

例如,一种最简单的电路——手电筒电路就由这三部分构成,电池是电源部分,灯泡就是负载,手电筒的金属外壳和开关就是中间环节。

如图 1-1-1(a)所示为电池供电的手电筒的直流电路,图 1-1-1(b)所示的则是交流供电的节能型 H 形日光灯的交流电路。

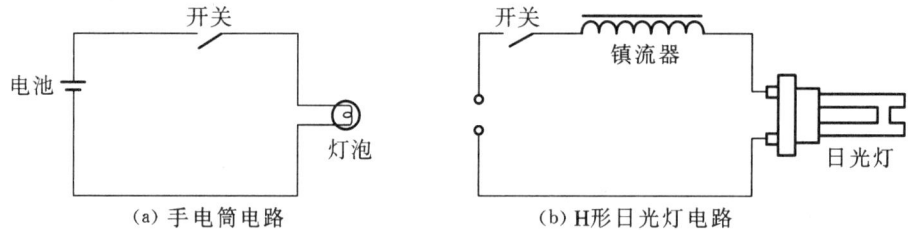

(a)手电筒电路   (b)H形日光灯电路

图 1-1-1 电路举例

1.1.2 电路的基本物理量

电路中涉及的物理量主要有电流、电压、电动势、电位和功率,在进行电路的分析和计算时,需要知道电压和电流的方向。关于电压和电流的方向,有实际方向和参考方向之分,要加以区别。

1. 电流

电流是由带电粒子有规则的定向运动而形成的,其大小等于单位时间 $\mathrm{d}t$ 内通过导体横截面的电荷量 $\mathrm{d}q$。随着时间推移而变化的电流是交流电,用小写字母 i 表示,$i = \dfrac{\mathrm{d}q}{\mathrm{d}t}$;不随时间推移而变化的电流是直流电,用大写字母 I 表示。

在国际单位制中,电流的单位是 A(安[培]),另外还有 mA(毫安)、μA(微安)。它们的换算关系为

$$1\ \mathrm{A} = 10^3\ \mathrm{mA} = 10^6\ \mu\mathrm{A}$$

　　既然电流是由带电粒子有规则的定向运动而形成的,那么电流就是一个既有大小、又有方向的物理量。习惯上规定正电荷运动的方向或负电荷运动的反方向为电流的实际方向。

　　因为电流的实际方向可能是未知的,也可能是随时间变动的,所以有必要指定电流的参考方向。图 1-1-2 表示一个电路的一部分,其中的长方框表示一个二端元件。流过这个元件的电流为 i,其实际方向或是由 a 到 b,或是由 b 到 a。在该图中用实线箭头表示电流的参考方向,它不一定就是电流的实

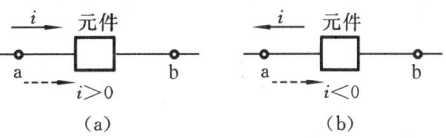

图 1-1-2　电流的参考方向

际方向。如果电流 i 的实际方向是由 a 到 b,如图 1-1-2(a)中虚线箭头所示,它与参考方向一致,则电流为正值,即 $i>0$。在图 1-1-2(b)中,指定电流的参考方向由 b 到 a(见实线箭头),如果电流的实际方向是由 a 到 b(见虚线箭头),两者不一致,故电流为负值,即 $i<0$。这样,在指定的电流参考方向下,电流值的正和负就可以反映出电流的实际方向。

　　所以,今后在分析与计算电路时,都要在电路中标出有关支路电流的参考方向。这样,最后计算出来的电流值的正负才有意义。

2. 电压与电动势

　　电压是用来表示电场力移动电荷做功本领的物理量。a、b 两点之间的电压 U_{ab},在数值上等于电场力将单位正电荷 dq 从点 a 移动到点 b 所做的功 dW,$U_{ab}=\dfrac{dW}{dq}$。电动势是用来表示电源移动电荷做功本领的物理量。电源的电动势 E_{ba},在数值上等于电源把单位正电荷从负极 b(低电位)经由电源内部移动到电源的正极 a(高电位)所做的功。电源的符号如图 1-1-3(a)所示。

　　在国际单位制中,电压和电动势的单位都是 V(伏[特]),另外还有 kV(千伏)、mV(毫伏)和 μV(微伏)。它们的换算关系为

$$1\ kV = 10^3\ V = 10^6\ mV = 10^9\ \mu V$$

　　电压的实际方向规定为由高电位("+"极性)端指向低电位("-"极性)端,即为电位降低的方向。电源电动势的实际方向规定为在电池内部由低电位("-"极性)端指向高电位("+"极性)端,即为电位升高的方向。与电流一样,在较为复杂的电路中,往往无法先确定它们的实际方向(或者极性)。因此,在电路图上所标出的也都是电动势和电压的参考方向。若参考方向与实际方向一致,则其值为正;若参考方向与实际方向相反,则其值为负。

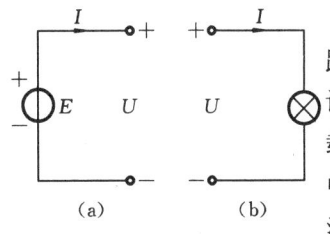

图 1-1-3　关联参考方向

　　原则上参考方向是可以任意选择的,但是在分析某一个电路元件的电压与电流的关系时,需要将它们联系起来选择,这样设定的参考方向称为关联参考方向。今后在单独分析电源或负载的电压与电流关系时,选用图 1-1-3 所示的关联参考方向,其中负载中电流的参考方向是由电压参考方向所假定的由高电位流向低电位的,符合这一规定的参考方向称为关联参考正方向。

　　电源中电压的参考方向与电动势参考方向相反,电流的参考方向是由电压或电动势的参考方向所假定的由低电位经电源内部流向高电位的。

3. 电位

在分析和计算电路时,特别是在电子技术中,常常将电路中的某一点选作参考点,并规定其电位为零。于是电路中其他任何一点 a 与参考点之间的电压便是点 a 的电位,用 V_a 表示。在同一电路中,如果选择的参考点不同,各点的电位值会随着改变,但是任意两点之间的电压值是不变的。所以各点的电位高低是相对的,而两点间的电压值是绝对的。

原则上,参考点可以任意选择,但为了统一起见,工程上常选大地为参考点。外壳需要接地的设备,可以把外壳选作电位的参考点。有些电子设备的外壳虽然不一定接地,但为了分析方便起见,可以把它们当中元件汇集的公共端或公共线选作参考点,也称为"地",在电路图中用"⊥"表示。

例 1-1 求图 1-1-4 所示电路中开关 S 闭合和断开两种情况下 a、b、c 三点的电位。

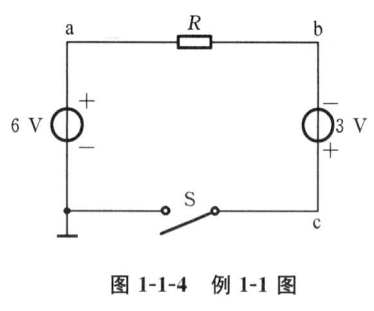

图 1-1-4 例 1-1 图

解 当开关 S 闭合时,有

$$V_a = 6 \text{ V}, V_b = -3 \text{ V}, V_c = 0 \text{ V}$$

当开关 S 断开时,点 a 的电位不变,有

$$V_a = 6 \text{ V}$$

因为电路中无电流流过电阻 R,有

$$V_b = V_a = 6 \text{ V}$$

点 c 的电位比点 b 电位高 3 V,得

$$V_c = (6+3) \text{ V} = 9 \text{ V}$$

4. 功率

在电路的分析和计算中,功率的计算是十分重要的。这是因为一方面电路在工作状态下总伴随有电能与其他形式能量的相互交换;另一方面,电气设备、电路元件本身都有功率的限制,在使用时要注意其电流值或电压值是否超过额定值,超载会使设备或元件损坏,或不能正常工作。

功率的定义为单位时间内元件吸收或发出的电能,体现能量转换的速率,用 P 表示。设 dt 时间内元器件转换的电能为 dW,则 $P = \dfrac{dW}{dt}$。对直流电路来说,功率是能量转换的速率,电路中任何元件的功率 P,都可用元件的端电压 U 和其中的电流 I 相乘求得。

在写表达式求解功率时,要注意 U 与 I 的参考方向是否一致:

若 U 与 I 的参考方向一致,则

$$P = UI \tag{1-1-1}$$

若 U 与 I 的参考方向相反,则

$$P = -UI \tag{1-1-2}$$

另外,U 和 I 的值还有正、负之分。当把 U 和 I 的值代入上列两式去计算后,所得的功率也会有正负的不同。功率的正负表示了元件在电路中的作用不同。若功率为正值,则表明该元件在电路中是负载,将电能转换成了其他的能量,电流流过该元件时是电场力做功;若功率是负值,则表明该元件在电路中是电源,将其他形式的能量转换成电能,电流流过该元件时是电源力做功。

在图 1-1-5 中,已知某元件两端的电压 u 为 5 V,点 a 电位高于点 b 电位,电流 i 的实际方

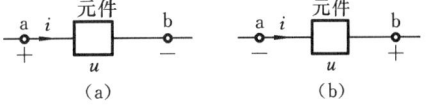

向为自点 a 到点 b，其值为 2 A，图 1-1-5(a)中 u 和 i 为关联参考方向，u、i 表示瞬时电压和瞬时电流，瞬时功率 $p=ui=(5\times2)$ W $=10$ W 为正值，此元件吸收的功率为 10 W。如果指定的 u 和 i 的参考方向为非关联参考方向，如图 1-1-5(b)所示，则此时 $u=-5$ V，$i=2$

图 1-1-5　元件的功率

A，瞬时功率 $p=-ui=[-(-5)\times2]$ W $=10$ W，所以此元件还是吸收了 10 W 的功率，与图 1-1-5(a)求得的结果一致。

在同一个电路中，发出的功率和吸收的功率在数值上是相等的，这就是电路的功率平衡。

在国际单位制中，功率的单位是 W(瓦[特])，另外还有 kW(千瓦)、mW(毫瓦)等单位。它们的换算关系为

$$1\text{ kW}=10^{3}\text{ W}=10^{6}\text{ mW}$$

【思考与练习 1.1】

1.1.1　求如图 1-1-6 所示的电路中开关 S 闭合和断开两种情况下 a、b、c 三点的电位。

1.1.2　求如图 1-1-7 所示电路中通过恒压源的电流 I_1、I_2 及其功率，并说明该恒压源是起电源作用还是起负载作用。

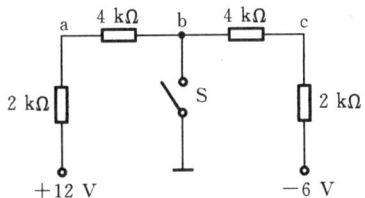

图 1-1-6　思考与练习 1.1.1 图

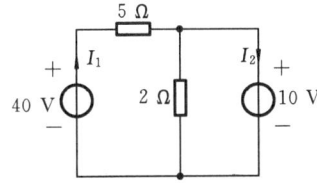

图 1-1-7　思考与练习 1.1.2 图

◀ **1.2　电路的基本元件和工作状态** ▶

1.2.1　电路的基本元件

电阻元件、电容元件、电感元件都是组成电路模型的理想元件。电阻、电容和电感这三个名词既代表了三种理想的电路元件，又是表征它们量值大小的参数。电源是任何电路都不可缺少的组成部分，电压源和电流源是从实际电源抽象得到的电路模型。

1. 电阻元件

电阻是表征电路中电能消耗的理想元件。一个电阻器有电流通过后，若只考虑它的热效应，忽略它的磁效应，即成为一个理想电阻元件。

电阻元件的图形符号如图 1-2-1 所示，图中电压和电流都用小写字母表示，表示它们可以是任意波形的电压和电流。图 1-2-1 中，u 和 i 的参考方向相同，根据欧姆定律得出

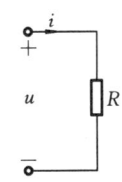

图 1-2-1　电阻元件

$$i = \frac{u}{R} \text{ 或 } R = \frac{u}{i}$$

即电阻元件上的电压与通过的电流成线性关系,两者的比值是一个大于零的常数,称为这一部分电路的电阻,单位是 Ω(欧[姆])。

在直流电路中,电阻的电压与电流的乘积为电功率,单位是 W(瓦[特]),有

$$P = UI = RI^2 = \frac{U^2}{R}$$

在 t 时间内消耗的电能为 $W = Pt$,电能的单位是 J(焦[耳]),工程上电能的计量单位为 kW·h(千瓦时),1 kW·h 即 1 度,度与焦的换算关系为 1 kW·h=3.6×10^6 J。这些电能或变成热能散失于周围的空间,或转换成其他形态的能量做有用功了。因此,电阻消耗电能的过程是不可逆的能量转换过程。

2. 电容元件

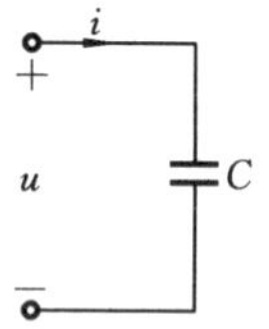

图 1-2-2 电容元件

电容是用来表征电路中电场能储存这一物理性质的理想元件。图 1-2-2 所示是一电容器,当电路中有电容器存在时,电容器极板(由绝缘材料隔开的两个金属导体)上会聚集起等量异号电荷。电压 u 越高,聚集的电荷 q 就越多,产生的电场越强,储存的电场能就越多。q 与 u 的比值为

$$C = \frac{q}{u}$$

式中,q 的单位为 C(库[仑]);u 的单位为 V(伏[特]);C 称为电容,单位为 F(法[拉])。工程上多用 μF(微法)或 pF(皮法),它们的换算关系为

$$1 \ \mu F = 10^{-6} \ F, 1 \ pF = 10^{-12} \ F$$

当极板上的电荷量 q 或电压 u 发生变化时,在电路中就要引起电流流过。其大小为

$$i = \frac{dq}{dt} = C \frac{du}{dt} \tag{1-2-1}$$

式(1-2-1)是在 u 和 i 的参考方向相同的情况下得出的,否则要加负号。

当电容器两端加恒定电压时,则由式(1-2-1)可知 $i=0$,电容元件相当于开路。将式(1-2-1)两边积分,便可得出电容元件上的电压与电路中电流的一种关系式,即

$$u = \frac{1}{C}\int_{-\infty}^{t} i \, dt = \frac{1}{C}\int_{-\infty}^{0} i \, dt + \frac{1}{C}\int_{0}^{t} i \, dt = u_0 + \frac{1}{C}\int_{0}^{t} i \, dt \tag{1-2-2}$$

式(1-2-2)中,u_0 是初始值,即在 $t=0$ 时电容元件上的电压。若 $u_0=0$ 或 $q_0=0$,则

$$u = \frac{1}{C}\int_{0}^{t} i \, dt \tag{1-2-3}$$

如将式(1-2-3)两边乘上 u,并积分之,则得

$$\int_{0}^{t} ui \, dt = \int_{0}^{u} Cu \, du = \frac{1}{2}Cu^2 \tag{1-2-4}$$

这说明当电容元件上的电压增加时,电场能量增大,在此过程中,电容元件从电源取用能量(充电),式(1-2-4)中的 $\frac{1}{2}Cu^2$ 就是电容元件极板间的电场能量。当电压降低时,则电场能量减小,即电容元件向电源放还能量(放电)。

一般的电容器除了有储能作用外,也会消耗一部分电能,这时,电容器模型就必须是电容

元件和电阻元件的组合,由于电容器消耗的电功率与所加的电压直接相关,因此其模型应是两者的并联组合。

3. 电感元件

电感是用来表征电路中磁场能储存这一物理性质的理想元件。例如,当电路中有电感器(线圈)存在时,电流通过线圈会产生比较集中的磁场,因而必须考虑磁场能储存的影响。

在图 1-2-3(a)中,设线圈的匝数为 N,电流 i 通过线圈而产生的磁通为 Φ,两者的乘积($\Psi = N\Phi$)称为线圈的磁链,它与电流的比值称为电感器(线圈)的电感,即

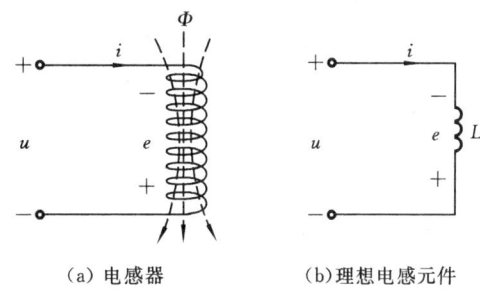

(a)电感器   (b)理想电感元件

图 1-2-3 电感元件

$$L = \frac{\Psi}{i}$$

式中,Ψ 和 Φ 的单位为 Wb(韦[伯]);i 的单位为 A(安[培]);L 的单位为 H(亨[利])。

如果线圈的电阻很小,则可以忽略不计,该线圈便可用图 1-2-3(b)所示的理想电感元件来代替。当线圈中的电流变化时,磁通和磁链将随之变化,将会在线圈中产生感应电动势。在规定 e 的方向与磁场线的方向符合右手螺旋定律时 e 为正、否则为负的情况下,感应电动势 e 可以用下式计算,即

$$e = -N\frac{\mathrm{d}\Phi}{\mathrm{d}t} = -\frac{\mathrm{d}\Psi}{\mathrm{d}t}$$

因此,在图 1-2-3 中,关联参考方向规定:u 与 i 的参考方向一致,i 与 e 的参考方向都与磁场线的参考方向符合右手螺旋定律,因而 i 与 e 的参考方向也应该一致。在此规定下,便得到了电感中感应电动势的另一种计算公式,即

$$e = -L\frac{\mathrm{d}i}{\mathrm{d}t}$$

又因为
$$u = -e = L\frac{\mathrm{d}i}{\mathrm{d}t} \tag{1-2-5}$$

此即电感元件上的电压与通过的电流的关系式。

当线圈中通过不随时间而变化的恒定电流时,由式(1-2-5)可知,其上电压为零,电感元件可视为短路。

将式(1-2-5)两边积分,便可得出电感元件上的电压与电流的关系式,即

$$i = \frac{1}{L}\int_{-\infty}^{t} u\mathrm{d}t = \frac{1}{L}\int_{-\infty}^{0} u\mathrm{d}t + \frac{1}{L}\int_{0}^{t} u\mathrm{d}t = i_0 + \frac{1}{L}\int_{0}^{t} u\mathrm{d}t \tag{1-2-6}$$

式中,i_0 是初始值,即在 $t = 0$ 时电感元件中通过的电流,若 $i_0 = 0$,则

$$i = \frac{1}{L}\int_{0}^{t} u\mathrm{d}t \tag{1-2-7}$$

最后讨论电感元件中的能量转换问题。如将式(1-2-7)两边乘上 L,并积分之,则

$$\int_{0}^{t} ui\,\mathrm{d}t = \int_{0}^{i} Li\,\mathrm{d}i = \frac{1}{2}Li^2 \tag{1-2-8}$$

这说明当电感元件中的电流增大时,磁场能量增大,在此过程中电能转换为磁能,即电感元件从电源取用能量;当电流减小时,磁场能量转换为电能,即电感元件向电源放还能量。

4. 电压源

任何一个电源,都含有电动势 E 和内阻 R_0。在分析与计算电路时,往往把它们分开,组成由 E 和 R_0 串联的电源的电路模型,即电压源。如图 1-2-4 中 a、b 左边部分所示。图中 U 为

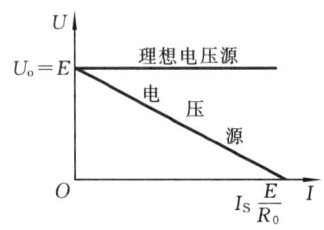

图 1-2-4 电压源电路

电源的端电压,当接上负载电阻 R_L 形成回路后,电路中将有电流 I 流过,则电源的端电压为

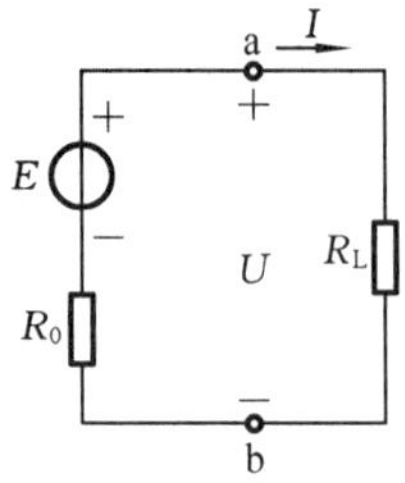

$$U = E - IR_0 \qquad (1-2-9)$$

式中,E 和 R_0 值为常数,U 和 I 的关系称为电源的外特性,其外特性曲线如图 1-2-5 所示 。

当 $I=0$(即电压源开路)时,$U=U_0=E$(开路电压等于电源的电动势)。

当 $U=0$(即电压源短路)时,$I=I_S=\dfrac{E}{R_0}$(I_S 称为短路电流)。

当 $R_0=0$ 时,电压 U 恒等于电动势 E,是一定值,而其中的电流 I 则是任意值,由负载电阻 R_L 及电压 U 本身确定。这样的电压源称为理想电压源或恒压源。理想电压源电路如图 1-2-6所示。

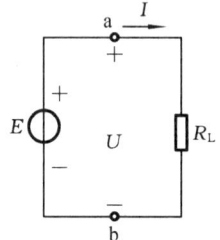

图 1-2-5 电压源和理想电压源的外特性曲线

图 1-2-6 理想电压源电路

常见实际电源(如发电机、蓄电池等)的工作机理比较接近电压源,其电路模型是 E 和 R_0 的串联组合。理想电压源实际上是不存在的。但在电源内阻 R_0 远小于负载电阻 R_L,内阻上的压降 IR_0 将远小于 U,则可认为 $U\approx E$,基本上恒定,这时可将此电压源看成是理想电压源。通常用的稳压电源可认为是一个理想电压源。

5. 电流源

电源除用电动势 E 和内阻 R_0 串联的电路模型表示外,还可以用另一种电路并联模型来表示。

如将式(1-2-9)两端除以 R_0,则得

$$\frac{U}{R_0} = \frac{E}{R_0} - I = I_S - I$$

即
$$I_S = \frac{U}{R_0} + I \qquad (1-2-10)$$

这样,就可以用一个电流源 $I_S=\dfrac{E}{R_0}$ 和一个内阻 R_0 并联的电路模型去表示一个电源,此即电流源。如图 1-2-7 中 a、b 左边部分所示,图中 U 为电流源的端电压,若接上负载电阻 R_L 构成回路

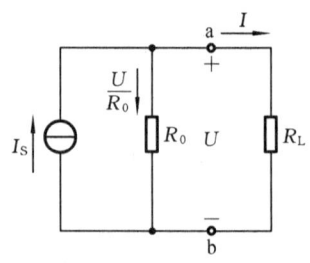

图 1-2-7 电流源电路

后,其中将有电流 I 流过。

式(1-2-10)中 I_S 和 R_0 均为常数,U 和 I 的关系称为电流源的外特性,其外特性曲线如图 1-2-8 所示。

当电流源开路时,$I=0$,$U=U_o=I_S R_0$;当其短路时,$U=0$,$I=I_S$。内阻 R_0 越大,则直线越陡,R_0 支路对 I_S 的影响作用就越小。当 $R_0=\infty$(相当于 R_0 支路断开)时,电流 I 将恒等于 I_S,是一定值,而其两端的电压 U 则是任意值,由负载电阻 R_L 及电流 I_S 本身确定。这样的电源称为理想电流源或恒流源。理想电流源电路如图 1-2-9 所示。

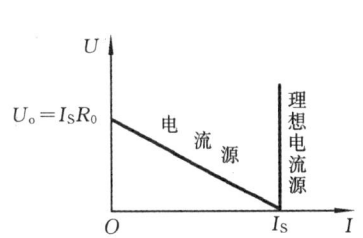

图 1-2-8　电流源和理想电流源的外特性曲线

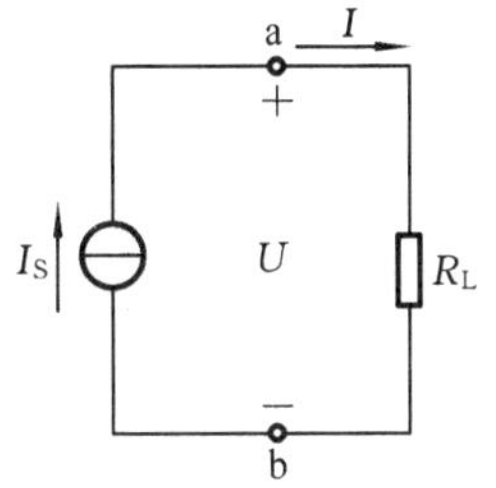

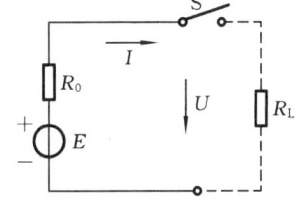

图 1-2-9　理想电流源电路

像光电池一类的器件,工作时的特性比较接近电流源,其电路模型是电流源与电阻的并联。

理想电流源是不存在的,但是在电源内阻 R_0 远大于负载电阻 R_L,即 $R_0 \gg R_L$ 时,R_0 支路的分流作用很小,则可以认为 $I \approx I_S$ 基本恒定,这时可将此电流源看成是理想电流源。

1.2.2　电路的基本工作状态

1. 有载工作状态

在图 1-2-10 中,当开关 S 闭合后,电源和负载接通形成闭合回路,这称为电路的有载工作状态。在有载工作状态下电源输出的电流即为流经负载的电流,因此电路具有下列特征。

(1) 电路中的电流为

$$I = \frac{E}{R_0 + R_L} \tag{1-2-11}$$

图 1-2-10　电源的有载工作状态

当 E 和 R_0 一定时,电流 I 由负载电阻 R_L 的值的大小决定。负载电阻 R_L 越小(即所带的负载越大),则电流 I 越大。

(2) 电源输出的端电压 U 等于负载电阻两端的电压,由式(1-2-11)可得

$$U = IR_L = E - IR_0 \tag{1-2-12}$$

可见,随着负载的增加(R_L 的值变小),电流 I 的值增大,负载两端的电压 U 将会下降,下降的快慢由电源的内阻 R_0 的值决定。通常电源内阻 R_0 的值是很小的。

(3) 电源的输出功率为

$$P = UI = EI - I^2 R_0 \tag{1-2-13}$$

式中,UI 为电源的输出功率,EI 为电源输出的功率,$I^2 R_0$ 为电源内阻的功率损耗。可见,电源产生的功率与电源的输出功率和内阻上所损耗的功率是平衡的。

在实际电路中,为了保证电气设备安全可靠地工作,每一个电路元件在工作中都有一定的

使用限额,这种限额称为额定值。电气设备的额定值一般都列入产品说明书或直接标明在电气设备的铭牌上。例如,某电动机铭牌上标明"5 kW,380 V,199 A"等,这些功率、电压、电流值均指额定值,表明该电动机接在额定电压为 380 V 的电源上,带有额定负载时输出 5 kW 的额定功率。当所加电压或电流超过额定电压或额定电流很多时,电器设备或元件容易损坏。当在低于额定值很多的状态下工作时,电气设备不能正常运转。额定电压、额定电流和额定功率分别用 U_N、I_N、P_N 表示。

2. 开路状态

将图 1-2-10 中的开关 S 断开,电路即处于开路状态。开路也称为断路,也称为空载状态。电路空载时,外电路呈现的电阻为无穷大,这时电路具有下列特征:

(1)电路中电流 $I=0$;

(2)电源的端电压等于电源电动势,即 $U=U_o=E-IR_0=E$,U_o 称为开路电压或空载电压;

(3)电源的输出功率 P_E 和负载吸收的功率 P 均为零,这是因为电源的输出电流 $I=0$。

3. 短路状态

当电源的两个输出端由于某种意外原因而短接时称为短路,如图 1-2-11 所示。

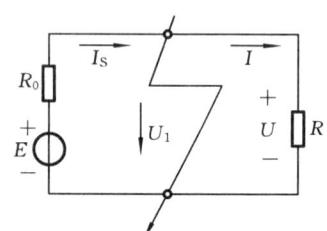

图 1-2-11 电源的短路状态

电路短路时,主要特征可用下列式子表示

$$U=0, I=I_S=\frac{E}{R_0}$$

$$P_E=P_o=I_S^2 R_0$$

$$P=0$$

由上可知,电源被短路时的电流 I_S 很大,电源产生的功率 P_E 全部消耗在内阻上,造成电源过热而损坏。此时负载上没有电流,负载的功率 $P=0$。

短路通常是一种严重的事故,可能会烧坏电源或设备,甚至引发火灾。因此,应预防短路的发生,并对电源进行可靠的保护。通常的保护措施是在电路中接入熔断器(俗称保险丝)和自动断路器,以便在发生短路时迅速将故障电路断开。

例 1-2 有一个额定电压 $U_N=220$ V、额定功率 $P_N=60$ W 的灯泡,接在 220 V 的电源上,试求流过电灯的电流和灯泡的内阻。如果每晚用 3 h,那么一个月(按 30 天计)消耗多少电能?

解
$$I_N=\frac{P_N}{U_N}=\frac{60}{220}\text{ A}=0.273\text{ A}$$

$$R=\frac{U_N}{I_N}=\frac{220}{0.273}\text{ Ω}=806\text{ Ω}$$

一个月消耗电能为
$$W=Pt=60\text{ W}\times3\text{ h}\times30=0.06\text{ kW}\times90\text{ h}=5.4\text{ kW·h(度)}$$

【思考与练习1.2】

1.2.1 在图 1-2-12 所示电路中,已知 $U_S=100$ V,$R_1=2$ kΩ,$R_2=8$ kΩ,在下列三种情况下,分别求电压 U_2 和电流 I_1、I_2:(1) $R_3=8$ kΩ;(2) $R_3=\infty$(开路);(3) $R_3=0$(短路)。

1.2.2 在图 1-2-13(a)所示电路中，$L=4$ H，且 $i(0)=0$，电压的波形如图 1-2-13(b)所示。试求：当 $t=1$ s、$t=2$ s、$t=3$ s 和 $t=4$ s 时的电感电流。

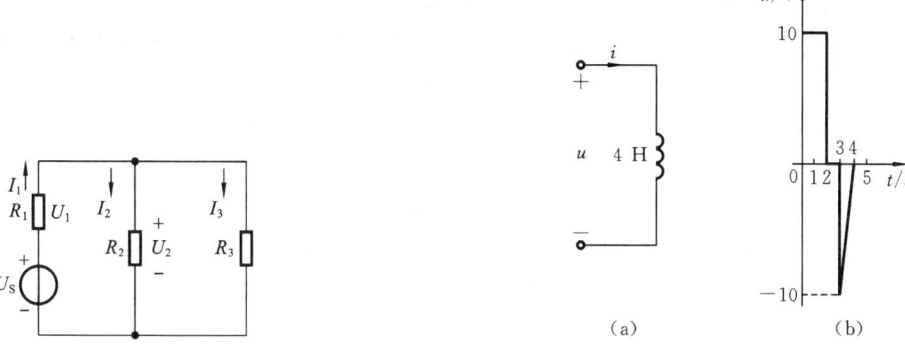

图 1-2-12 思考与练习 1.2.1 图   图 1-2-13 思考与练习 1.2.2 图

1.2.3 有一台直流发电机，其铭牌上标有"40 kW, 230 V, 174 A"。试问：(1)什么是发电机的空载运行、轻载运行、满载运行和过载运行？(2)负载的大小一般指什么而言？

◀ 1.3 欧姆定律和基尔霍夫定律 ▶

1.3.1 欧姆定律

欧姆定律是电路的基本定律之一，它指流过线性电阻的电流与电阻两端的电压成正比。对图 1-3-1(a)所示电路，欧姆定律可用下式表示

$$\frac{U}{I} = R \text{ 或 } U = IR \tag{1-3-1}$$

式中，R 为该段电路的电阻值。

由式(1-3-1)可知，在电压 U 一定的情况下，电阻 R 越大，则电流越小。可见，电阻具有对电流起阻碍作用的性质。欧姆定律表示了线性电阻两端电压和电流的约束关系。因此，欧姆定律的表达式也称为线性电阻元件约束方程。

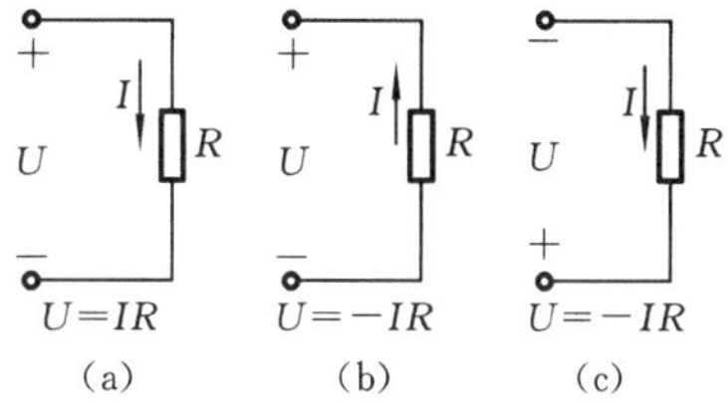

图 1-3-1 欧姆定律电路

在图 1-3-1(b)、(c)中，由于电阻元件的端电压和电流的参考方向不同，则得

$$U = - IR \tag{1-3-2}$$

由以上分析可知，欧姆定律的表达式中包含了两套正、负号，一是表达式前面的正、负号，由 U 与 I 的参考正方向是否相同决定；二是电压 U 和电流 I 本身的值还有正、负之分。所以在使用欧姆定律进行计算时，必须注意这一点。

当电路两端的电压是 1 V，通过的电流为 1 A 时，则该段电路的电阻为 1 Ω。计量高电阻值时，则以 kΩ(千欧)或 MΩ(兆欧)为单位。

1.3.2 基尔霍夫定律

在电路的分析与计算中,其依据来源于两种电路规律,一种是各类理想电路元件的伏安特性,这一点只取决于元件本身的电磁性质,与电路的连接状况无关;另一种就是与电路的结构及连接状况有关,而与组成电路的元件性质无关的规律。表达电路中电压、电流在结构方面的规律称为基尔霍夫定律。

电路中三个或三个以上电路元件的连接点称为结点。例如,在图 1-3-2 所示的电路中有 a 和 b 两个结点。两结点之间每一条分支电路称为支路。支路中通过的电流相等。在图1-3-2 所示电路中有 acb、adb、ab 三条支路。因若干条支路所组成的闭合电路称为回路。在图 1-3-2 所示电路中有 adbca、abda、abca 三个回路。其中 adbca、abda 是电路中自然形成的孔,称为网孔。

1. 基尔霍夫电流定律

基尔霍夫电流定律(KCL)描述的是电路中任意一个结点上各支路电流之间的关系。该定律指出:在任一瞬时,流入电路中任一结点的各支路电流的代数和等于流出该结点的各支路电流的代数和,即通过电路中任一结点的各支路电流的代数和等于零,有

$$\sum I = 0 \text{ 或 } \sum i = 0 \tag{1-3-3}$$

应用该定律时,应先假定各支路电流的参考方向。设所取的参考方向指向结点时电流取为正,反之则为负。在图 1-3-2 中,对结点 a,有

$$I_1 + I_2 - I_3 = 0 \text{ 或 } I_1 + I_2 = I_3 \tag{1-3-4}$$

基尔霍夫电流定律不仅适用于某一具体结点,而且还可以推广用于电路中任何一个假定的闭合面。例如,在图 1-3-3 所示的晶体三极管中,对虚线所示的闭合面来说,三个电极电流的代数和应等于零,即

$$I_C + I_B - I_E = 0$$

由于闭合面具有与结点相同的性质,因此称为广义结点。

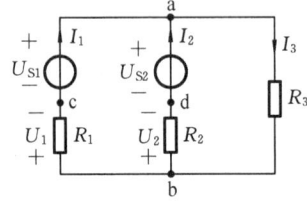

图 1-3-2 KCL 电路

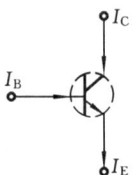

图 1-3-3 广义结点

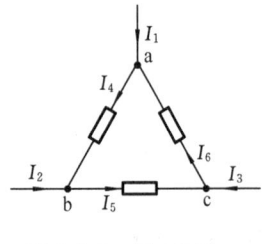

图 1-3-4 例 1-3 图

例 1-3 在图 1-3-4 所示电路中,已知 $I_1 = 3$ A,$I_4 = -5$ A,$I_5 = 8$ A,试求 I_3 和 I_6 的值。

解 根据图中标出的电流参考方向,应用 KCL,分别由结点 a、b、c 求得

$$I_6 = I_4 - I_1 = (-5-3) \text{ A} = -8 \text{ A}$$
$$I_2 = I_5 - I_4 = [8-(-5)] \text{ A} = 13 \text{ A}$$
$$I_3 = I_6 - I_5 = (-8-8) \text{ A} = -16 \text{ A}$$

在求得 I_2 后，I_3 也可以由广义结点求得，有

$$I_3 = -I_1 - I_2 = (-3 - 13) \text{ A} = -16 \text{ A}$$

2. 基尔霍夫电压定律

基尔霍夫电压定律(KVL)用来确定电路中任一闭合回路中各部分电压之间的关系。该定律指出：在任一瞬时，作用于电路中任一闭合回路中的各支路电压的代数和等于零，有

$$\sum U = 0 \text{ 或 } \sum u = 0 \tag{1-3-5}$$

如果规定电位升取为正，则电位降就取为负，反之亦可。

图 1-3-5 所示为一闭合回路，其电压、电流的参考方向如图中所示。按 abcd 绕行的方向列 KVL 方程，有

$$U_{ab} + U_{bc} + U_{cd} + U_{da} = 0$$

其中

$$U_{ab} = I_1 R_1, U_{bc} = I_2 R_2, U_{cd} = I_3 R_3 + E_3, U_{da} = -I_4 R_4 - E_4$$

所以

$$U_{ab} + U_{bc} + U_{cd} + U_{da} = I_1 R_1 + I_2 R_2 + I_3 R_3 + E_3 - I_4 R_4 - E_4 = 0$$

若将电阻压降写在等式的一边，电动势写在等式的另一边，则

$$I_1 R_1 + I_2 R_2 + I_3 R_3 - I_4 R_4 = -E_3 + E_4$$

即

$$\sum IR = \sum E \tag{1-3-6}$$

这是 KVL 的另一种表达式。当按式(1-3-6)列 KVL 方程时，应遵循以下几点规定。

(1) 要在图中标明各支路电压、电流的参考方向，然后规定一个计算的绕行方向。

(2) 将电阻压降写在等式的一边，当支路电流的参考方向与绕向一致时，电阻压降取为正，反之取为负。

(3) 将电动势写在等式的另一边，当电动势的参考方向与绕向一致时取正，反之取负。

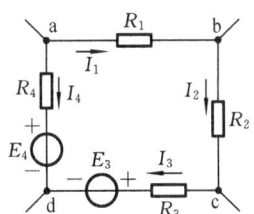

图 1-3-5 KVL 电路

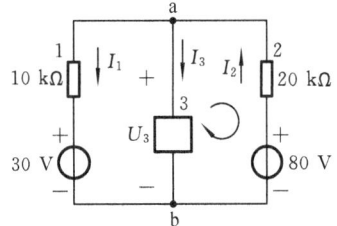

图 1-3-6 例 1-4 图

例 1-4 在图 1-3-6 中，$I_1 = 3$ mA，$I_2 = 1$ mA。试确定电路元件 3 中的电流 I_3 和其两端电压 U_3，并说明它是电源还是负载。

解 根据 KCL，对于结点 a 有

$$I_1 - I_2 + I_3 = 0$$

代入 I_1 和 I_2 数值，得

$$I_3 = -2 \text{ mA}$$

根据 KVL 和图 1-3-6 右侧网孔所示的绕行方向，可列出该回路的电压方程为

$$-U_{ab} - 20 I_2 + 80 = 0$$

代入 I_2 数值，得

$$U_{ab} = 60 \text{ V}$$

显然，元件 3 两端电压和流过它的电流实际方向相反，是产生功率的元件，即电源。

【思考与练习1.3】

1.3.1 图 1-3-7 所示电路中的电流 I_1 和 I_2 各为多少？

1.3.2 试写出图 1-3-8 所示电路中的回路 abda、aecba 和 aecda 的 KVL 方程。

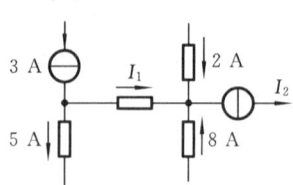

图 1-3-7 思考与练习 1.3.1 图

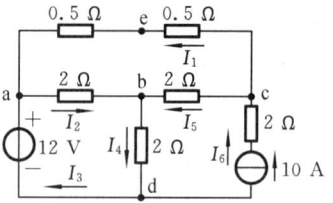

图 1-3-8 思考与练习 1.3.2 图

◀ 1.4 基本元件的串联与并联 ▶

1.4.1 电阻、电容和电感的串联与并联

1. 电阻的串联与并联

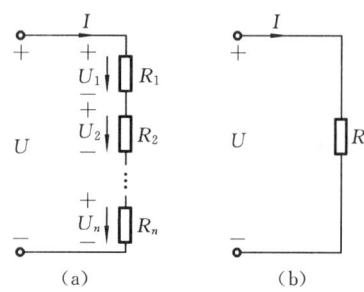

图 1-4-1 电阻的串联及等效电阻

如果将若干个电阻依次首尾连接，并且在这些电阻中通过同一电流，则这样的连接形式就称为电阻的串联，如图 1-4-1(a)所示。

在图 1-4-1(a)中，根据 KVL，电路的总电压等于各串联电阻的电压之和，即

$$\begin{aligned} U &= U_1 + U_2 + \cdots + U_n \\ &= IR_1 + IR_2 + \cdots + IR_n \\ &= I(R_1 + R_2 + \cdots + R_n) \end{aligned}$$

令

$$R = R_1 + R_2 + \cdots + R_n = \sum_{i=1}^{n} R_i$$

则

$$U = IR \tag{1-4-1}$$

式中，R 定义为串联电路的等效电阻，其等效电路如图 1-4-1(b)所示。

电阻的串联可用一个等效电阻 R 来代替，由此简化了电路。由式(1-4-1)和欧姆定律可求出串联各电阻两端的电压与总电压的关系式，即串联电阻的分压公式为

$$\begin{cases} U_1 = IR_1 = \dfrac{R_1}{R}U \\[2mm] U_2 = IR_2 = \dfrac{R_2}{R}U \\[2mm] \vdots \\[2mm] U_n = IR_n = \dfrac{R_n}{R}U \end{cases} \tag{1-4-2}$$

式(1-4-2)说明在电阻串联电路里，当外加电压一定时，各电阻端电压的大小与它的电阻值成正比。当其中某个电阻较其他电阻小很多时，它两端的电压也较其他电阻上的电压

要低很多。因此这个电阻的分压作用常忽略不计。分压公式在分析与计算电路时会经常用到,应熟记。电路串联的应用很多。例如,在负载电压低于电源电压的情况下,通常需要与负载串联一个电阻,以降低一部分电压。有时为了限制负载中通过大电流,也可以与负载串联一个限流电阻。如果需要调节电路中的电流时,一般也可以在电路中串联一个变阻器来进行调节。另外,改变串联电阻的大小以得到不同的输出电压,这也是常见的。

如果电路中有若干个电阻连接在两个公共结点之间,使各个电阻承受同一电压,则这样的连接形式就称为电阻的并联,如图 1-4-2(a)所示。

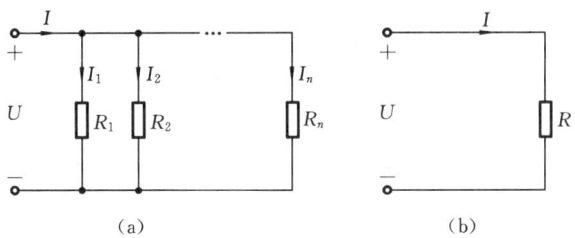

图 1-4-2　电阻的并联及等效电阻

在图 1-4-2(a)中,根据 KCL,电路的总电流等于电路中各支路电阻的电流之和,即

$$I = I_1 + I_2 + \cdots + I_n = \frac{U}{R_1} + \frac{U}{R_2} + \cdots + \frac{U}{R_n}$$

$$= U\left(\frac{1}{R_1} + \frac{1}{R_2} + \cdots + \frac{1}{R_n}\right)$$

令

$$\frac{1}{R} = \left(\frac{1}{R_1} + \frac{1}{R_2} + \cdots + \frac{1}{R_n}\right) \tag{1-4-3}$$

则

$$I = \frac{U}{R}$$

式中,R 定义为并联电路的等效电阻,等效电路如图 1-4-2(b)所示。

由式(1-4-3)和欧姆定律可求得通过并联各电阻的电流和总电流的关系式,即并联电阻的分流公式为

$$\begin{cases} I_1 = \dfrac{U}{R_1} = \dfrac{IR}{R_1} \\[2mm] I_2 = \dfrac{U}{R_2} = \dfrac{IR}{R_2} \\[2mm] \quad\vdots \\[2mm] I_n = \dfrac{U}{R_n} = \dfrac{IR}{R_n} \end{cases} \tag{1-4-4}$$

可见,并联电阻上电流的分配与电阻成反比,当其中某个电阻较其他电阻大很多时,通过它的电流就较其他电阻上的电流小很多,因此这个电阻的分流作用常可忽略不计。

一般负载都有一定的额定电压,因此总是并联运行的。负载并联运行时,它们处于同一电压之下,可以认为任何一个负载的工作情况不受其他负载的影响。并联的负载电阻越多,则总电阻越小,电路中总电流和总功率也就越大,但每个负载的电流和功率没有变动。

2. 电容的串联与并联

在实际中,经常会遇到电容器的电容量大小不合适或电容器的额定耐压不够高等情况。

为此,就需要将若干个电容器适当地加以串联、并联以满足需求。

图 1-4-3 所示为 n 个电容串联,电路中各点的电流相等。当外加电压为 u 时,各电容上的电压分别为 $u_1, u_2, \cdots, u_n$,由 KVL 可知

$$u = u_1 + u_2 + \cdots + u_n$$

若等效电容为 C,则

$$\frac{q}{C} = \frac{q}{C_1} + \frac{q}{C_2} + \cdots + \frac{q}{C_n}$$

即

$$\frac{1}{C} = \frac{1}{C_1} + \frac{1}{C_2} + \cdots + \frac{1}{C_n} \qquad (1\text{-}4\text{-}5)$$

由式(1-4-5)可知,串联电容的等效电容的倒数等于各电容的倒数之和。

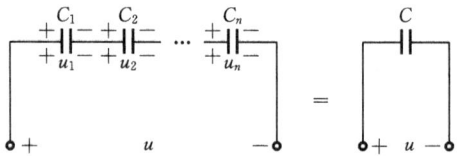

图 1-4-3 电容的串联

如图 1-4-4 所示为 n 个电容并联,总电流等于各分支电流之和。当外加电压为 u 时,各电容上所储存的电荷分别为 $q_1, q_2, \cdots, q_n$,则

$$q = q_1 + q_2 + \cdots + q_n$$

若等效电容为 C,则

$$Cu = C_1 u + C_2 u + \cdots + C_n u$$

即

$$C = C_1 + C_2 + \cdots + C_n \qquad (1\text{-}4\text{-}6)$$

由式(1-4-6)可知,并联电容的等效电容等于各电容之和。

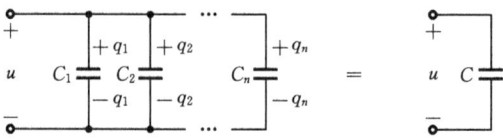

图 1-4-4 电容的并联

3. 电感的串联与并联

在实际中,常常需要将电感元件进行串联或并联连接,以满足实际电路的需要。

如图 1-4-5 所示,n 个电感串联的等效电感等于各个电感之和,即

$$L = L_1 + L_2 + \cdots + L_n \qquad (1\text{-}4\text{-}7)$$

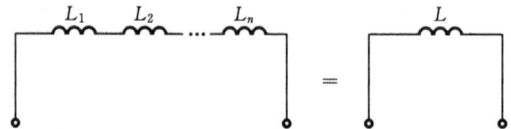

图 1-4-5 电感的串联

如图 1-4-6 所示,n 个电感并联,其等效电感的倒数为各个电感倒数之和,即

$$\frac{1}{L} = \frac{1}{L_1} + \frac{1}{L_2} + \cdots + \frac{1}{L_n} \tag{1-4-8}$$

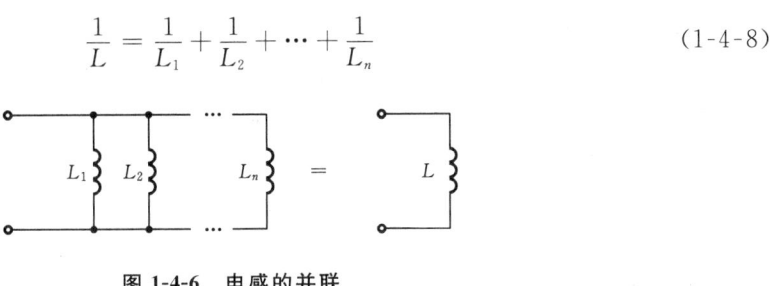

图 1-4-6　电感的并联

1.4.2　电压源、电流源的串联与并联

1. 电压源的串联

图 1-4-7(a)所示为 n 个理想电压源的串联,可以用一个电压源等效替代,如图 1-4-7(b)所示。这个等效电压源的电压为

$$u_S = u_{S1} + u_{S2} + \cdots + u_{Sn} = \sum_{k=1}^{n} u_{Sk} \tag{1-4-9}$$

如果 u_{Sk} 的参考方向与图 1-4-7(b)中 u_S 的参考方向一致,式中 u_{Sk} 的前面取"+"号,不一致时取"−"号。

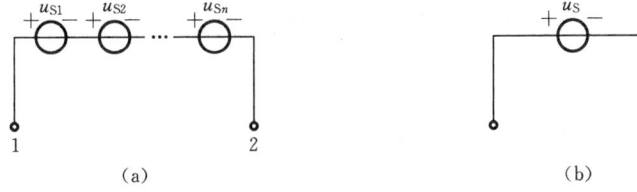

(a)　　　　　　　　　　　　　　　　　(b)

图 1-4-7　电压源的串联

2. 电流源的并联

图 1-4-8(a)所示为 n 个理想电流源的并联,可以用一个电流源等效替代,如图 1-4-8(b)所示。这个等效电流源的电流为

$$i_S = i_{S1} + i_{S2} + \cdots + i_{Sn} = \sum_{k=1}^{n} i_{Sk} \tag{1-4-10}$$

如果 i_{Sk} 的参考方向与图 1-4-8(b)中 i_S 的参考方向一致,式中 i_{Sk} 的前面取"+"号,不一致时取"−"号。

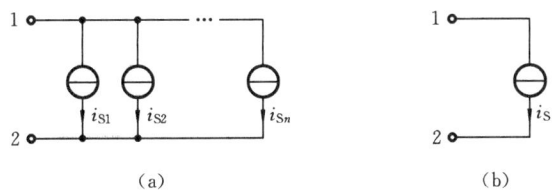

(a)　　　　　　　　　　　　　　　　　(b)

图 1-4-8　电流源的并联

只有电压相等、极性一致的理想电压源才允许并联,否则违背 KVL。其等效电路为其中任一电压源。只有电流相等且方向一致的理想电流源才允许串联,否则违背 KCL。其等效电

路为其中任一电流源。

理想电压源的输出电压和理想电流源的输出电流是由它们自身确定的定值,与外电路无关,而理想电压源的输出电流和理想电流源的输出电压则与外电路有关。

凡是与理想电压源并联的元件,其两端电压均等于理想电压源的电压;凡是与理想电流源串联的元件,其电流均等于理想电流源的电流。

【思考与练习1.4】

1.4.1　试求图1-4-9中a、b两点间的等效电阻R_{ab}。

1.4.2　计算图1-4-10所示电阻并联电路的等效电阻。

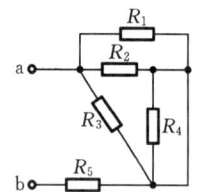
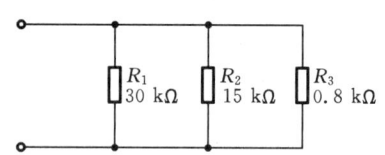

图1-4-9　思考与练习1.4.1图　　　　图1-4-10　思考与练习1.4.3图

◀ 1.5　电路的基本分析方法 ▶

电路的结构形式是多种多样的,最简单的、只有一个回路的电路称为单回路电路。有的电路虽有多个回路,但易于用串联、并联的方法化简成单回路进行分析和计算,这种电路称为简单电路。但是,有时多回路电路不能用串联、并联的方法化简成单回路电路,或者虽能化简,但化简过程相当烦琐,这种电路称为复杂电路。对于复杂电路,应根据电路的结构特点寻求分析和计算的最简方法。本节将以电阻电路为例,分别介绍支路电流法、结点电压法、叠加原理、电源的等效变换、等效电源定理等几种常用的电路分析方法。这些分析方法都是以欧姆定律和基尔霍夫定律为基础的。

1.5.1　支路电流法

支路电流法是求解复杂电路最基本的方法。它是以支路电流为求解对象,直接应用基尔霍夫定律,分别对结点和回路列出所需要的方程组,然后解出各支路电流。

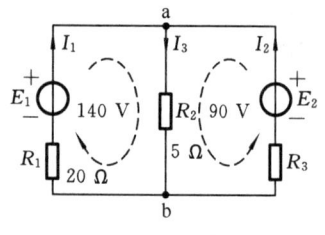

图1-5-1　支路电流法

现以图1-5-1所示电路为例,介绍支路电流法的解题步骤。

第一步,首先在电路中标出各支路电流的参考正方向。

第二步,应用基尔霍夫电流定律和电压定律列结点电流和回路电压方程式。

对结点a,有

$$I_1 + I_2 + I_3 = 0 \qquad ①$$

对结点b,有

$$I_3 - I_1 - I_2 = 0$$

很显然,此式是不独立的,它可由①式得到。

一般来说,对具有 n 个结点的电路,所能列出的独立结点方程为 $n-1$ 个。因此本电路有两个结点,独立的结点方程为 $2-1=1$ 个。

为了列出独立的回路电压方程,一般选电路中的网孔列回路方程。该电路有两个网孔,每个网孔的循行方向如图 1-5-1 中虚线箭头所示。

左边网孔的回路电压方程为

$$E_1 = I_1 R_1 + I_3 R_3 \qquad\qquad ②$$

右边网孔的回路电压方程为

$$E_2 = I_2 R_2 + I_3 R_3 \qquad\qquad ③$$

该电路有三条支路,因此有三个支路电流为未知量,以上列出的独立结点方程和回路方程也是三个,所以将以上①、②、③式联立求解,即可求出各支路电流。

一般而言,一个电路如有 b 条支路,n 个结点,那么独立的结点方程为 $n-1$ 个,网孔回路电压方程应有 $b-(n-1)$ 个,所得到的独立方程总数为 $(n-1)+b-(n-1)=b$ 个,即能求出 b 个支路电流。

第三步,代入数据,求解支路电流,有

$$I_1 + I_2 - I_3 = 0$$
$$140 = 20I_1 + 6I_3$$
$$90 = 5I_2 + 6I_3$$

解之,得 $\qquad\qquad I_1 = 4\ \text{A}, I_2 = 6\ \text{A}, I_3 = 10\ \text{A}$

例 1-5 在图 1-5-2 所示电路中,已知 $U_{S1} = 12\ \text{V}, U_{S2} = 12\ \text{V}, R_1 = 1\ \Omega, R_2 = 2\ \Omega, R_3 = 2\ \Omega, R_4 = 4\ \Omega$,求各支路电流。

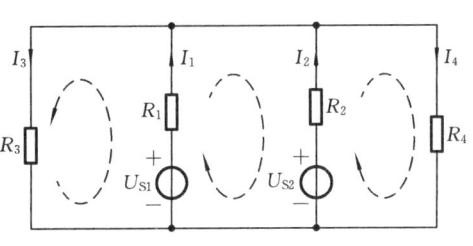

图 1-5-2 例 1-5 图

解 选择各支路电流的参考方向和回路方向如图 1-5-2 所示,列出结点和回路方程式如下。

上结点方程为

$$I_1 + I_2 - I_3 - I_4 = 0$$

左网孔方程为

$$R_1 I_1 + R_3 I_3 - U_{S1} = 0$$

中网孔方程为

$$R_1 I_1 - R_2 I_2 - U_{S1} + U_{S2} = 0$$

右网孔方程为

$$R_2 I_2 + R_4 I_4 - U_{S4} = 0$$

代入数据,有

$$I_1 + I_2 - I_3 - I_4 = 0$$
$$I_1 + 2I_3 - 12 = 0$$
$$I_1 - 2I_2 - 12 + 12 = 0$$
$$2I_2 + 4I_4 - 12 = 0$$

解之,得

$$I_1 = 4 \text{ A}, I_2 = 2 \text{ A}, I_3 = 4 \text{ A}, I_4 = 2 \text{ A}$$

支路电流法是分析电路的基本方法,在需要求解电路的全电流时,均可采用此法。但如果只需要求出某一条支路的电流,用支路法计算就会比较烦琐,特别是当电路的支路数比较多时,可以选用后面介绍的较简便的方法。

1.5.2 结点电压法

在电路中任意选择某一结点为参考结点,某结点与此参考结点之间的电压称为结点电压。结点电压的参考极性以参考结点为负,其余独立结点为正。结点电压法以结点电压为求解变量,并对结点用 KCL 列出用结点电压表达的有关支路电流方程。求出结点电压后,所有支路的电压就都确定了,再对各支路运用基尔霍夫定律或欧姆定律,求出各支路电流及其他待求量。

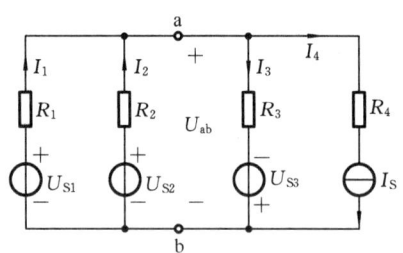

图 1-5-3 具有两个结点的电路

结点电压法特别适用于结点数较少而支路数较多的电路问题的分析。对于有多余支路并联于两个结点之间的电路,应用结点电压法分析特别方便。图 1-5-3 所示的电路有两个结点和四条支路。若用支路电流法计算各支路电流,需要联立求解方程数比较多,比较烦琐。而应用结点电压法计算时只需列出一个方程式,将结点 a(或 b) 的电位求出后,各支路电流值就很容易求出。

在图 1-5-3 所示的电路中,选点 b 为参考点,设 $V_b = 0$。根据图 1-5-3 中所示参考方向,由欧姆定律得出各支路的电流。

对结点 a 列出如下方程

$$\begin{cases} I_1 = \dfrac{U_{S1} - U_{ab}}{R_1} = \dfrac{U_{S1}}{R_1} - \dfrac{U_{ab}}{R_1} \\[2mm] I_2 = \dfrac{U_{S2} - U_{ab}}{R_2} = \dfrac{U_{S2}}{R_2} - \dfrac{U_{ab}}{R_2} \\[2mm] I_3 = \dfrac{U_{S3} - U_{ab}}{R_3} = \dfrac{U_{S3}}{R_3} - \dfrac{U_{ab}}{R_3} \end{cases} \qquad (1\text{-}5\text{-}1)$$

对结点 a 列出 KCL 方程,有

$$I_1 + I_2 - I_3 - I_4 = 0 \qquad (1\text{-}5\text{-}2)$$

将式(1-5-1)代入式(1-5-2),经整理后可求得点 a 的电位,即点 a 的结点电压为

$$V_a = U_{ab} = \frac{\dfrac{U_{S1}}{R_1} + \dfrac{U_{S2}}{R_2} - \dfrac{U_{S3}}{R_3} - I_S}{\dfrac{1}{R_1} + \dfrac{1}{R_2} + \dfrac{1}{R_3}} = \frac{\sum \dfrac{U_S}{R} - I_S}{\sum \dfrac{1}{R}} \qquad (1\text{-}5\text{-}3)$$

式(1-5-3)即结点电压的表达式。式中分母中的各项为除含理想电流源的支路外其余各支路电阻的倒数,且恒为正;分子中各项可正可负,但电源电压 U_S 和结点电压 U_{ab} 的参考方向相同时取正号,相反时取负号,而与各支路电流的参考方向无关。当理想电流源 I_S 与结点电压 U_{ab} 的参考方向相反时,I_S 取正号,否则取负号。

式(1-5-3)仅适用于具有两个结点的电路,超过两个结点的电路不能用此式求解。

例 1-6 在如图 1-5-4(a)所示的电路中,已知 $I_S = 1 \text{ mA}, R_1 = 5 \text{ k}\Omega, R_2 = R_3 = 10 \text{ k}\Omega$,求

点 a 的电位及支路电流 I_1、I_2。

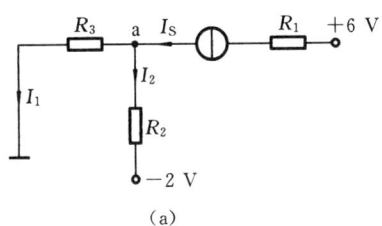 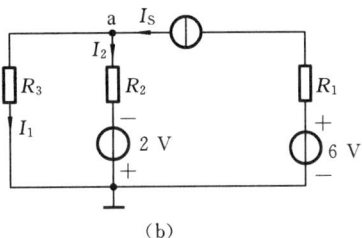

(a)   (b)

图 1-5-4　例 1-6 图

解　图 1-5-4(a)可等效为图 1-5-4(b)。因为电路中只有两个结点,一个是点 a,还有一个是零电位点。因此,结点电压就等于点 a 的电位 V_a,即

$$V_a = \frac{\dfrac{-2}{R_2} + I_S}{\dfrac{1}{R_2} + \dfrac{1}{R_3}} = \frac{\dfrac{-2}{10} + 1}{\dfrac{1}{10} + \dfrac{1}{10}} \text{ V} = 4 \text{ V}$$

由此可计算出各支路电流,得

$$I_1 = \frac{V_a}{R_3} = \frac{4}{10} \text{ mA} = 0.4 \text{ mA}$$

$$I_2 = \frac{V_a + 2}{R_2} = \frac{4 + 2}{10} \text{ mA} = 0.6 \text{ mA}$$

如果电路中有多个结点,则可以任选一个结点作为参考结点,然后再计算其余结点与参考结点之间的电压,即这个结点的结点电压。由于电路中所有支路或是接在结点与参考点之间,或是接在结点与结点之间,因此只要求出结点的电压,每个支路中的电流也就很容易地求出。

下面举例证明如何用结点电压法求解多结点电路的问题。

例 1-7　计算图 1-5-5 所示电路中点 a 和点 b 的电位。点 c 为参考点($V_c = 0$)。

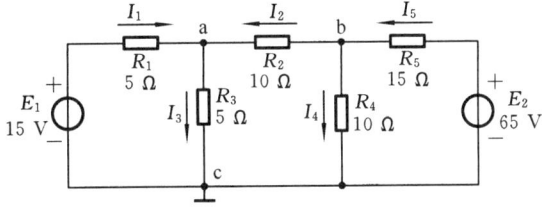

图 1-5-5　例 1-7 图

解　图 1-5-5 中有三个结点,设其中一个为参考点,则其他两个结点的电位可按上面介绍的方法计算。

对结点 a 和 b 列 KCL 方程,有

$$I_1 + I_2 - I_3 = 0$$

$$I_5 - I_2 - I_4 = 0$$

应用欧姆定律求各电流,有

$$I_1 = \frac{E_1 - V_a}{R_1} = \frac{15 - V_a}{5}, I_2 = \frac{V_b - V_a}{10}, I_3 = \frac{V_a}{5}$$

$$I_4 = \frac{V_b}{10}, I_5 = \frac{E_2 - V_b}{R_5} = \frac{65 - V_b}{15}$$

将各电流代入前式,有

$$\frac{15 - V_a}{5} + \frac{V_b - V_a}{10} - \frac{V_a}{5} = 0$$

$$\frac{65 - V_b}{15} - \frac{V_b - V_a}{10} - \frac{V_b}{10} = 0$$

化简,得

$$5V_a - V_b = 30 \text{ V}, -3V_a + 8V_b = 130 \text{ V}$$

解之,得

$$V_a = 10 \text{ V}, V_b = 20 \text{ V}$$

1.5.3 叠加原理

叠加原理是分析线性电路的最基本方法之一,它反映了线性电路的两个基本性质,即叠加性和比例性。其内容为:在线性电路中,当有多个独立电源共同作用时,则任一支路的电流(或电压)等于各个独立电源分别单独作用时,在该支路中所产生的电流(或电压)的代数和。

例如,在图 1-5-6(a)所示电路中,设 U_S、I_S、R_1、R_2 已知,求电流 I_1 和 I_2。由于只有两个未知电流,利用支路电流法求解时可以只列出两个方程式。

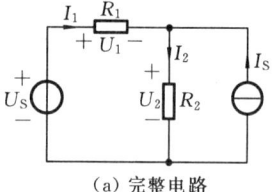 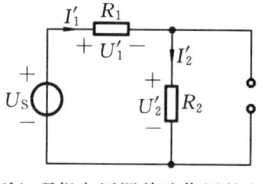 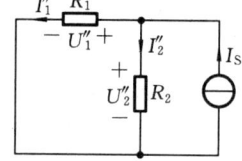

(a)完整电路　　　　(b)理想电压源单独作用的电路　　(c)理想电流源单独作用的电路

图 1-5-6　叠加原理

上结点方程为

$$I_1 - I_2 + I_S = 0$$

左网孔方程为

$$R_1 I_1 + R_2 I_2 = U_S$$

由此解得

$$I_1 = \frac{U_S}{R_1 + R_2} - \frac{R_1 I_S}{R_1 + R_2} = I_1' - I_1''$$

$$I_2 = \frac{U_S}{R_1 + R_2} - \frac{R_2 I_S}{R_1 + R_2} = I_2' - I_2''$$

其中,I_1' 和 I_2' 是在理想电压源单独作用时(将理想电流源开路,如图 1-5-6(b)所示)产生的电流;I_1'' 和 I_2'' 是在理想电流源单独作用时(将理想电压源短路,如图 1-5-6(c)所示)产生的电流。同样,电压也有

$$U_1 = R_1 I_1 = R_1(I_1' - I_1'') = U_1' - U_1''$$

$$U_2 = R_2 I_2 = R_2(I_2' - I_2'') = U_2' - U_2''$$

这样,利用叠加原理可以将一个多电源的电路简化成若干个单电源电路。

在应用叠加原理时,要注意以下几点。

(1) 当某一个电源单独作用时,其他电源则"不作用"。对这些不作用的电源应该怎样处理呢? 凡是电压源,应令其电动势 E 为零,将电压源短路;凡是电流源,应令其 I_S 为零,将电流源开路,但是它们的电阻应保留在电路中。

(2) 当如图 1-5-6(a)所示的原电路中各支路电流的参考正方向确定后,在求各分电流的代数和时,各支路中分电流的参考正方向与原电路中对应支路电流的参考正方向一致,则取正值;方向相反,则取负值。

(3) 叠加原理只适用线性电路,而不能用于分析非线性电路。

(4) 叠加原理只能用来分析和计算电流和电压,不能用来计算功率。因为功率与电流、电压的关系不是线性关系,而是平方关系。例如

$$P_1 = R_1 I_1^2 = R_1 (I'_1 - I''_1)^2 \neq R_1 I'^2_1 - R_1 I''^2_1$$
$$P_2 = R_2 I_2^2 = R_2 (I'_2 - I''_2)^2 \neq R_2 I'^2_2 - R_2 I''^2_2$$

例 1-8 用叠加原理求图 1-5-7(a)所示电路的 U_{ab}。

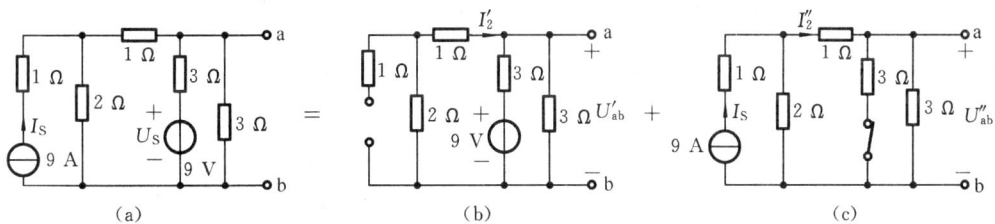

图 1-5-7 例 1-8 图

解 先把图 1-5-7(a)分解成图 1-5-7(b)或图 1-5-7(c)所示的电源单独作用的电路,然后按下列步骤计算。

(1) 如图 1-5-7(b)所示,当电压源单独作用时,有

$$U'_{ab} = \frac{\dfrac{(1+2) \times 3}{1+2+3}}{3 + \dfrac{(1+2) \times 3}{1+2+3}} \times 9 \text{ V} = \frac{1.5}{3+1.5} \times 9 \text{ V} = 3 \text{ V}$$

(2) 如图 1-5-7(c)所示,当电流源单独作用时,有

$$I''_2 = \frac{2}{2+1+\dfrac{3 \times 3}{3+3}} I_S = \frac{2}{4.5} \times 9 \text{ A} = 4 \text{ A}$$

$$U''_{ab} = \frac{3 \times 3}{3+3} I''_2 = 1.5 \times 4 \text{ V} = 6 \text{ V}$$

(3) 当两个电源共同作用时,有

$$U_{ab} = U'_{ab} + U''_{ab} = (3+6) \text{ V} = 9 \text{ V}$$

1.5.4 电压源与电流源的等效变换

一个电源可用电压源和电流源两种电路模型来表示,且电压源与电流源的外部特性相同。

因此,电源的这两种电路模型之间是相互等效的,可以进行等效变换。

两者之间进行等效变换的方法如下。

(1) 将如图1-5-8(a)所示的电压源等效变换为电流源时,电流源的电流 $I_S = \dfrac{E}{R_0}$(即电压源的短路电流)。I_S 流出的方向与 E 的正极相对应,与 I_S 并联的内阻 R_0 就等于与 E 串联的内阻 R_0,等效变换所得的电流源如图1-5-8(b)所示。

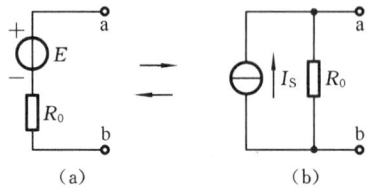

图 1-5-8 电压源与电流源的等效变换

(2) 将图1-5-8(b)所示的电流源等效变换为电压源时,电压源的电动势 $E = I_S R_0$(即电流源的开路电压),E 的正极与 I_S 流出的方向相对应;与 E 串联的内阻 R_0 就等于与 I_S 并联的内阻 R_0,等效变换所得的电压源如图1-5-8(a)所示。

但是,电压源和电流源的等效关系只是对外电路而言的,对电源内部是不等效的。例如,图1-5-8中,当电流源开路时,电源内部有损耗,I_S 流过 R_0 产生损耗,而当电流源短路时,电源内部无损耗,R_0 无电流流过。而将其等效变换为图1-5-8(a)所示的电压源后,情况就不同了。当电压源开路时,R_0 无电流通过,电源内部无损耗,而当电压源短路时,R_0 中有电流 $I_S = \dfrac{E}{R_0}$ 流过,在电源内部产生损耗。

理想电压源和理想电流源之间没有等效的关系。因为对理想电压源($R_0 = 0$)来讲,其短路电流 I_S 为无穷大,对理想电流源($R_0 = \infty$)来讲,其开路电压 U_o 为无穷大,都不能得到有限的数值,故这两者之间不存在等效变换的条件。

例 1-9 用电压源与电流源的等效变换求图1-5-9(a)所示电路的电流 I。

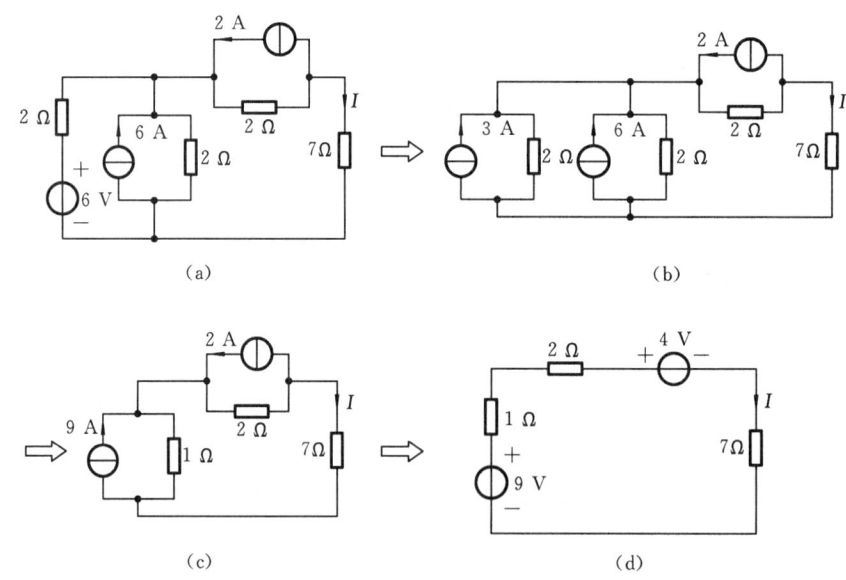

图 1-5-9 例 1-9 图

解 图1-5-9(a)所示电路可简化为图1-5-9(d)所示单回路电路,简化过程如图1-5-9(b)、(c)、(d)所示,由简化后的电路可求得

$$I = \frac{9-4}{1+2+7} \text{ A} = 0.5 \text{ A}$$

1.5.5 等效电源定理

如果只需要计算复杂电路中某一条支路的电压或电流时,就可以将这条支路划出,而把其余部分看成一个有源二端网络。所谓有源二端网络,就是具有两个出线端的电路,其中含有电源。该有源二端网络对所要计算的这条支路而言,相当于一个电源,因为它给这条支路提供电能。也可以说这条支路里的电流和电压是由此有源二端网络提供的。因此,这个有源二端网络对于这条支路而言,就相当于是一个电源。

既然一个有源二端网络就相当于一个电源,而一个电源又可以用两种电路模型去表示。因此,可以将一个有源二端网络等效为一个电压源;也可以将一个有源二端网络等效为一个电流源。由此就得出了下面两个等效电源定理。

1. 戴维南定理

任何一个有源二端线性网络,如图 1-5-10(a) 所示,都可以用一个电动势为 E 的理想电压源和内阻 R_0 串联的电源来等效代替,如图 1-5-10(b) 所示。等效电源的电动势 E 就是有源二端网络的开路电压 U_0,即将负载断开后 a、b 两端之间的电压。等效电源的内阻 R_0 等于有源二端网络中所有电源均除去(将各个理想电压源短路,即其电动势为零;将各个理想电流源开路,即其电流为零)后所得到的无源网络 a、b 两端之间的等效电阻。这就是戴维南定理。

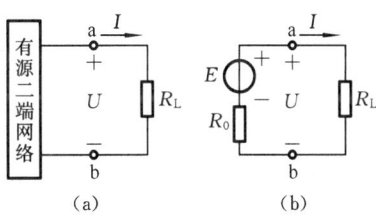

图 1-5-10 等效电源

图 1-5-10(b) 的等效电路是一个最简单的电路,其中电流可由下式计算

$$I = \frac{E}{R_0 + R_L} \qquad (1\text{-}5\text{-}4)$$

等效电源的电动势和内阻可经过实验或计算得出。

例 1-10 用戴维南定理计算图 1-5-11(a) 中的支路电流 I_3。

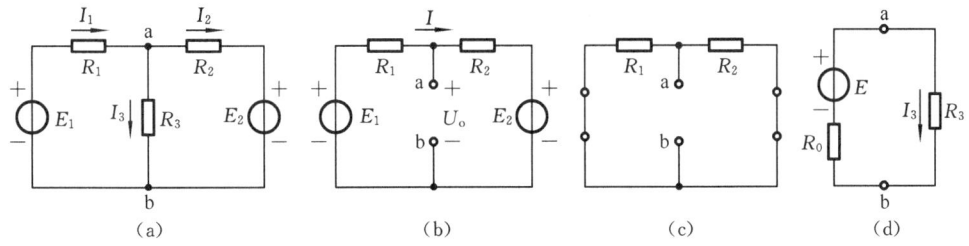

图 1-5-11 例 1-10 图

解 (1) 等效电源的电动势 E 可由图 1-5-11(b) 求得,有

$$I = \frac{E_1 - E_2}{R_1 + R_2} = \frac{140 - 90}{20 + 5} \text{ A} = 2 \text{ A}$$

$$E = U_0 = E_1 - R_1 I = (140 - 20 \times 2) \text{ V} = 100 \text{ V}$$

$$E = U_o = E_2 + R_2 I = (90 + 5 \times 2) \text{ V} = 100 \text{ V}$$

(2) 等效电源的内阻 R_0 可由图 1-5-11(c) 求得, 有

$$R_0 = \frac{R_1 R_2}{R_1 + R_2} = \frac{20 \times 5}{20 + 5} \Omega = 4 \ \Omega$$

(3) 对 a 和 b 两端, R_1 和 R_2 是并联的, 由图 1-5-11(a) 可等效于图 1-5-11(d), 有

$$I_3 = \frac{E}{R_0 + R_3} = \frac{100}{4 + 6} \text{ A} = 10 \text{ A}$$

例 1-11 电路如图 1-5-12(a) 所示, $R = 2.5 \text{ k}\Omega$, 试用戴维南定理求电阻 R 中的电流 I。

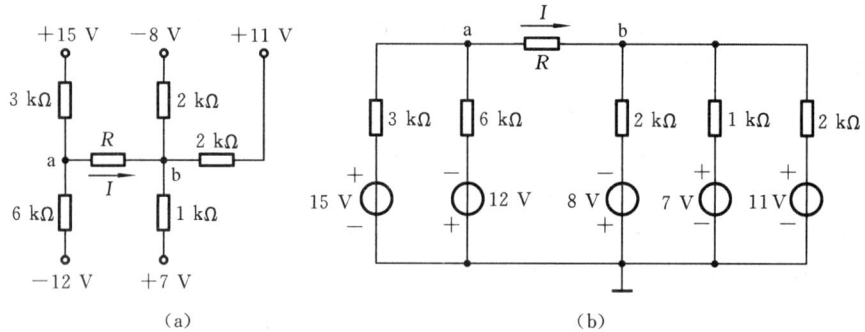

图 1-5-12 例 1-11 图

解 图 1-5-12(a) 所示电路可等效为图 1-5-12(b) 所示电路。将 a、b 间开路, 求等效电源的电动势 E, 即开路电压 U_{abo}。应用结点电压法求 a、b 间开路时 a 和 b 两点的电位, 有

$$V_{ao} = \frac{\dfrac{15}{3 \times 10^3} - \dfrac{12}{6 \times 10^3}}{\dfrac{1}{3 \times 10^3} + \dfrac{1}{6 \times 10^3}} \text{ V} = 6 \text{ V}$$

$$V_{bo} = \frac{-\dfrac{8}{2 \times 10^3} + \dfrac{7}{1 \times 10^3} + \dfrac{11}{2 \times 10^3}}{\dfrac{1}{2 \times 10^3} + \dfrac{1}{1 \times 10^3} + \dfrac{1}{2 \times 10^3}} \text{ V} = 4.25 \text{ V}$$

$$E = U_{abo} = V_{ao} - V_{bo} = (6 - 4.25) \text{ V} = 1.75 \text{ V}$$

将 a、b 间开路, 求等效电源的内阻 R_0 为

$$R_0 = 3 \text{ k}\Omega \ / \! / \ 6 \text{ k}\Omega + 2 \text{ k}\Omega \ / \! / \ 1 \text{ k}\Omega \ / \! / \ 2 \text{ k}\Omega = 2.5 \text{ k}\Omega$$

求电阻 R 中的电流 I 为

$$I = \frac{E}{R + R_0} = \frac{1.75}{(2.5 + 2.5) \times 10^3} \text{ A} = 0.35 \times 10^{-3} \text{ A} = 0.35 \text{ mA}$$

2. 诺顿定理

诺顿定理是将一个有源二端网络等效为电流源的定理。对于此定理, 本书不做详细介绍。如果需要将一个有源二端网络等效为一个电流源。可先应用戴维南定理将其等效变换为电压源, 然后应用电源的等效变换方法, 将电压源等效变换为电流源即可。

【思考与练习 1.5】

1.5.1 把图 1-5-13 中的电压源等效变换为电流源, 将电流源等效变换为电压源。

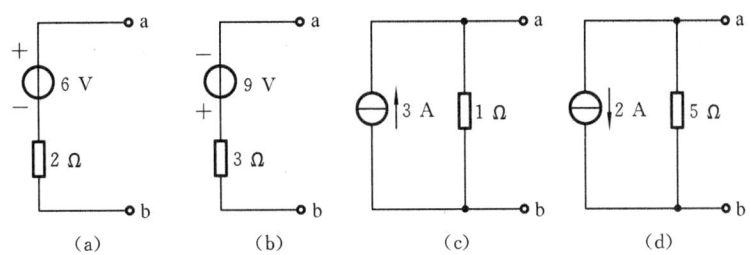

图 1-5-13   思考与练习 1.5.1 图

1.5.2   应用戴维南定理将如图 1-5-14 所示的各电路变换为等效电压源。

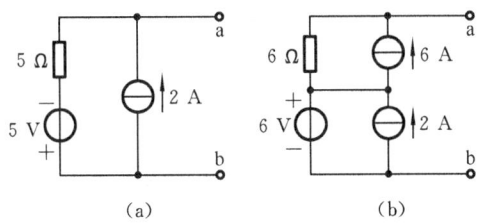

图 1-5-14   思考与练习 1.5.2 图

1.1   在图 1-1 中,五个元件代表电源或负载。电流和电压的参考方向如图 1-1 所示,通过实验测知:$I_1=-4$ A, $I_2=6$ A, $I_3=10$ A, $U_1=140$ V, $U_2=-90$ V, $U_3=60$ V, $U_4=-80$ V, $U_5=30$ V。

(1)试在图中标出各电流和电压的实际方向。

(2)判断这五个元件中哪几个是电源?哪几个是负载?

(3)计算各元件的功率,电源发出的功率与负载取用的功率是否平衡?

1.2   如图 1-2 所示,用一个满刻度偏转电流为 50 μA、电阻 R_g 为 2 kΩ 的表头制成 100 V 量程的直流电压表,应串联多大的附加电阻 R_f?

图 1-1   习题 1.1 图   图 1-2   习题 1.2 的图

1.3   两只白炽灯泡,额定电压均为 110 V,甲灯泡的额定功率 $P_{N1}=60$ W,乙灯泡的额定功率 $P_{N2}=100$ W。如果把甲、乙两灯泡串联,接在 220 V 的电源上,试计算每个灯泡的电压为多少？并说明这种接法是否正确？

1.4 在电池两端接上电阻 $R_1=14\ \Omega$ 时,测得电流 $I_1=0.4$ A;若接上电阻 $R_2=23\ \Omega$ 时,测得电流 $I_2=0.35$ A。求此电池的电动势 E 和内阻 R_0。

1.5 在图1-3所示直流电路中,已知理想电压源的电压 $U_S=3$ V,理想电流源 $I_S=3$ A,电阻 $R=1\ \Omega$。(1)求理想电压源的电流和理想电流源的电压;(2)讨论电路的功率平衡关系。

1.6 在图1-4所示电路中,$U_{CC}=6$ V,$R_C=2$ kΩ,$I_C=1$ mA,$R_B=270$ kΩ,$I_B=0.02$ mA,e 的电位 V_e 为 0。求 a、b、c 三点的电位。

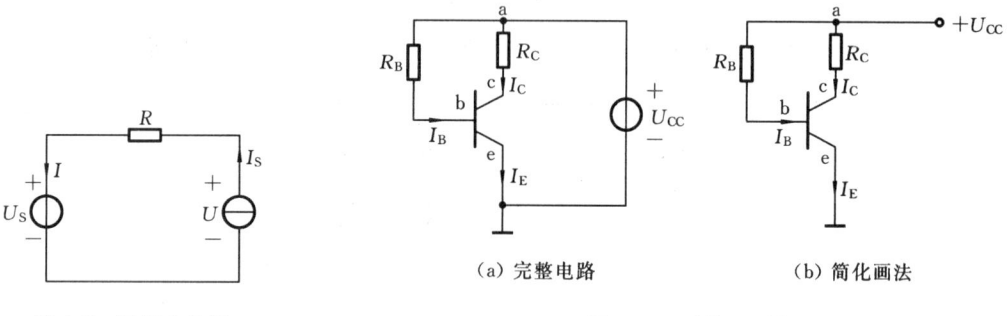

图1-3 习题1.5图   图1-4 习题1.6图
（a）完整电路　　（b）简化画法

1.7 试求图1-5所示电路中 a、b 两点间的等效电阻 R_{ab}。

1.8 求图1-6所示电路的戴维南等效电路。

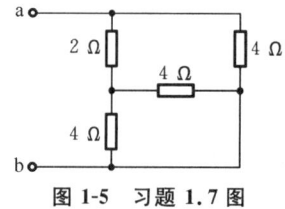

图1-5 习题1.7图

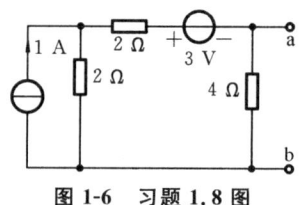

图1-6 习题1.8图

1.9 用电源等效变换法求图1-7所示电路中的电压 U_{ab}。

1.10 各参数如图1-8所示,试求各支路电流。

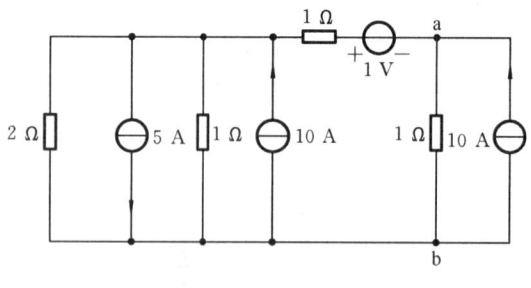

图1-7 习题1.9图

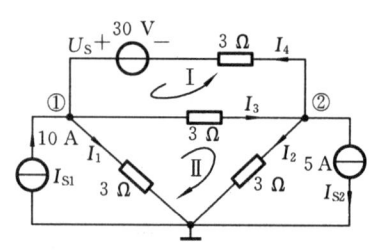

图1-8 习题1.10图

1.11 试用结点电压法求图1-9所示电路中的各支路电流。

1.12 电路如图1-10所示,用结点电压法求点①电位 U_1 及点②的电位 U_2。

1.13 用叠加原理求图1-11所示电路中的 I_x。

1.14 用戴维南定理求图1-12所示电路中的电流 I_2。

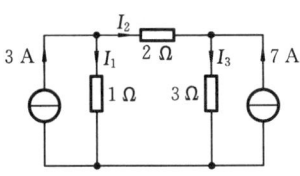

图 1-9 习题 1.11 图

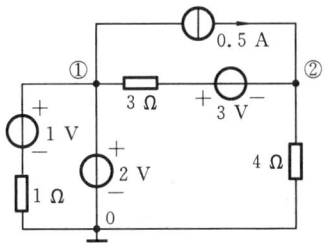

图 1-10 习题 1.12 图

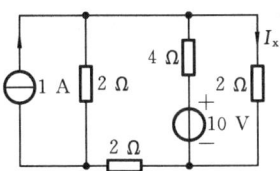

图 1-11 习题 1.13 图

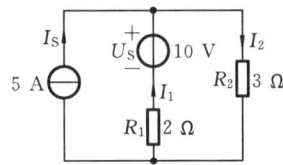

图 1-12 习题 1.14 图

1.15 求图 1-13 所示电路的戴维南等效电路。

1.16 求图 1-14 所示电路中的电流 I。

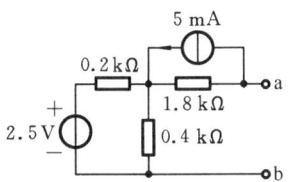

图 1-13 习题 1.15 图

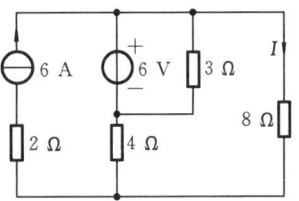

图 1-14 习题 1.16 图

项目 2

正弦交流电路

◀ 2.1　正弦交流电的基本概念 ▶

2.1.1　正弦交流电的概念

正弦交流电是指按正弦规律变化的电压、电流和电动势等物理量，并统称正弦量。激励为正弦量的电路即为正弦交流电路。以正弦交流电流 i 为例，它可以用三角函数式表示，即

$$i = I_m \sin(\omega t + \psi_i) \tag{2-1-1}$$

其波形图如图 2-1-1 所示。

正弦交流电在工程上得到了广泛的应用，这是因为它具有下面一系列优点：①便于输送和分配。②交流电动机结构简单，价格便宜，运行可靠，维护方便。③利用半导体整流器可很方便地把交流电转换为直流电。④正弦交流信号是信号电路中最基本的信号，非正弦周期信号可以通过傅立叶级数分解为很多不同频率的正弦信号之和，而正弦函数的和、差、积分仍是正弦函数，以及正弦函数的微分方程可以简化为代数方程的特点，使得正弦交流电路的分析和计算简便、有效。

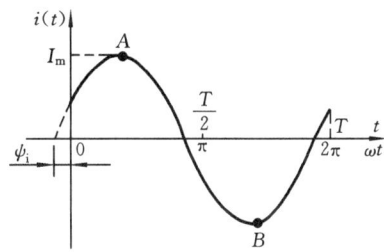

图 2-1-1　正弦交流电流的波形图

2.1.2　正弦量的三要素

正弦量的特征表现在变化的快慢、大小和初始值三个方面，而它们分别是由频率（或周期）、幅值（或有效值）和初相位来确定。所以频率、幅值和初相位就称为确定正弦量的三要素。

1. 频率与周期

正弦量在每秒时间内变化的次数称为频率，用 f 表示，单位是 Hz（赫[兹]）。正弦量变化一周所需的时间称为周期，用 T 表示，单位是 s（秒）。

周期和频率互为倒数，即

$$f = \frac{1}{T} \tag{2-1-2}$$

我国和世界上大多数国家使用的工业频率（简称工频）为 50 Hz，有些国家（如美国、日本等）使用的工业频率为 60 Hz。信号电路中把频率大于 200 kHz 的信号统称为高频信号，把这个频率以下的信号统称为低频信号，其中频率在 10 Hz～20 kHz 范围内的信号称为单频信号。

正弦量变化的快慢除了用周期和频率表示外，还可以用角频率 ω 来表示。正弦量每变化一个周期相当于变化了 2π 弧度（rad）相位角。正弦量在每秒时间内变化的弧度数称为角频率 ω，单位是 rad/s（弧度/秒），即

$$\omega = \frac{2\pi}{T} = 2\pi f \tag{2-1-3}$$

式（2-1-3）表示周期 T、频率 f 和角频率 ω 三者之间的关系，只要知道其中一个物理量，则

其余均可求出。已知我国工频电源的频率为 $f=50$ Hz，则可求出其周期 $T=\dfrac{1}{50}$ s $=0.02$ s，ω $=2\pi f=2\times3.14\times50$ rad/s $=314$ rad/s。

2. 幅值与有效值

正弦量在任一瞬间的数值称为瞬时值。瞬时值用小写字母来表示，如 i、u 及 e 分别表示电流、电压和电动势的瞬时值。瞬时值中的最大值称为幅值（或最大值、或峰值），用带下标 m 的大写字母来表示，如 I_m、U_m 及 E_m 分别表示电流、电压及电动势的幅值。

通常一个正弦量的大小是用有效值表示的。正弦电流 i 在一个周期 T 内通过某一电阻 R 产生的热量若与一直流 I 在相同的时间和相同的电阻上产生的热量相等，那么这个直流电流 I 就是正弦电流 i 的有效值。

依上所述，应有

$$\int_0^T i^2 R \mathrm{d}t = I^2 RT$$

由此可得正弦电流 i 的有效值为

$$
\begin{aligned}
I &= \sqrt{\frac{1}{T}\int_0^T i^2 \mathrm{d}t} \\
&= \sqrt{\frac{1}{T}\int_0^T I_m^2 \sin^2(\omega t + \psi_i)\mathrm{d}t} \\
&= \sqrt{\frac{1}{T}\int_0^T I_m^2 \frac{1-\cos2(\omega t + \psi_i)}{2}\mathrm{d}t} \\
&= \frac{I_m}{\sqrt{2}} = 0.707 I_m
\end{aligned}
\tag{2-1-4}
$$

同理，正弦电压和正弦电动势的有效值分别为

$$U = \frac{U_m}{\sqrt{2}} = 0.707 U_m \tag{2-1-5}$$

$$E = \frac{E_m}{\sqrt{2}} = 0.707 E_m \tag{2-1-6}$$

即正弦量的有效值等于其最大值的 $\dfrac{1}{\sqrt{2}}$（或 0.707）。

有效值都用大写字母表示，并且与表示直流量的字母一样如 I、U、E 等。但必须正确区分它们的意义，不要混淆。一般所讲的正弦电压或正弦电流的大小，例如，交流电压 220 V 或 380 V，都是指它的有效值。一般的交流电流表和交流电压表所测的量值也都是有效值。

例 2-1 已知交流电压 $U=U_m\sin\omega t$，其频率 $f=50$ Hz，有效值 $U=220$ V，试求其最大值 U_m 和在 $t=0.1$ s 时的瞬时值。

解 $\qquad\qquad U_m = \sqrt{2}U = \sqrt{2}\times220 \text{ V} = 311 \text{ V}$

当 $t=0.1$ s 时，有

$$u = U_m\sin\omega t = 311\sin(2\pi ft) = 311\sin(10\pi) = 0$$

3. 相位与相位差

通常将正弦交流函数中的 $\omega t + \psi$ 称为正弦量的相位角，简称相位。它反映正弦量随时间变化的进程，对于每一确定的时刻，都有相应的瞬时值。

时间 $t=0$ 时刻的相位就是初相位,正弦量的初相位为 ψ。初相位决定了计时起点 $t=0$ 时正弦量的大小,计时起点不同,正弦量的初相位也不同。

在同一正弦电路中,一般各正弦量的频率是相同的。各正弦量除了有大小之别,相互间还有一定的相位关系。设两个同频率的正弦量为

$$u = U_{\mathrm{m}}\sin(\omega t + \psi_{\mathrm{u}}) \tag{2-1-7}$$

$$i = I_{\mathrm{m}}\sin(\omega t + \psi_{\mathrm{i}}) \tag{2-1-8}$$

同频率正弦量的相位差如图 2-1-2 所示。u 与 i 的相位差为

$$\begin{aligned}\varphi &= (\omega t + \psi_{\mathrm{u}}) - (\omega t + \psi_{\mathrm{i}})\\ &= \psi_{\mathrm{u}} - \psi_{\mathrm{i}}\end{aligned} \tag{2-1-9}$$

可见,同频率的两个正弦量与相位差即是它们的初相位之差。φ 值与计时起点和记时时刻无关。

若 $\psi_{\mathrm{u}} > \psi_{\mathrm{i}}$,则 φ 角为正,u 比 i 先达到正的最大值,称为 u 超前 i 相位角 φ,或 i 滞后 u 相位角 φ;若 $\psi_{\mathrm{u}} < \psi_{\mathrm{i}}$ 情况与上述相反。

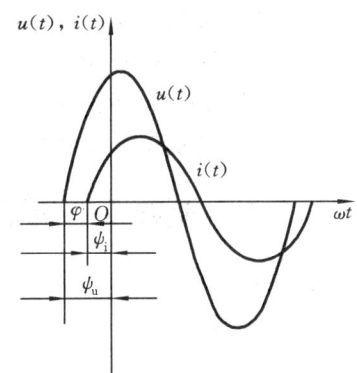

图 2-1-2 同频率正弦量的相位差

若两个同频率正弦量的相位差 $\varphi = 0$,称这两个正弦量为同相位,或同相;若 $\varphi = 180°$,称为反相;若 $\varphi = 90°$,称为正交。同频率正弦量的相位关系如图 2-1-3 所示。

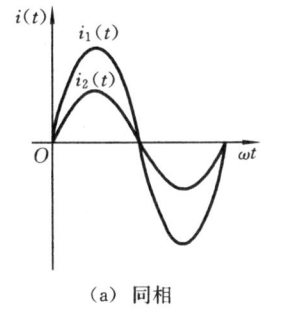

(a) 同相

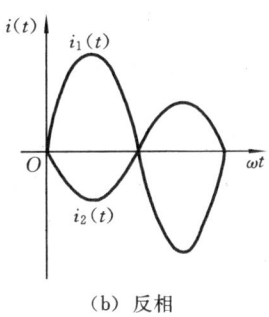

(b) 反相

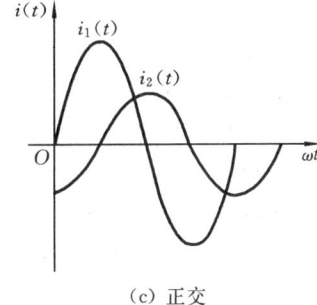

(c) 正交

图 2-1-3 同频率正弦量的相位关系

例 2-2 已知 $u = 220\sqrt{2}\sin(\omega t + 53°)\mathrm{V}$,$i = 50\sqrt{2}\sin(\omega t - 37°)\mathrm{A}$,求它们的相位差,并说明它们的相位关系,即哪个超前或哪个滞后?

解 电压 u 的初相位 $\psi_{\mathrm{u}} = 53°$,电流 i 的初相位 $\psi_{\mathrm{i}} = -37°$,则电压超前电流的相位差为

$$\varphi = \psi_{\mathrm{u}} - \psi_{\mathrm{i}} = 53° - (-37°) = 90°$$

$\varphi > 0$,表明电压超前电流 $90°$,或电流滞后电压 $90°$,称 u 与 i 正交。

【思考与练习 2.1】

2.1.1 已知 $i = 50\sin\left(314t + \dfrac{\pi}{4}\right)\mathrm{mA}$,(1)试指出它的频率、周期、角频率、幅值、有效值及初相位各为多少?(2)画出波形图。

2.1.2 三个正弦量 i_1、i_2 和 i_3 的最大值分别为 1 A、2 A 和 3 A。若 i_3 与初相角为 $60°$,i_1 较 i_2 超前 $30°$,i_1 较 i_3 滞后 $150°$,试分别写出这三个电流的解析式(设正弦量的角频率为 ω)。

◀◀ 2.2 正弦量的相量表示法 ▶▶

一个正弦量具有频率、幅值及初相三个基本要素,而这些要素可以用一些方法表示出来。正弦量的各种表示方法是分析与计算正弦交流电路的工具。

前面已经介绍了正弦量的两种表示方法:三角函数式和波形图。显然,这两种表达形式对于正弦量进行加、减、乘、除等运算来说是很不方便的。因此,介绍一种使正弦量的运算变得简单、方便的表示方法,即相量表示法。

相量表示法的基础是复数,就是用复数来表示正弦量。

2.2.1 复数及四则运算

1. 复数

对于复数,我们并不陌生。如复数 A,它的直角坐标式为

$$A = a + jb \tag{2-2-1}$$

式中,a、b 分别是复数 A 的实部和虚部;$j = \sqrt{-1}$,为虚数单位。在电工电子技术中,为区别电流的符号 i,虚单位常用 j 表示,式(2-2-1)又称为复数的代数式,即

$$\begin{cases} a = \mathrm{Re}[A] \\ b = \mathrm{Im}[A] \end{cases}$$

其中,$\mathrm{Re}[A]$ 表示复数 A 的实部,$\mathrm{Im}[A]$ 表示复数 A 的虚部,若已知一个复数的实部和虚部,那么这个复数便可确定。

复数可以在复平面上表示出来,在图 2-2-1 所示的直角坐标系中,以横轴为实轴,单位为 $+1$;纵轴为虚轴,单位为 $+j$。实轴与虚轴构成的平面即为复平面。这样,每一个复数在复平面上都可找到唯一的点与之对应,而复平面上每一点也都对应着唯一的复数,如复数 $A = 4 + j3$,所对应的点即为图 2-2-1 中的 A 点。

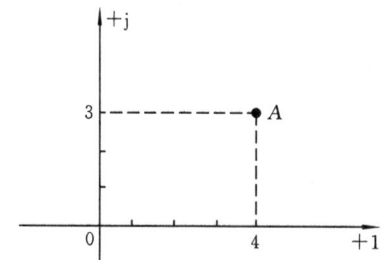

图 2-2-1 复数在复平面上的表示

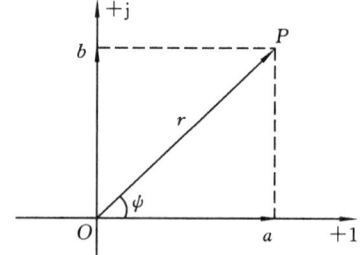

图 2-2-2 复数的矢量表示

复数还可以用复平面上的一个矢量来表示。复数 $A = a + jb$ 可以用一个从原点 O 到点 P 的矢量来表示,如图 2-2-2 所示,这种矢量称为复矢量。矢量的长度 r 为复数的模,即

$$r = |A| = \sqrt{a^2 + b^2} \tag{2-2-2}$$

矢量和实轴正方向的夹角 ψ 称为复数 A 的辐角,即

$$\psi = \arctan \frac{b}{a} \quad (\psi \leqslant 2\pi) \tag{2-2-3}$$

不难看出,复数 A 的模$|A|$在实轴上的投影就是复数 A 的实部,在虚轴上的投影就是复数 A 的虚部,即

$$\begin{cases} a = r\cos\psi \\ b = r\sin\psi \end{cases} \tag{2-2-4}$$

2. 复数的四种形式

1）复数的代数形式

$$A = a + jb$$

2）复数的三角形式

$$A = r\cos\psi + jr\sin\psi = r(\cos\psi + j\sin\psi)$$

3）复数的指数形式

根据欧拉公式 $e^{j\psi} = \cos\psi + j\sin\psi$,复数 A 又可写成指数形式

$$A = re^{j\psi}$$

4）复数的极坐标形式

$$A = r\angle\psi$$

在以后的运算中,代数形式和极坐标形式是常用的,对它们的换算应十分熟练。

例 2-3 写出复数 $A_1 = 4 - j3$，$A_2 = -3 + j4$ 的极坐标式。

解 A_1 的模为

$$r_1 = \sqrt{4^2 + (-3)^2} = 5$$

辐角为

$$\theta_1 = \arctan{-\frac{3}{4}} = -36.9°（在第四象限）$$

则 A_1 的极坐标形式为

$$A_1 = 5\angle -36.9°$$

A_2 的模为

$$r_2 = \sqrt{(-3)^2 + 4^2} = 5$$

辐角为

$$\theta_2 = \arctan{-\frac{4}{3}} = 126.9°（在第二象限）$$

则 A_2 的极坐标形式为

$$A_2 = 5\angle 126.9°$$

例 2-4 试将下列复数的极坐标形式转换为代数形式：(1) $A = 9.5\angle 73°$；(2) $A = 13\angle 112.6°$。

解 将极坐标形式转换为代数形式,有

(1) $A = 9.5\angle 73° = 9.5\cos73° + j9.5\sin73° = 2.78 + j9.1$；

(2) $A = 13\angle 112.6° = 13\cos112.6° + j13\sin112.6° = -5 + j12$。

3. 复数的四则运算

1）复数的加、减运算

当两个复数进行加、减运算时,采用复数的代数形式比较方便。将实部和实部相加减,虚部和虚部相加减。

例如,两复数的代数形式分别为

$$A_1 = a_1 + jb_1$$
$$A_2 = a_2 + jb_2$$

则

$$A = A_1 \pm A_2 = (a_1 + jb_1) \pm (a_2 + jb_2) = (a_1 \pm a_2) + j(b_1 \pm b_2) = a + jb$$

2)复数的乘、除运算

当两个复数进行乘、除运算时,通常采用指数形式或极坐标形式。复数相乘,模相乘,辐角相加;复数相除,模相除,辐角相减。

如两复数的指数形式及极坐标形式分别为

$$A_1 = r_1 e^{j\psi_1} = r_1 \angle \psi_1$$
$$A_2 = r_2 e^{j\psi_2} = r_2 \angle \psi_2$$

则

$$A_1 \cdot A_2 = r_1 e^{j\psi_1} \cdot r_2 e^{j\psi_2} = r_1 \cdot r_2 e^{j(\psi_1 + \psi_2)} = r_1 r_2 \angle \psi_1 + \psi_2$$

$$\frac{A_1}{A_2} = \frac{r_1}{r_2} e^{j(\psi_1 - \psi_2)} = \frac{r_1}{r_2} \angle \psi_1 - \psi_2$$

例 2-5 已知复数 $A = 8 + j6$,$B = 6 - j8$,求 $A + B$ 和 $A \times B$。

解
$$A + B = (8 + j6) + (6 - j8) = 14 - j2$$
$$A \times B = (8 + j6)(6 - j8) = 10 \angle 36.9° \cdot 10 \angle -53.1° = 100 \angle -16.2°$$

2.2.2 正弦量的相量表示法

假设正弦电压 $u = U_m \sin(\omega t + \psi_u)$,在如图 2-2-3 所示的复平面上,令复数 $\dot{U}_m = U_m e^{j\psi_u}$。

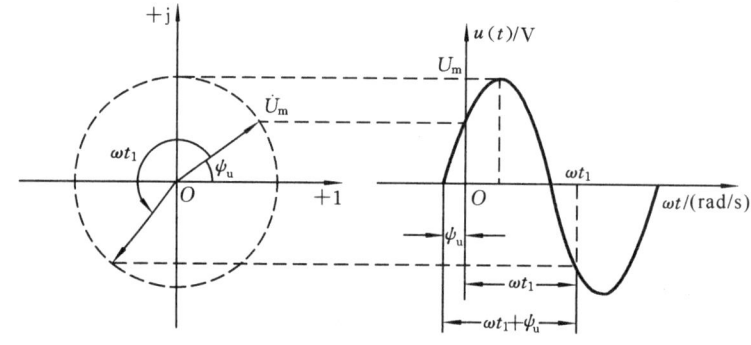

图 2-2-3 正弦量的相量及其对应的波形图

其中,复数的模 U_m 取该正弦电压的幅值,辐角 ψ_u 取该正弦电压的初相,并以角速度 ω 沿逆时针方向旋转。那么在任一时刻,该矢量在纵轴上的投影就等于该正弦电压的瞬时值,即

$$U_m e^{j(\omega t + \psi_u)} = U_m e^{j\psi_u} \cdot e^{j\omega t} \tag{2-2-5}$$

式中,$e^{j\omega t}$ 称为旋转因子。

根据欧拉公式,有

$$U_m e^{j(\omega t + \psi_u)} = U_m \cos(\omega t + \psi_u) + jU_m \sin(\omega t + \psi_u) \tag{2-2-6}$$

式(2-2-6)的虚部恰好就是假设的正弦量,即

$$u = U_m \sin(\omega t + \psi_u) = \mathrm{Im}[U_m e^{j(\omega t + \psi_u)}] \tag{2-2-7}$$

由此可见,一个正弦量可以用一个复数来表示。表示正弦量的复数就称为该正弦量的幅值相量。它的模等于所表示的正弦量的幅值,辐角等于正弦量的初相。为了与一般的复数相区别,规定相量用上方加"·"的大写字母表示。

例如,正弦电流 $i = I_m \sin(\omega t + \psi_i)$ 的幅值相量为

$$\dot{I}_m = I_m e^{j\psi_i} = I_m \angle \psi_i$$

正弦量的大小通常用有效值来表示,因此用有效值表示相量的模更为方便。用幅值作为模的相量称为幅值相量,用有效值作为模的相量称为有效值相量。有效值相量用表示正弦量有效值的字母上加"·"表示,上述正弦电流的有效值相量为

$$\dot{I} = \frac{\dot{I}_m}{\sqrt{2}} = \frac{I_m \angle \psi_i}{\sqrt{2}} = I \angle \psi_i$$

应当注意如下几点。

(1) 在相量的表达式中忽略了正弦量的三要素中的 ω 这一要素,这是因为在线性电路中,正弦激励和响应同频率的正弦量(功率除外),相位差是定值,因此在相量式中只重视正弦量三要素中的幅值和初相,而忽略了角频率 ω。

(2) 相量只是用来表示正弦量,而不等于正弦量,即 $\dot{U} = U \angle \psi_u \neq U_m \sin(\omega t + \psi_u)$。因为正弦量是时间的实函数,具有明确的物理意义,而相量则是一种复数形式。

(3) 在进行正弦量运算时,为了运算方便,可以把正弦量先表示为相量,然后根据复数运算(相量运算)规则求出相量的结果,再根据相量与正弦量的对应关系,写出其正弦表达式。

(4) 相量特指用复数表示的正弦量,用复数表示的其他量不能称为相量。

对于一个或多个同频率的正弦量,按照其幅值或有效值的大小和初相用有向线段画出的图形称为相量图。

只有同频率的正弦量才能画在同一相量图中,相量的模为正弦量的有效值(或幅值),相量与正实轴的夹角为正弦量的初相角。在相量图上能直观地看出各个正弦量的大小、初相量和相互间的相位关系。

例 2-6 已知 $u_1 = 8\sqrt{2}\sin(\omega t + 60°)$ V, $u_2 = 6\sqrt{2}\sin(\omega t - 30°)$ V,求 $u = u_1 + u_2$。

解 方法一:用相量式求解。

由已知条件可写出 u_1 和 u_2 的有效值相量为

$$\dot{U}_1 = 8 \angle 60° \text{ V} = (4 + j6.9) \text{ V}$$

$$\dot{U}_2 = 6 \angle -30° \text{ V} = (5.2 - j3) \text{ V}$$

$$\dot{U} = \dot{U}_1 + \dot{U}_2 = [(4 + j6.9) + (5.2 - j3)] \text{ V}$$

$$= (9.2 + j3.9) \text{ V} = 10 \angle 23.1° \text{ V}$$

$$u = 10\sqrt{2}\sin(\omega t + 23.1) \text{ V}$$

方法二:用相量图求解。

在复平面上,复数间的加、减运算满足平行四边形法则,那么表示正弦量与相量的加、减运算就满足该法则,因此还可用作图的方法——相量图法求出 $\dot{U} = \dot{U}_1 + \dot{U}_2$,其相量图如图 2-2-4 所示。根据总电压 $\dot{U}$ 的长度 U 和它与实轴的夹角 ψ 可写出 u 的瞬时值表达式为

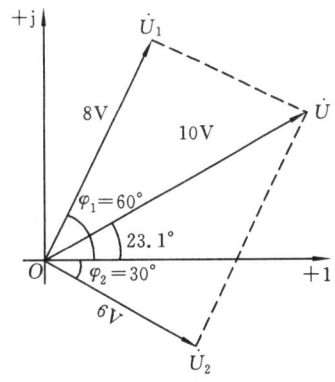

图 2-2-4 例 2-6 相量图

$$u = \sqrt{2}U\sin(\omega t + \psi) \text{ V} = 10\sqrt{2}\sin(\omega t + 23.0°) \text{ V}$$

【思考与练习2.2】

2.2.1 已知 $A=6+j8$，$B=4-j3$，试分别计算 $A+B$、$A-B$、$A \times B$ 和 $\dfrac{A}{B}$。

2.2.2 写出下列正弦电压的相量式，并画出相量图：$u_1=100\sin(314t-60°)$ V，$u_2=311\sin(314t+45°)$ V。

◀ 2.3 单一参数的正弦交流电路 ▶

单一元件电阻、电感或电容组成的电路称为单一参数电路，掌握它的伏安关系、功率消耗及能量转换是分析正弦交流电路的基础。

2.3.1 电阻元件的正弦交流电路

1. 伏安关系

图2-3-1(a)所示的是由一个线性电阻组成的交流电路，电压和电流为关联参考方向。根据欧姆定律，它们的瞬时值之间的关系式为

$$u = Ri \tag{2-3-1}$$

取电流作为参考正弦量，则

$$u = Ri = RI_m\sin\omega t = U_m\sin\omega t \tag{2-3-2}$$

式中，$U_m=RI_m$ 称为电压的幅值。

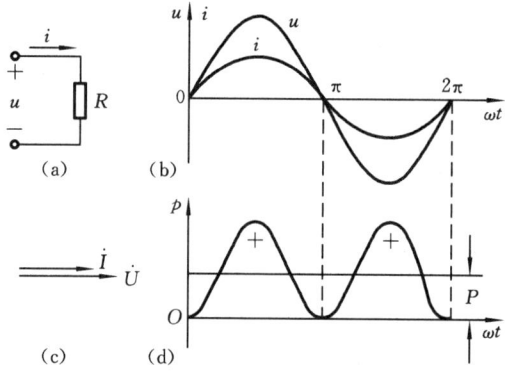

图2-3-1 电阻元件的交流电路

由此可见，在电阻元件的交流电路中，电流和电压是同频率同相位的正弦量，而且电压幅值（或有效值）与电流幅值（或有效值）的比值就是电阻 R，即

$$R = \frac{U_m}{I_m} = \frac{U}{I} \tag{2-3-3}$$

若用相量形式表示，则电压与电流的关系为

$$\dot{U} = R\dot{I} \tag{2-3-4}$$

这就是欧姆定律的相量表达式。电压和电流的波形图及相量图分别如图2-3-1(b)和(c)所示。

2. 瞬时功率

正弦交流电路中,电压瞬时值 u 与电流瞬时值 i 的乘积称为瞬时功率,用小写字母 p 表示,即

$$p = p_R = ui = U_m I_m \sin^2 \omega t$$

$$= U_m I_m \frac{1 - \cos 2\omega t}{2}$$

$$= UI(1 - \cos 2\omega t) \tag{2-3-5}$$

由式(2-3-5)可见,p 由两部分组成,并且在任一瞬间总有

$$p_R \geqslant 0 \tag{2-3-6}$$

这说明电阻元件在正弦交流电路中是消耗功率的。

由式(2-3-5)可画出如图 2-3-1(d)所示瞬时功率 p 的波形图。

3. 平均功率

瞬时功率 p_R 在一周期内的平均值为平均功率,用 P_R 表示,即

$$P_R = \frac{1}{T}\int_0^T p\,\mathrm{d}t = \frac{1}{T}\int_0^T UI(1 - \cos 2\omega t)\,\mathrm{d}t = UI = I^2 R = \frac{U^2}{R} \tag{2-3-7}$$

平均功率也称为有功功率,单位是 W 或 kW。

4. 能量转换

由式(2-3-6)可知电阻元件是消耗功率的,吸取电源提供的电能转换为热能,是一种不可逆转换。在一个周期转换成的热能为

$$W_R = \int_0^T p\,\mathrm{d}t = UIT = I^2 RT = \frac{U^2}{R}T \tag{2-3-8}$$

例 2-7 一个 220 V、1000 W 的电炉接在电源电压为 $u = 311\sin(314t + 30°)$ V 的电路中,求:(1)该电炉的电阻;(2)电炉中通过的电流为多少,写出其瞬时表达式;(3)设此电炉每天使用 3 h,问每月(按 30 天计算)消耗的电能为多少?

解 (1)求该电炉的电阻。

因为

$$U = \frac{U_m}{\sqrt{2}} = \frac{311}{\sqrt{2}} \text{ V} = 220 \text{ V}$$

所以

$$R = \frac{U^2}{p} = \frac{220^2}{1\,000} \text{ Ω} = 48.4 \text{ Ω}$$

(2)通过该电炉的电流为

$$\dot{I} = \frac{\dot{U}}{R} = \frac{220\angle 30°}{48.4} \text{ A} = 4.55\angle 30° \text{ A}$$

其瞬时表达式为

$$i = 4.55\sqrt{2}\sin(314t + 30°) \text{ A}$$

(3)该电炉每月消耗的电能为

$$W = Pt = 1\,000 \text{ W} \times 3 \text{ h} \times 30 = 90 \text{ kW·h}$$

2.3.2 电感元件的正弦交流电路

1. 伏安关系

图 2-3-2(a)所示为电感元件的正弦交流电路。图中所示方向为电压电流和自感电动势

的参考方向。在一般激励下,线性电感的伏安关系为

$$u = -e = L\frac{\mathrm{d}i}{\mathrm{d}t} \tag{2-3-9}$$

设通过电感线圈的电流为

$$i = I_\mathrm{m}\sin\omega t$$

则

$$u = L\frac{\mathrm{d}i}{\mathrm{d}t}$$

$$= L\frac{\mathrm{d}(I_\mathrm{m}\sin\omega t)}{\mathrm{d}t} = \omega L I_\mathrm{m}\cos\omega t$$

$$= \omega L I_\mathrm{m}\sin(\omega t + 90°) = U_\mathrm{m}\sin(\omega t + 90°) \tag{2-3-10}$$

式中,$U_\mathrm{m} = \omega L I_\mathrm{m}$。

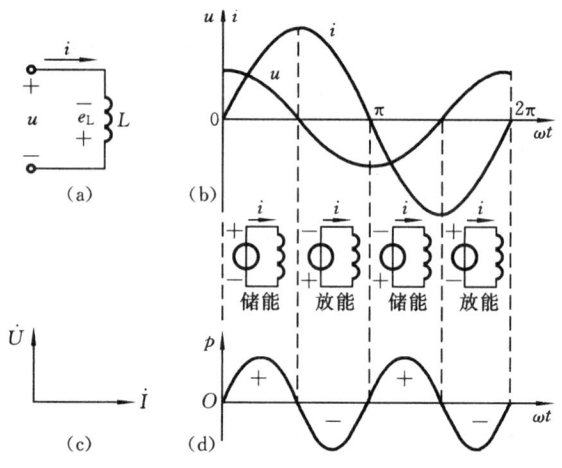

图 2-3-2　电感元件的正弦交流电路

由此可见,在电感电路中电流和电压是同频率的正弦量,且

$$\omega L = \frac{U_\mathrm{m}}{I_\mathrm{m}} = \frac{U}{I} \tag{2-3-11}$$

在相位上,电压超前电流 90°,或者说,电流滞后电压 90°。

令

$$X_\mathrm{L} = \omega L = 2\pi f L$$

则

$$\begin{cases} U_\mathrm{m} = X_\mathrm{L}I_\mathrm{m} \\ U = X_\mathrm{L}I \end{cases} \tag{2-3-12}$$

X_L 称为电感的电抗,简称感抗。若角频率 ω 的单位为 rad/s(弧度/秒),频率 f 的单位为 Hz(赫[兹]),电感 L 的单位为 H(亨[利]),则感抗 X_L 的单位为 Ω(欧[姆])。

与电阻元件的交流电路相比较,X_L 类似于电阻 R 的作用。当电压一定时,X_L 越大,则电流越小,所以感抗 X_L 是表示电感对电流阻碍能力大小的物理量。感抗 X_L 与电感 L、电源角频率 ω(频率 f)成正比,所以电感对高频电流的阻碍作用很强;而对于直流电流来说,由于角频率 $\omega = 0$(频率 $f = 0$),故 $X_\mathrm{L} = 0$,即电感对直流没有阻碍作用,可看作短路。

用相量形式表示电感元件的交流电路电压和电流关系为

$$\dot{U} = \mathrm{j}X_\mathrm{L}\dot{I} \tag{2-3-13}$$

电感元件的波形图和相量图如图 2-3-2(b)和(c)所示。

2. 瞬时功率

由瞬时功率定义可得

$$p_L = ui = U_m I_m \sin(\omega t + 90°)\sin\omega t$$

$$= U_m I_m \sin\omega t \cos\omega t = \frac{U_m I_m}{2}\sin 2\omega t$$

$$= UI\sin 2\omega t \tag{2-3-14}$$

由式(2-3-14)可见,p_L 是一个幅值为 UI,并以 2ω 的角频率随时间而变化的交变量,其波形如图 2-3-2(d)所示。

在第一个和第三个 1/4 周期内,p_L 为正值(u 与 i 同为正或同为负),且 i 在增大,说明电感 L 从电源吸取电能,转换为磁能储存在线圈的磁场中;在第二个和第四个 1/4 周期内,p_L 为负值(u 与 i 一正一负),且 i 在减小,说明电感 L 将储存的磁能转换为电能归还给电源。可见,理想电感 L 在正弦交流激励下,不断地与电源进行能量交换,但却不消耗能量。

3. 平均功率

电感元件在一个周期内的平均功率为

$$P_L = \frac{1}{T}\int_0^T p_L dt = \frac{1}{T}\int_0^T UI\sin 2\omega t\, dt = 0 \tag{2-3-15}$$

虽然电路中有电压,也有电流,但从一个周期与整体效果上来看,电感元件既不消耗电能,也不输出电能,故电感元件的平均功率(即有功功率)等于零。

4. 无功功率

电感 L 虽不消耗有功功率,但要求与电源间进行能量交换,这种能量交换的规模,用 u 与 i 的有效值乘积来衡量,称为无功功率,并记为

$$Q_L = UI = I^2 X_L = \frac{U^2}{X_L} \tag{2-3-16}$$

为与有功功率区别,无功功率的单位是 var(乏)或 kvar(千乏)。

储能元件(L 或 C),虽本身不消耗能量,但需占用电源容量并与之进行能量交换,对电源是一种负担。

例 2-8 设有一线圈,其电阻忽略不计,电感 $L = 35$ mH,在频率为 50 Hz 的电压 $U_L = 110$ V 的作用下,求:(1)线圈的感抗 X_L;(2)电路中的电流 $\dot{I}$ 及其与 $\dot{U}_L$ 的相位差 φ;(3)线圈的无功功率 Q_L;(4)在 1/4 周期中线圈储存的磁场能量 W_L。

解 (1) $\qquad X_L = 2\pi fL = 2 \times 3.14 \times 50 \times 35 \times 10^{-3}\ \Omega = 11\ \Omega$

(2) 设 $\dot{U}_L = U_L \angle 0°$ V,则

$$\dot{I} = \frac{\dot{U}_L}{jX_L} = \frac{110\angle 0°}{11\angle 90°}\ A = 10\angle -90°\ A$$

即 $\dot{I}$ 落后 $\dot{U}_L 90°$,$\varphi = -90°$。

(3) $\qquad Q_L = I^2 X_L = 10^2 \times 11\ var = 1\ 100\ var$

或 $\qquad Q_L = U_L I = 110 \times 10\ var = 1\ 100\ var$

(4) $\qquad W_L = \frac{1}{2}LI_m^2 = LI^2 = 35 \times 10^{-3} \times 10^2\ J = 3.5\ J$

2.3.3 电容元件的正弦交流电路

1. 伏安关系

图 2-3-3 所示为电容元件的正弦交流电路,其中电压和电流为关联参考方向。在电容电路中,当加在电容器极板上的电压发生变化时,极板上的电荷 $q = Cu$ 也随之变化。电荷随时间的变化而在导线上形成电流,即

$$i = \frac{\mathrm{d}q}{\mathrm{d}t} = \frac{\mathrm{d}(Cu)}{\mathrm{d}t} = C\frac{\mathrm{d}u}{\mathrm{d}t} \tag{2-3-17}$$

式(2-3-17)说明,电容电路中的电流与电压的变化率成正比。

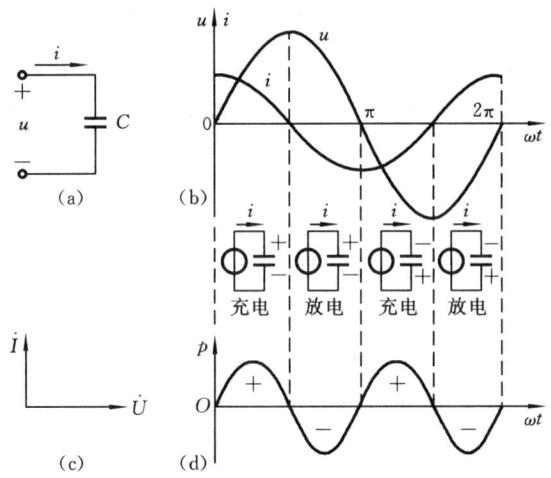

图 2-3-3 电容元件的正弦交流电路

设电压 $u = U_\mathrm{m}\sin\omega t$ 为参考正弦量,代入式(2-3-17),得流过线性电容元件的电流为

$$i = C\frac{\mathrm{d}(U_\mathrm{m}\sin\omega t)}{\mathrm{d}t} = \omega C U_\mathrm{m}\cos\omega t$$

$$= \omega C U_\mathrm{m}\sin(\omega t + 90°)$$

$$= I_\mathrm{m}\sin(\omega t + 90°) \tag{2-3-18}$$

式中,$I_\mathrm{m} = \omega C U_\mathrm{m}$。

由式(2-3-18)可知,在电容电路中电压和电流是同频率的正弦量。在相位上,电流超前电压 90°,或者说,电压滞后电流 90°。电压与电流的大小关系为

$$\frac{1}{\omega C} = \frac{U_\mathrm{m}}{I_\mathrm{m}} = \frac{U}{I} \tag{2-3-19}$$

令

$$X_\mathrm{C} = \frac{1}{\omega C} = \frac{1}{2\pi f C} \tag{2-3-20}$$

则

$$\begin{cases} U_\mathrm{m} = X_\mathrm{C} I_\mathrm{m} \\ U = X_\mathrm{C} I \end{cases} \tag{2-3-21}$$

式中,X_C 称为电容的电抗,简称容抗。若角频率 ω 的单位为 rad/s(弧度/秒),频率的单位为 Hz(赫[兹]),电容 C 的单位为 F(法[拉]),则容抗 X_C 的单位为 Ω(欧[姆])。

与电阻元件的交流电路相比较,X_C 类似于电阻 R 的作用。当电压一定时,X_C 越大,则

电流越小,所以容抗 X_C 上表示电容对电流阻碍能力大小的物理量。因此容抗 X_C 的大小与电容 C、电源角频率 ω(频率 f)成反比,所以电容对低频电流的阻碍作用很强,而对于直流电流,由于角频率 $\omega=0$(频率 $f=0$),故 $X_C=\infty$,即电容有隔离直流的作用,可看成开路。

用相量形式表示电容元件交流电路的电压和电流的关系为

$$\dot{U} = -jX_C\dot{I} \tag{2-3-22}$$

或

$$\dot{I} = \frac{\dot{U}}{-jX_C} = j\frac{\dot{U}}{X_C} \tag{2-3-23}$$

电容电路的波形图和相量图分别如图 2-3-3(b)、(c)所示。

2. 瞬时功率

由瞬时功率的定义可得

$$\begin{aligned} p_C = ui &= U_m I_m \sin(\omega t + 90°)\sin\omega t \\ &= UI\sin 2\omega t \end{aligned} \tag{2-3-24}$$

由式(2-3-24)可见,p_C 是一个幅值为 UI,并以 2ω 的角频率随时间而变化的交变量,其波形如图 2-3-3(d)所示。

在第一个和第三个 1/4 周期内,电压值在增高,即电容在充电,使电源的电能转换为电场能量储存在电场中,所以 p 为正值。在第二个和第四个 1/4 周期内,电压值在降低,即电容在放电,把储存的电场能量放还给电源,所以 p 为负值。就这样,理想的线性电容,在正弦交流激励下,不断地与电源进行能量交换,但却不消耗能量。

3. 平均功率

根据定义,其平均功率为

$$P_C = \frac{1}{T}\int_0^T p_C\,dt = \frac{1}{T}\int_0^T UI\sin 2\omega t\,dt = 0 \tag{2-3-25}$$

可见理想电容在正弦交流电路中是不消耗能量的。

4. 无功功率

无功功率是用来表示电容元件与电源间能量交换的规模大小的,记为

$$Q_C = UI = I^2 X_C = \frac{U^2}{X_C} \tag{2-3-26}$$

无功功率的单位是 var(乏)或 kvar(千乏)。

例 2-9 已知电源电压 $u=220\sqrt{2}\sin(100t-60°)$ V,将电阻值 $R=100\ \Omega$ 的电阻、电感值 $L=1$ H 的电感和电容值 $C=100\ \mu F$ 的电容分别接到电源上。试分别求出通过各元件的电流相量 $\dot{I}_R$、$\dot{I}_L$、$\dot{I}_C$,并写出各电流 i_R、i_L 和 i_C 的函数式。

解 电源电压有效值相量为

$$\dot{U} = 220\angle -60°$$

则有

$$\dot{I}_R = \frac{\dot{U}}{R} = \frac{220\angle -60°}{100}\text{A} = 2.2\angle -60°\ \text{A}$$

$$\dot{I}_L = \frac{\dot{U}}{j\omega L} = \frac{220\angle -60°}{j100\times 1}\text{A} = 2.2\angle -150°\ \text{A}$$

$$\dot{I}_C = j\omega C\dot{U} = j100\times 100\times 10^{-6}\times 220\angle -60°\ \text{A} = 2.2\angle 30°\ \text{A}$$

由此可得

$$i_R = 2.2\sqrt{2}\sin(100t - 60°) \text{ A}$$

$$i_L = 2.2\sqrt{2}\sin(100t - 150°) \text{ A}$$

$$i_C = 2.2\sqrt{2}\sin(100t + 30°) \text{ A}$$

【思考与练习 2.3】

2.3.1　已知 $L = 1$ H 的电感线圈接到频率为 100 Hz 的正弦交流电源上,且电源电压 $u = 50\sqrt{2}\sin(\omega t + 40°)$ V。(1)试求该电路的电流 $\dot{I}$;(2)画出电压、电流的相量图;(3)求该电路的无功功率。

2.3.2　为什么感抗 X_L 与频率成正比,而容抗 X_C 与频率成反比?

2.4　RLC 串联、并联交流电路

2.4.1　基尔霍夫定律的相量形式

基尔霍夫电流定律的实质是电流的连续性原理。在交流电路中,任一瞬间电流总是连续的,因此,基尔霍夫电流定律也适用于交流电路的任一瞬间。即任一瞬间流过电路的结点(闭合面)的各电流瞬时值的代数和等于零,即

$$\sum i = 0 \qquad\qquad (2\text{-}4\text{-}1)$$

正弦交流电路中各电流都是与电源同频率的正弦量,把这些同频率的正弦量用相量表示即得

$$\sum \dot{I} = 0 \qquad\qquad (2\text{-}4\text{-}2)$$

电流前的正、负号由其参考方向决定。若支路电流的参考方向流入结点取正号,流出结点取负号,式(2-4-2)就是相量形式的基尔霍夫电流定律(KCL)。

根据能量守恒定律,基尔霍夫电压定律也同样适用于交流电路的任一瞬间。即任一瞬间,电路的任一个回路中各段电压瞬时值的代数和等于零,即

$$\sum u = 0 \qquad\qquad (2\text{-}4\text{-}3)$$

在正弦交流电路中,各段电压都是同频率的正弦量,所以表示一个回路中各段电压相量的代数和也等于零,即

$$\sum \dot{U} = 0 \qquad\qquad (2\text{-}4\text{-}4)$$

式(2-4-4)就是相量形式的基尔霍夫电压定律(KVL)。

2.4.2　RLC 串联交流电路

在图 2-4-1(a)所示的 RLC 串联电路中,通过各元件的是同一电流。如果电源电压 u 是正弦交流量,则电流 i 和三个分电压 u_R、u_L、u_C 也都是同频率的正弦交流量。根据 KVL 可得

$$u = u_R + u_L + u_C \qquad\qquad (2\text{-}4\text{-}5)$$

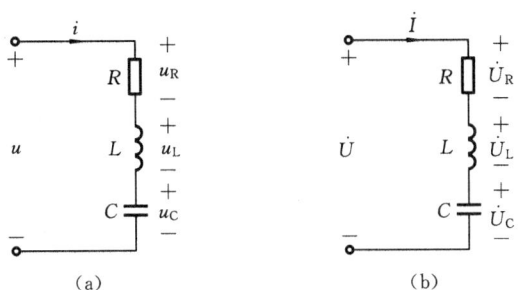

图 2-4-1 RLC 串联电路

其相量式为

$$\dot{U} = \dot{U}_R + \dot{U}_L + \dot{U}_C \tag{2-4-6}$$

把单一参数电路的电压和电流的关系式 $\dot{U}=R\dot{I}$,$\dot{U}=jX_L\dot{I}$,$\dot{U}=-jX_C\dot{I}$ 代入式(2-4-6),则有

$$\begin{aligned}
\dot{U} &= R\dot{I} + jX_L\dot{I} - jX_C\dot{I} \\
&= [R + j(X_L - X_C)]\dot{I} \\
&= (R + jX)\dot{I} = Z\dot{I}
\end{aligned} \tag{2-4-7}$$

其中

$$Z = R + jX = R + j(X_L - X_C) \tag{2-4-8}$$

称为复阻抗,单位为 Ω(欧[姆])。

式(2-4-8)中,$X = X_L - X_C$ 称为电抗,单位为 Ω(欧[姆])。

复阻抗的模用 $|Z|$ 来表示,简称为阻抗,单位也是 Ω(欧[姆])。

$$|Z| = \sqrt{R^2 + X^2} = \sqrt{R^2 + (X_L - X_C)^2} \tag{2-4-9}$$

阻抗角为

$$\varphi = \arctan\frac{X}{R} = \arctan\frac{X_L - X_C}{R} \tag{2-4-10}$$

由式(2-4-9)可知,电阻 R、电抗 X 和阻抗 $|Z|$ 组成一个直角三角形,称为阻抗三角形,如图 2-4-2 所示。

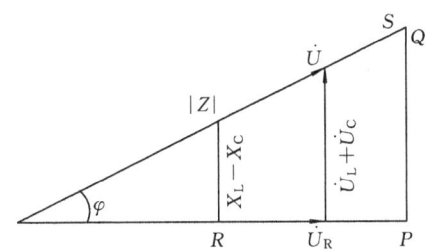

图 2-4-2 阻抗三角形

综上所述,复阻抗 Z 的实部是串联电路的电阻 R、虚部是串联电路的电抗 X。

当 $X=X_L-X_C>0$ 时,阻抗角 φ 是正值,说明总电压超前电流,电路呈现电感性,如图 2-4-3(a)所示。

当 $X=X_L-X_C<0$ 时,阻抗角 φ 是负值,说明总电压滞后电流,电路呈现电容性,如图 2-4-3(b)所示。

当 $X=X_L-X_C=0$ 时,阻抗角 $\varphi=0$,说明总电压与电流同相位,电路呈现电阻性,这时电路发生了串联谐振,如图 2-4-3(c)所示。

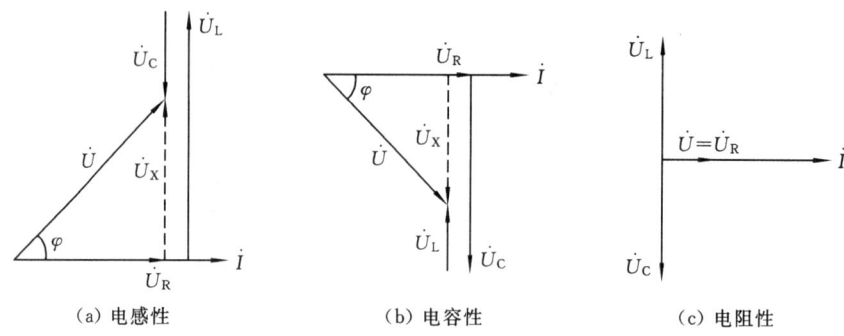

（a）电感性　　　　　　　（b）电容性　　　　　　　（c）电阻性

图 2-4-3　RLC 串联电路的相量图

在图 2-4-3 中，以电流 $\dot{I}$ 作为参考相量，分别作出相量 $\dot{U}_R$、$\dot{U}_L$、$\dot{U}_C$，然后由相量求和的方法可以求得总电压为 $\dot{U}$，其中

$$\dot{U}_X = \dot{U}_L + \dot{U}_C = j(X_L - X_C)\dot{I} \tag{2-4-11}$$

称为电抗电压。

根据图 2-4-3，可以求得电路总电压与电流之间的相位差为

$$\varphi = \arctan \frac{U_X}{U_R} = \arctan \frac{U_L - U_C}{U_R} \tag{2-4-12}$$

由图 2-4-3 所示的相量图可知，电阻的电压 $\dot{U}_R$、电抗的电压 $\dot{U}_X$ 与电源电压 $\dot{U}$ 组成一个直角三角形，称为电压三角形，如图 2-4-2 中的相量形式表示。

根据电压三角形，电源电压的有效值为

$$U = \sqrt{U_R^2 + U_X^2} = \sqrt{(IR)^2 + (IX)^2} = I\sqrt{R^2 + X^2} = I\,|Z| \tag{2-4-13}$$

阻抗角可以表示为

$$\varphi = \arctan \frac{U_X}{U_R} = \arctan \frac{IX}{IR} = \arctan \frac{X}{R} \tag{2-4-14}$$

将电压三角形的各边长除以电流 I，即可得到阻抗三角形，所以电压三角形和阻抗三角形是相似三角形，如图 2-4-2 所示。阻抗角即为总电压与电流之间的相位差角。

RLC 串联电路的瞬时功率为

$$\begin{aligned} p &= ui = U_m\sin(\omega t + \varphi)I_m\sin\omega t \\ &= U_m I_m \sin(\omega t + \varphi)\sin\omega t \\ &= UI\cos\varphi - UI\cos(2\omega t + \varphi) \end{aligned} \tag{2-4-15}$$

由于电阻元件上要消耗电能，相应的平均功率为

$$\begin{aligned} P &= \frac{1}{T}\int_0^T p\,dt = \frac{1}{T}\int_0^T [UI\cos\varphi - UI\cos(2\omega t + \varphi)]dt \\ &= UI\cos\varphi \end{aligned} \tag{2-4-16}$$

从电压三角形可得出

$$U\cos\varphi = U_R = RI$$

于是

$$P = U_R I = RI^2 = UI\cos\varphi \tag{2-4-17}$$

而电感元件与电容元件要储放能量，即它们与电源之间要进行能量互换，相应的无功功率为

$$Q = U_L I - U_C I = (U_L - U_C)I = I^2(X_L - X_C) = UI\sin\varphi \tag{2-4-18}$$

式(2-4-17)和式(2-4-18)是计算正弦交流电路中平均功率(有功功率)和无功功率的一般公式。

在交流电路中,将电压和电流的有效值乘积定义为电路的视在功率,用 S 表示,即

$$S = UI = |Z|I^2 \tag{2-4-19}$$

视在功率的单位是 V·A(伏·安)或 kV·A(千伏·安)。

这三个功率之间有一定的关系,即

$$\begin{cases} S = \sqrt{P^2 + Q^2} \\ P = UI\cos\varphi \\ Q = UI\sin\varphi \end{cases} \tag{2-4-20}$$

有功功率 P、无功功率 Q 和视在功率 S 组成了一个直角三角形,称为功率三角形,如图 2-4-2 中最大的三角形。

例 2-10　在 RLC 串联电路中,设在工频下,$I = 10$ A,$U_R = 80$ V,$U_L = 180$ V,$U_C = 120$ V。求:(1)总电压 U;(2)电路参数 R、L、C;(3)总电压与电流的相位差。

解　(1)总电压 U 为

$$U = \sqrt{U_R^2 + (U_L - U_C)^2} = \sqrt{80^2 + (180 - 120)^2}\ \text{V} = 100\ \text{V}$$

(2)电路各参数为

电阻　　　　　　$R = \dfrac{U_R}{I} = \dfrac{80}{10}\ \Omega = 8\ \Omega$

电抗　　　　　　$X_L = \dfrac{U_L}{I} = \dfrac{180}{10}\ \Omega = 18\ \Omega$

电感　　　　　　$L = \dfrac{X_L}{\omega} = \dfrac{X_L}{2\pi f} = \dfrac{18}{2 \times 3.14 \times 50}\ \text{H} = 57\ \text{mH}$

容抗　　　　　　$X_C = \dfrac{U_C}{I} = \dfrac{120}{10}\ \Omega = 12\ \Omega$

电容　　　　　　$C = \dfrac{1}{\omega X_C} = \dfrac{1}{2 \times 3.14 \times 50 \times 12}\ \text{F} = 265\ \mu\text{F}$

(3)总电压与电流的相位差为

$$\varphi = \arctan\frac{U_L - U_C}{U_R} = \arctan\frac{X_L - X_C}{R} = \arctan\frac{18 - 12}{8} = 36.9°$$

例 2-11　在一个由线圈($R = 30\ \Omega$,$L = 12$ mH)与电容器($C = 10\ \mu$F)串联而成的电路中,已知输入电压 $u = 100\sqrt{2}\sin 5\,000t$ V,求电路中电流的瞬时表达式。

解　电路的电抗为

$$X_L = \omega L = 5\,000 \times 12 \times 10^{-3}\ \Omega = 60\ \Omega$$

$$X_C = \frac{1}{\omega C} = \frac{1}{5\,000 \times 10 \times 10^{-6}}\ \Omega = 20\ \Omega$$

$$X = X_L - X_C = (60 - 20)\ \Omega = 40\ \Omega$$

电路的复阻抗为

$$Z = R + jX = (30 + j40)\ \Omega = 50\underline{/53.1°}\ \Omega$$

电路的电流为

$$\dot{I} = \frac{\dot{U}}{Z} = \frac{100\angle 0°}{50\angle 53.1°} \text{ A} = 2\angle -53.1° \text{ A}$$

所以电流的瞬时表达式为

$$i = 2\sqrt{2}\sin(5\,000t - 53.1°) \text{ A}$$

2.4.3 *RLC* 并联交流电路

在图 2-4-4(a)所示的 *RLC* 并联电路中,由于输入电压同时加在三个元件所在的三条支路上,因此选电压为参考相量,即 $\dot{U} = U\angle 0°$ V,则各支路的电流分别为

$$\dot{I}_R = \frac{\dot{U}}{R}, \quad \dot{I}_L = \frac{\dot{U}}{jX_L} = -j\frac{\dot{U}}{X_L}, \quad \dot{I}_C = \frac{\dot{U}}{-jX_C} = j\frac{\dot{U}}{X_C}$$

根据 KCL,有

$$\dot{I} = \dot{I}_R + \dot{I}_L + \dot{I}_C = \frac{\dot{U}}{R} - j\frac{\dot{U}}{X_L} + j\frac{\dot{U}}{X_C} = \dot{U}\left[\frac{1}{R} - j\left(\frac{1}{X_L} - \frac{1}{X_C}\right)\right] \quad (2\text{-}4\text{-}21)$$

用有效值的形式可以表示为

$$I = \sqrt{I_R^2 + (I_L - I_C)^2} = U\sqrt{\left(\frac{1}{R}\right)^2 + \left(\frac{1}{X_L} - \frac{1}{X_C}\right)^2} \quad (2\text{-}4\text{-}22)$$

电压与电流之间的相位差为

$$\varphi = \arctan\frac{I_L - I_C}{I_R} = \arctan\frac{\dfrac{1}{X_L} - \dfrac{1}{X_C}}{\dfrac{1}{R}} \quad (2\text{-}4\text{-}23)$$

由式(2-4-23)可知:当 $\frac{1}{X_L} - \frac{1}{X_C} > 0$ 时,$\varphi > 0$,电压超前电流,电路呈现电感性;当 $\frac{1}{X_L} - \frac{1}{X_C} < 0$ 时,$\varphi < 0$,电压滞后电流,电路呈现电容性;当 $\frac{1}{X_L} - \frac{1}{X_C} = 0$ 时,$\varphi = 0$,总电压与总电流同相位,电路呈现电阻性,这时电路发生了并联谐振。

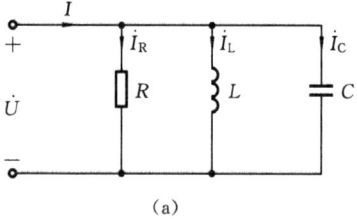
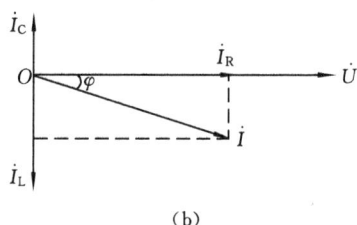

(a)　　　　　　　　　　　　　　　　　　　　(b)

图 2-4-4 *RLC* 并联电路

各支路电流相量和总电流相量的关系可在一个相量图中表示出,如图 2-4-4(b)所示。

例 2-12 在 *RLC* 并联电路中,$R = 10\ \Omega$,$X_C = 8\ \Omega$,$X_L = 15\ \Omega$,$U = 120$ V,$f = 50$ Hz。试求:(1)$\dot{I}_R$、$\dot{I}_L$、$\dot{I}_C$ 及 $\dot{I}$;(2)写出 i_R、i_L、i_C 及 i 的表达式。

解 (1)取电压为参考相量,令 $\dot{U} = 120\angle 0°$ V,则

$$\dot{I}_R = \frac{\dot{U}}{R} = \frac{120\angle 0°}{10} \text{ A} = 12\angle 0° \text{ A}$$

$$\dot{I}_L = \frac{\dot{U}}{jX_L} = \frac{120\angle 0°}{j15} \text{ A} = 8\angle -90° \text{ A}$$

$$\dot{I}_C = \frac{\dot{U}}{-jX_C} = \frac{120 \angle 0°}{-j8} \text{A} = 15 \angle 90° \text{A}$$

$$\dot{I} = \dot{I}_R + \dot{I}_L + \dot{I}_C = (12 \angle 0° + 8 \angle -90° + 15 \angle 90°) \text{A} = (12 + j7) \text{A} = 13.9 \angle 30.2° \text{A}$$

(2) 因 $f = 50$ Hz, $\omega = 2\pi f = 314$ rad/s,各电流的瞬时值表达式为

$$i_R = 12\sqrt{2}\sin 314t \text{ A}$$

$$i_L = 8\sqrt{2}\sin(314t - 90°) \text{ A}$$

$$i_C = 15\sqrt{2}\sin(314t + 90°) \text{ A}$$

$$i = 13.9\sqrt{2}\sin(314t + 30.2°) \text{ A}$$

【思考与练习 2.4】

在正弦交流电路中,基尔霍夫电流定律能写成 $\sum I = 0$ 吗? 式中 I 为电流有效值。

◀ **2.5 阻抗的串联与并联** ▶

2.5.1 阻抗的串联

如图 2-5-1(a)所示的是两个负载串联的交流电路,根据 KVL 的相量形式,有

$$\dot{U} = \dot{U}_1 + \dot{U}_2 = \dot{I}Z_1 + \dot{I}Z_2 = \dot{I}(Z_1 + Z_2) = \dot{I}Z \tag{2-5-1}$$

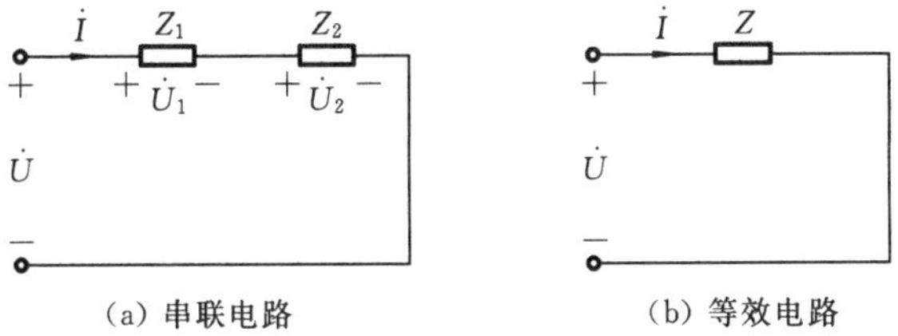

(a) 串联电路　　　　　(b) 等效电路

图 2-5-1 阻抗的串联

式中,Z 称为电路的等效阻抗,即串联电路的等效阻抗等于各串联阻抗的和,其等效电路如图 2-5-1(b)所示。

一般情况下的等效阻抗表达式为

$$Z = \sum Z_K = \sum R_K + j\sum X_K$$

$$= \sqrt{\left(\sum R_K\right)^2 + \left(\sum X_K\right)^2} \angle \arctan \frac{\sum X_K}{\sum R_K} = |Z| \angle \varphi \tag{2-5-2}$$

注意:式(2-5-2)的 $\sum X_K$ 中包括感抗 X_L 和容抗 X_C,感抗 X_L 取正值,容抗 X_C 取负值。

相应的分压公式为

$$\dot{U}_i = \frac{Z_i}{Z}\dot{U} \tag{2-5-3}$$

式中,$\dot{U}$、$\dot{U}_i$ 分别是总电压相量和 Z_i 的电压相量。

2.5.2 阻抗的并联

如图 2-5-2(a)所示的是两个负载并联的交流电路,根据 KCL 的相量形式,有

$$\dot{I} = \dot{I}_1 + \dot{I}_2 = \frac{\dot{U}}{Z_1} + \frac{\dot{U}}{Z_2} = \dot{U}\left(\frac{1}{Z_1} + \frac{1}{Z_2}\right) \tag{2-5-4}$$

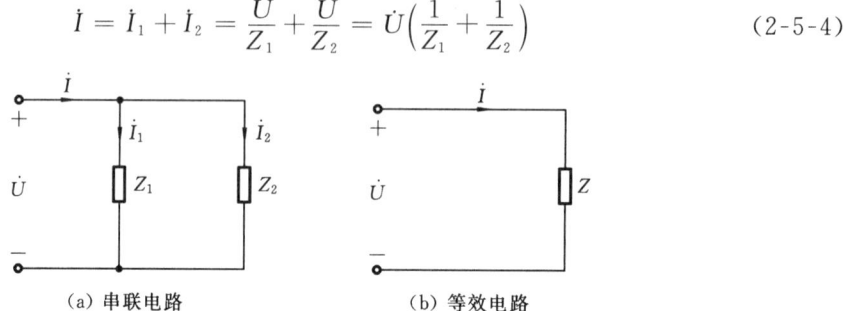

(a) 串联电路　　　　(b) 等效电路

图 2-5-2　阻抗的并联

将式(2-5-4)中两个并联的阻抗用一个等效阻抗 Z 来代替,等效电路如图 2-5-2(b)所示。因此,有

$$\frac{1}{Z} = \frac{1}{Z_1} + \frac{1}{Z_2} \tag{2-5-5}$$

或

$$Z = \frac{Z_1 Z_2}{Z_1 + Z_2} \tag{2-5-6}$$

相应的分压公式为

$$\begin{cases} \dot{I}_1 = \dfrac{Z_2}{Z_1 + Z_2}\dot{I} \\[2mm] \dot{I}_2 = \dfrac{Z_1}{Z_1 + Z_2}\dot{I} \end{cases} \tag{2-5-7}$$

一般情况下,等效复阻抗与各并联复阻抗的关系,可用下式表示

$$\frac{1}{Z} = \sum \frac{1}{Z_K} \tag{2-5-8}$$

例 2-13　在图 2-5-3(a)所示的无源二端网络中,已知端口电压和电流分别为 $u(t) = 10\sqrt{2}\sin(100t + 36.9°)$ V,$i(t) = 2\sqrt{2}\sin 100t$ A,试求该网络的输入阻抗及其等效电路。

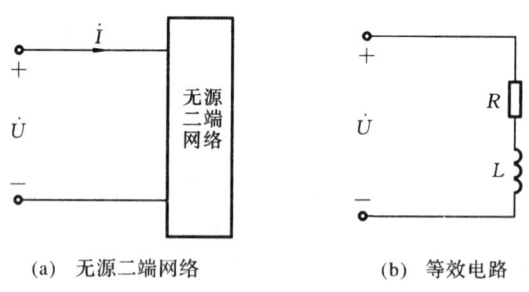

(a)　无源二端网络　　　　(b)　等效电路

图 2-5-3　例 2-13 图

解　由题可得电压和电流相量为

$$\dot{U} = 10\angle 36.9° \text{ V}, \quad \dot{I} = 2\angle 0° \text{ A}$$

根据定义，阻抗为

$$Z = \frac{\dot{U}}{\dot{I}} = R + jX = \frac{10 \angle 36.9°}{2 \angle 0°} \ \Omega = 5 \angle 36.9° \ \Omega = (4 + j3) \ \Omega$$

故 $X = 3 \ \Omega > 0$，电路呈电感性，故等效电路为一个 $R = 4 \ \Omega$ 的电阻与一个感抗 $X_L = 3 \ \Omega$ 的电感元件串联，其等效电感为

$$L = \frac{X_L}{\omega} = \frac{3}{100} \ \text{H} = 0.03 \ \text{H}$$

等效电路如图 2-5-3(b)所示。

【思考与练习 2.5】

2.5.1　两阻抗串联时，在什么情况下 $|Z| = |Z_1| + |Z_2|$？

2.5.2　两阻抗并联时，在什么情况下 $\frac{1}{|Z|} = \frac{1}{|Z_1|} + \frac{1}{|Z_2|}$？

◀ 2.6　电路中的谐振 ▶

2.6.1　谐振的概念

电路中含有电容、电感元件时，当电源的频率和电路的参数(即 L、C)经调节后符合一定条件时，电路总电压与总电流的相位相同，使整个电路呈电阻性，该现象称为谐振。谐振现象是正弦稳态电路中一种特定的工作状况，它一方面广泛地应用于电工技术和无线电技术，例如，用于高温淬火、高频加热和收音机、电视机中；但另一方面，谐振会在电路的某些元件中产生较大的电压或电流，使元件受损，有可能破坏电路系统的正常工作。因此，研究谐振现象有重要的实际意义。

谐振时，由于 $\varphi = 0$，因而 $\sin\varphi = 0$，因此总无功功率 $Q = Q_L + Q_C = 0$。可见，谐振的实质就是电容中的电场能和电感中的磁场能进行能量的相互转换，两者完全补偿。电场能和磁场能的总和时刻保持不变，电源只供给电阻所消耗的电能。

谐振电路的基本模型有串联和并联两种，谐振也就分为串联谐振和并联谐振两种。

2.6.2　串联谐振

1. 谐振条件与谐振频率

RLC 串联谐振电路如图 2-6-1 所示，其中电压 u 和电流 i 的相位差为

$$\varphi = \arctan \frac{X_L - X_C}{R}$$

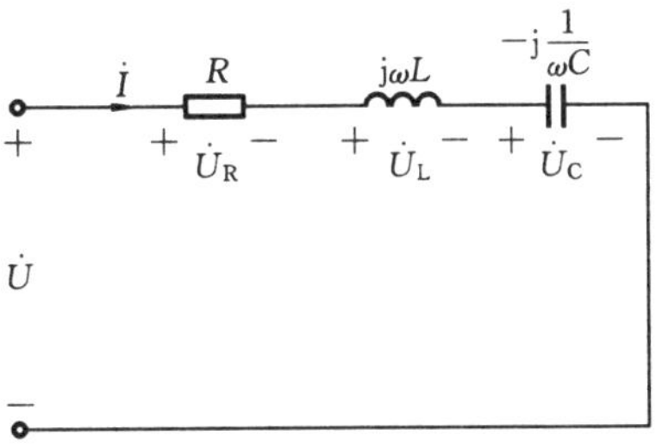

当 $\varphi = 0$ 时，电路产生串联谐振，因此产生谐振的条件为

$$X_L = X_C \tag{2-6-1}$$

由 $X_L = \omega L$，$X_C = \omega C$，得

图 2-6-1　串联谐振电路

$$\omega_0 L = \frac{1}{\omega_0 C} \qquad\qquad (2\text{-}6\text{-}2)$$

ω_0 为 RLC 串联电路的谐振角频率,解得

$$\omega_0 = \frac{1}{\sqrt{LC}} \qquad\qquad (2\text{-}6\text{-}3)$$

亦有

$$f_0 = \frac{1}{2\pi\sqrt{LC}}$$

由式(2-6-3)可知,谐振频率 f_0 反映了串联电路的一种固有性质,与电阻 R 无关。通过改变 ω、L、C 可调节电路发生谐振。

将式(2-6-3)代入式(2-6-2),得

$$\frac{1}{\sqrt{LC}} \times L = \sqrt{\frac{L}{C}} = \rho \qquad\qquad (2\text{-}6\text{-}4)$$

式中,ρ 称为串联谐振电路的特性阻抗,只与电路中的 L、C 有关,单位为 Ω(欧姆)。谐振时,将电抗与回路电阻的比值用来讨论谐振电路的性能,即

$$Q = \frac{\omega_0 L}{R} = \frac{1}{\omega_0 CR} = \frac{\rho}{R} = \frac{1}{R}\sqrt{\frac{L}{C}} \qquad\qquad (2\text{-}6\text{-}5)$$

式中,Q 称为谐振电路的品质因数,只与电路参数 R、L、C 有关。Q 是一个没有量纲的量。在无线电工程中,谐振电路的 Q 值一般在 $50\sim200$ 之间,甚至超过 300。

例 2-14 一个线圈,$R=50\ \Omega$,$L=4\ \text{mH}$,与一个 $C=160\ \text{pF}$ 的电容器串联。线圈的 f_0、ρ 及 Q 各是多少?当 ρ 一定时,改变 R,问 Q 将如何变化?

解 谐振频率 f_0 和特性阻抗 ρ 只取决于 L 和 C。

$$f_0 = \frac{\omega_0}{2\pi} = \frac{1}{2\pi\sqrt{LC}} = \frac{1}{2\times3.14\times\sqrt{4\times10^{-3}\times160\times10^{-12}}}\ \text{Hz} = 2\times10^5\ \text{Hz}$$

$$\rho = \sqrt{\frac{L}{C}} = \sqrt{\frac{4\times10^{-3}}{160\times10^{-12}}}\ \Omega = 5\ 000\ \Omega$$

品质因数 Q 还与耗能参数 R 有关,即

$$Q = \frac{\rho}{R} = \frac{5\ 000}{50} = 100$$

Q 与 R 成反比,R 越小,电能损耗越少,因而 Q 值就越高。

2. 串联谐振的特征

(1) 电流与端电压同相,电路呈纯阻性。

(2) 串联谐振时,Z 最小,电流有效值 I 最大。

电路的阻抗模为

$$|Z| = \sqrt{R^2 + (X_L - X_C)^2}$$

可知,当电路中发生串联谐振时,因 $\omega_0 L = \dfrac{1}{\omega_0 C}$,即 $X_L = X_C$,因此阻抗 $Z_0 = R$。若 $\omega_0 L \neq \dfrac{1}{\omega_0 C}$,则 $Z > R$。因此,发生谐振时,阻抗最小。由于电流有效值为 $I = \dfrac{U}{|Z|}$,电流与阻抗成反比,当电压一定时,谐振时的电流为最大,用 I_0 表示,$I_0 = \dfrac{U}{R}$。

(3) 串联谐振时,U_L、U_C 大小相等、相位相反,互为补偿;因此,电源电压 $\dot{U} = \dot{U}_R$。

如上所述,由于谐振时 $X_L=X_C$,电路复阻抗 $Z_0=R$,从而端电压和电阻上的电压相等,即 $\dot{U}=\dot{U}_R$。但电感和电容上此时并非没有电压,恰恰相反,谐振时,U_L 和 U_C 远大于总电压 U,只是由于 $\dot{U}_L$ 和 $\dot{U}_C$ 幅值大小相等、相位相反,因此互相抵消。其相量关系如图 2-6-2 所示。

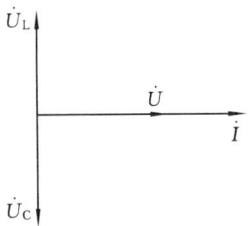

图 2-6-2 谐振相量图

谐振时,U_L、U_C 分别为

$$U_L = IX_L = \frac{\omega_0 L}{R}U = QU, \quad U_C = IX_C = \frac{1}{\omega_0 CR}U = QU$$

则

$$U_L = U_C = QU > U$$

即电感和电容上电压的有效值比外加总电压的有效值高出 Q 倍,这就是 Q 值的物理意义。所以串联谐振又称为电压谐振。

电压谐振产生的高电压在无线电工程上是十分有用的,因为接收信号非常微弱,通过电压谐振可把信号提高几十乃至几百倍。但电压谐振在电力系统中有时会击穿线圈和电容器的绝缘层,造成设备的损坏。因此,在电力系统中应尽量避免电压谐振。

(4)电源与电路之间不发生能量交换,能量交换只发生在电感与电容之间。

3. 谐振电路的选频特性

由串联谐振电路的电流 $I = \frac{U}{|Z|} = \frac{U}{\sqrt{R^2 + \left(\omega L - \frac{1}{\omega C}\right)^2}}$ 可知,若 R、L、C 及 U 都不改变而频率改变时,电流 I 将随之发生变化。由此,可作出电流随频率而变化的曲线,称为电流谐振曲线,如图 2-6-3 所示。

从电流谐振曲线可以看出,当电源频率 f 刚好等于电路的谐振频率 f_0 时,电流有一谐振峰值 $I_0 = \frac{U}{R}$。当电流频率 f 偏离谐振频率 f_0 时,I 值明显下降。这说明,只有在谐振频率的最临近处,电路中的电流才能有较大值,而其他频率的电流则很小。这种能把谐振频率附近的电流选择出来的性能就称为电路的选频特性,又称为电路的选择性。

谐振电路的选频特性常用通频带 Δf 来衡量,即

$$\Delta f = f_2 - f_1 \tag{2-6-6}$$

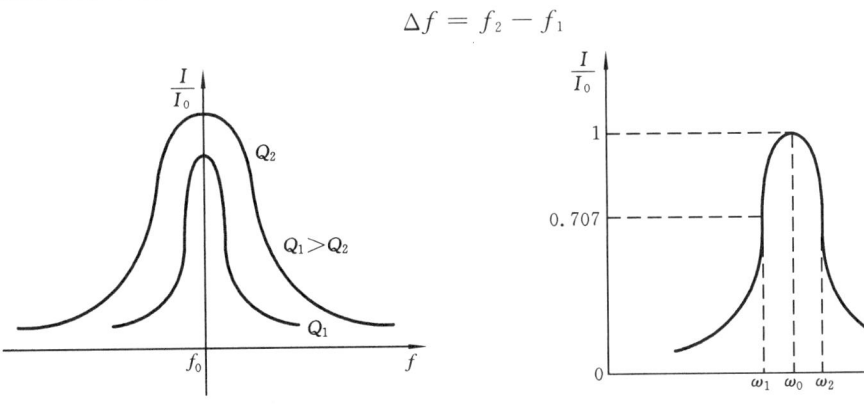

图 2-6-3 电流谐振曲线   图 2-6-4 谐振电路的通频带宽度

按照规定,当电流 I 下降到谐振电流 I_0 的 $\frac{1}{\sqrt{2}}=70.7\%$ 时,所覆盖的频率范围称为谐振电路

的通频带宽度,如图 2-6-4 所示。通频带宽度越小,则谐振曲线越尖锐,电路的选择性就越强。而谐振曲线的尖锐程度与品质因数 Q 有关,如图 2-6-3 所示。Q 值越高,谐振曲线越尖锐,则电路的选频特性越强。但应指出,谐振电路的通频带宽度并不一定越小越好,而是应符合所需要传输的信号对通频带宽度的要求。

2.6.3 并联谐振

同串联谐振电路一样,当端口电压相量与端口电流相量同相时,电路的这种工作状态称为并联谐振。由电容器与线圈并联的并联谐振电路如图2-6-5所示。

1. 产生并联谐振的条件

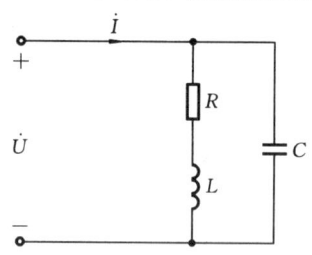

图 2-6-5 并联谐振电路

该谐振电路中,阻抗为

$$Z = \frac{(R + j\omega L)\frac{1}{j\omega C}}{\frac{1}{j\omega C} + (R + j\omega L)} = \frac{R + j\omega L}{1 + j\omega RC - \omega^2 LC}$$

其谐振频率 $\omega_0 = \frac{1}{LC}\sqrt{1 - \frac{CR^2}{L}} = \frac{1}{\sqrt{LC}}\sqrt{1 - \frac{1}{Q^2}}$,因实际谐振电路中的品质因数 Q 很高,故谐振条件为

$$\omega_0 = 2\pi f_0 \approx \frac{1}{\sqrt{LC}} \tag{2-6-7}$$

2. 谐振频率

谐振频率为

$$f = f_0 = \frac{1}{2\pi\sqrt{LC}} \tag{2-6-8}$$

3. 谐振阻抗

谐振阻抗为

$$Z_0 = \frac{1}{\frac{RC}{L}} = \frac{L}{RC} \tag{2-6-9}$$

谐振阻抗为一正实数,相当于一个电阻,因此电压 u 与电流 i 同相(即 $\varphi=0$)。此时电源向电路提供的无功功率为零,电感与电容两元件间无功功率的相互补偿是完全的。并且谐振时电路的阻抗达到最大值,即比非谐振时的阻抗要大。在电源电压 U 一定的情况下,电流达到最小值,为

$$I = I_0 = \frac{U}{Z_0} = \frac{U}{\frac{L}{RC}}$$

谐振时,电感电流与电容电流近似相等,且都是总电流的 Q 倍,即

$$IL \approx IC = QI$$

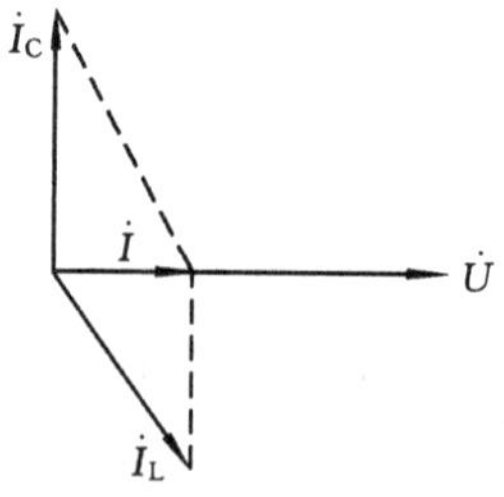

图 2-6-6 并联谐振电路的电流相量图

谐振时的电流相量图如图 2-6-6 所示。这就是说,在谐振时各并联支路的电流近似相等,

并且比总电流大许多倍。因此,并联谐振又称为电流谐振。

【思考与练习 2.6】

2.6.1 一串联谐振电路中,$R = 10\ \Omega$,$L = 10\ \mathrm{mH}$,$C = 0.01\ \mu\mathrm{F}$,试求谐振频率 f_0 和电路的品质因数。

2.6.2 RLC 串联谐振电路中,在谐振频率点处电路呈现电阻性,在小于谐振频率点处,电路呈现什么性质? 在大于谐振频率点处,电路又呈现什么性质?

◀ 2.7 功率因数的提高 ▶

2.7.1 提高功率因数的意义

供电系统的功率因数取决于负载的性质。当电路负载为电阻性时,电压电流才是同相位的,即功率因数为 1。而对其他负载而言,其功率因数均介于 0 与 1 之间。电源提供无功功率,表明电源和负载之间有一部分能量在相互交换。在 U、I 一定的情况下,功率因数越低,无功功率比例越大,对电力系统运行越不利,这体现在以下几个方面。

1. 降低了发电设备容量的利用率

发电设备的额定容量 S_N 是一定的。由 $P = S_N \cos\varphi$ 可知,发电机输出的有功功率 P 与负载的功率因数 $\cos\varphi$ 成正比,$\cos\varphi$ 越低,P 越小,而无功功率越大,电路中的能量交换规模越大,这就使发电设备的利用率大为降低。

2. 增加了输电线路和供电设备的功率损耗

负载上的电流为

$$I = \frac{P}{U\cos\varphi} \tag{2-7-1}$$

在 P、U 一定的情况下,功率因数 $\cos\varphi$ 越低,I 就越大。而线路上的功率损耗为

$$\Delta P = I^2 r = \left(\frac{P}{U\cos\varphi}\right)^2 r = \left(\frac{P^2}{U^2 \cdot r}\right)\frac{1}{\cos^2\varphi} \tag{2-7-2}$$

式中,r 代表传输线路加上电源内阻的总等效电阻。

由式(2-7-2)可知,功率损耗和功率因数 $\cos\varphi$ 的平方成反比,即功率因数 $\cos\varphi$ 越低,电路损耗越大,则输电效率就越低。

3. 降低了电能质量

如前所述,功率因数 $\cos\varphi$ 越低,输电线上电流 I 就越大,在线上产生的电压降也就越大。这样降低了供电的电能质量,满足不了用户对电能质量的要求。

总之,提高功率因数既能使电源设备得到充分的利用,又能减少线路上的电能损耗、节约电能、提高电能质量。而且提高功率因数能带来显著的经济效益,对发展国民经济有着重要的意义。

2.7.2　提高功率因数的方法

由于功率因数不高的根本原因是感性负载的存在,如工业生产中最常用的异步电动机就是感性负载,其功率因数约为 0.6 左右,轻载时更低;日光灯作为感性负载,功率因数也只有 0.3 左右。而感性负载的功率因数之所以不高,是由于负载本身需要一定的无功功率。按照供用电规则,高压供电的工业企业的平均功率因数为 0.8～0.95。

提高功率因数的途径有两个:一是提高用电设备自身的功率因数,如降低轻载时加在三相异步电动机绕组上的电压;二是用其他设备进行补偿。第二种途径将作为讨论的重点。

由功率三角形可知,负载的功率因数为

$$\cos\varphi = \frac{P}{S} = \frac{P}{\sqrt{P^2+Q^2}} \tag{2-7-3}$$

式中,$Q = Q_L - Q_C$。

可以利用 Q_L 和 Q_C 之间的相互补偿作用,让容性无功功率 Q_C 在负载网络内部补偿感性负载所需的无功功率 Q_L,使电源提供的无功功率 Q 接近或等于 1。因此,从技术经济的观点出发,提高感性负载网络功率因数的有效方法,是在感性负载两端并联适当大小的电容器。其电路如图 2-7-1 所示。

提高功率因数的原理也可用相量图来说明,如图 2-7-2 所示。用 $\dot{I}$ 代表并联电容器之前感性负载上的电流,等于线路上的电流,它滞后于电压的角度是 φ,这时的功率因数是 $\cos\varphi$。并联电容器 C 之后,由于增加了一个超前于电压 $90°$ 的电流 $\dot{I}_C$,所以线路上的电流变为

$$\dot{I}' = \dot{I} + \dot{I}_C$$

式中,$\dot{I}'$ 滞后于电压 $\dot{U}$ 的角度是 φ'。$\varphi' < \varphi$,所以 $\cos\varphi' > \cos\varphi$。只要电容 C 选得适当,即可达到补偿要求。

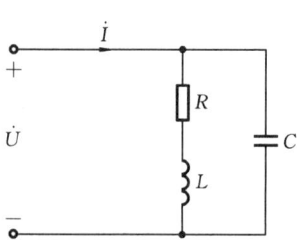

图 2-7-1　提高功率因数电路

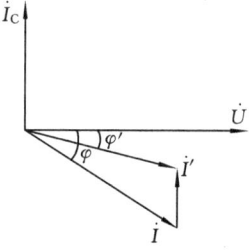

图 2-7-2　相量图

并联电容之后,感性负载本身的电流 $I = \dfrac{U}{\sqrt{R^2+X_L^2}}$ 和功率因数 $\cos\varphi = \dfrac{R}{\sqrt{R^2+X_L^2}}$ 均未改变,这是因为所加电压和感性负载的参数没有改变。因此,通常所说的提高功率因数,是指提高电源或负载的功率因数,而非指提高某个感性负载的功率因数。另外,并联电容后有功功率并未改变,因为电容器是不消耗电能的。

下面推导计算并联电容器电容值的公式。由图 2-7-2 可得

$$I_C = I\sin\varphi - I'\sin\varphi' = \left(\frac{P}{U\cos\varphi}\right)\sin\varphi - \left(\frac{P}{U\cos\varphi'}\right)\sin\varphi' = \frac{P}{U}(\tan\varphi - \tan\varphi')$$

又因
$$I_{c} = \frac{U}{X_{c}} = \omega C U$$

则有
$$\omega C U = \frac{P}{U}(\tan\varphi - \tan\varphi')$$

因此
$$C = \frac{P}{\omega U^2}(\tan\varphi - \tan\varphi') \qquad (2\text{-}7\text{-}4)$$

在感性负载 Z_L 两端并联适当的电容后,能起到下面几个作用:

(1)电源向负载 Z_L 提供的有功功率未变。

(2)负载网络(包括并联电容)对电源的功率因数提高。

(3)线路电流下降。

(4)电源与负载之间不再进行能量的交换($Q=0$)。这时感性负载 Z_L 所需的无功功率全部由电容提供,能量的互换完全在电感与电容之间进行,电源只提供有功功率。

例 2-16 有一感性负载的功率 $P=1\ 600$ kW,功率因数 $\cos\varphi_1=0.8$,接在电压 $U=6.3$ kV 的电源上,电源频率 $f=50$ Hz。(1)把功率因数提高到 $\cos\varphi_2=0.95$,试求并联电容器的容量和电容并联前后的线路电流;(2)把功率因数从 0.95 再提高到 1,试问并联电容器的容量还需增加多少? 此时电路中发生了怎样的物理现象?

解 (1)
$$\cos\varphi_1 = 0.8, \varphi_1 = 36.9°$$
$$\cos\varphi_2 = 0.95, \varphi_2 = 18.2°$$

根据式(2-7-4),所需电容量为
$$C = \frac{1\ 600 \times 10^3}{2 \times 3.14 \times 50 \times 6\ 300^2}(\tan 36.9° - \tan 18.2°)\ \text{F} = 54.2\ \mu\text{F}$$

并联电容前后,线路电流(即负载电流)为
$$I_1 = \frac{P}{U\cos\varphi_1} = \frac{1\ 600 \times 10^3}{6\ 300 \times 0.8}\ \text{A} = 317\ \text{A}$$
$$I_2 = \frac{P}{U\cos\varphi_2} = \frac{1\ 600 \times 10^3}{6\ 300 \times 0.95}\ \text{A} = 267\ \text{A}$$

(2)把功率因数从 0.95 再提高到 1,尚需增加电容
$$C = \frac{1\ 600 \times 10^3}{2 \times 3.14 \times 50 \times 6\ 300^2}(\tan 18.2° - \tan 0°)\ \text{F} = 42.2\ \mu\text{F}$$

此时,线路电流为
$$I = \frac{P}{U\cos\varphi} = \frac{1\ 600 \times 10^3}{6\ 300 \times 1}\ \text{A} = 254\ \text{A}$$

将功率因数从 0.95 提高到 1,需要增加电容 42.2 μF,原电容值增加了 78%,但线路电流的改变不大,仅降至 254 A,只下降了 5%。同时,电路中发生了谐振现象,这也说明了把功率因数提高到 1 是不经济、不可取的。故通常只将功率因数提高到 0.9~0.95 之间。

【思考与练习 2.7】

2.7.1 感性负载串联电容能否提高电路的功率因数?

2.7.2 试问并联电容后,感性负载本身的功率因数是否提高?

习题2

2.1 已知正弦量 $\dot{I}=(-3-j4)$ A 和 $\dot{U}=220e^{j60°}$ V,试分别用三角函数式、正弦波形及相量图表示它们。

2.2 已知某负载的电流和电压的有效值和初相位分别是 2 A、$-30°$、36 V、$45°$;频率均为 50 Hz。(1)写出它们的瞬时值表达式;(2)画出它们的波形图;(3)指出它们的幅值、角频率以及二者之间的相位差。

2.3 已知通过线圈电流 $i=10\sqrt{2}\sin314t$ A,线圈的电感 $L=70$ mH(电阻忽略不计),设电源电压 u,电流 i 及电感电动势 e_L 的参考方向如图 2-1 所示,试分别计算当 $t=\dfrac{T}{6}$、$t=\dfrac{T}{4}$、$t=\dfrac{T}{2}$ 时 i、u 和 e_L 的瞬间值,并用正弦波形表示出三者关系。

2.4 有一 RLC 串联电路,其中 $R=30$ Ω,$L=382$ mH,$C=39.8$ μF,外加电压 $u=220\sqrt{2}\cdot\sin(314t+60°)$ V。(1)试求复阻抗 Z,并确定电路的性质;(2)求电流和电阻、电感、电容的电压;(3)绘出相量图。

2.5 在图 2-2 中,电流表 A_1 和 A_2 的读数分别是 $I_1=6$ A,$I_2=8$ A。(1)设 $Z_1=R$,$Z_2=-jX_C$,则电流表 A_0 的读数为多少?(2)设 $Z_1=R$,Z_2 应为多少时电流表 A_0 的读数最大?读数是多少?(3)设 $Z_1=jX_L$,Z_2 应为多少时电流表 A_0 的读数最小?读数是多少?

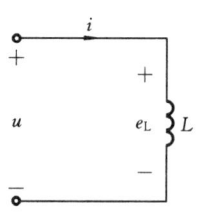

图 2-1 习题 2.3 图

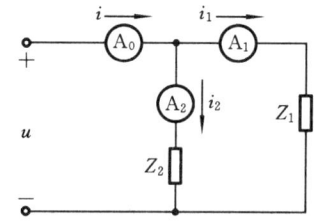

图 2-2 习题 2.5 图

2.6 在图 2-3 所示的电路中,计算图 2-3(a)的电流 $\dot{I}$ 和各阻抗元件上的电压 $\dot{U}_1$ 和 $\dot{U}_2$,并作相量图;计算图 2-3(b)中各支路电流 $\dot{I}_1$ 和 $\dot{I}_2$、电压 $\dot{U}$,并作相量图。

2.7 在图 2-4 中,$I_1=5$ A,$I_2=5\sqrt{2}$ A,$U=100$ V,$R_1=\dfrac{5}{2}$ Ω,$X_L=R_2$,计算 I、X_C、X_L 和 R_2。

2.8 在图 2-5 所示的电路中,已知 $U_{ab}=U_{bc}$,$R=10$ Ω,$X_C=\dfrac{1}{\omega C}=10$ Ω,Z_{ab} 为感性负载。试求 $\dot{U}$ 和 $\dot{I}$ 同相时 Z_{ab} 等于多少?

2.9 如图 2-6 所示的无源二端网络输入端的电压和电流为 $u=220\sqrt{2}\sin(314t+20°)$ V,$i=\dfrac{22\sqrt{2}}{5}\sin(314t-33°)$ A,试求此二端网络的由两个元件串联的等效电路和元件的参数值,并求此二端网络的功率因数及输入的有功功率和无功功率。

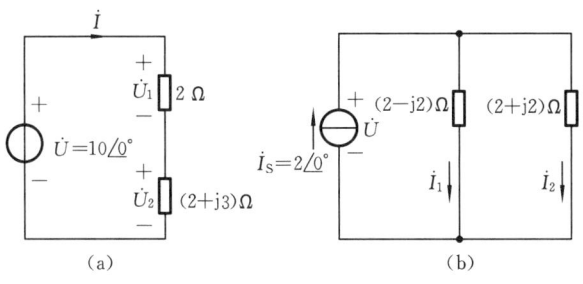
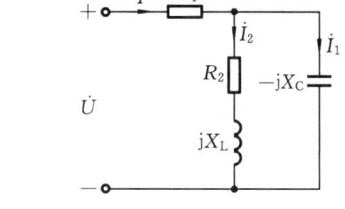

图 2-3 习题 2.6 图　　　　　图 2-4 习题 2.7 图

2.10　在图 2-7 中,已知 $u = 220\sqrt{2}\sin 314t$ V,$i_1 = 22\sin(314t - 45°)$ A,$i_2 = 11\sqrt{2}\sin(314t + 90°)$ A,试求各仪表读数及电路参数 R、L 和 C。

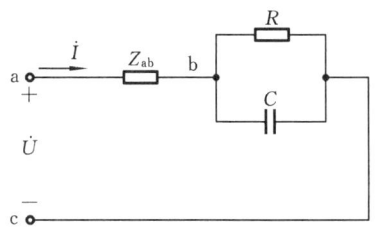
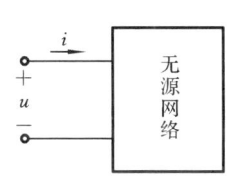
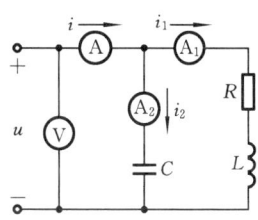

图 2-5 习题 2.8 图　　　　图 2-6 习题 2.9 图　　　　图 2-7 习题 2.10 图

2.11　在图 2-8 所示的电路中,$R_1 = 5$ Ω。调节电容值使电流为最小,并且此时测得:$I_1 = 10$ A,$I_2 = 6$ A,$U_Z = 113$ V,$P = 1\,140$ W。求阻抗 Z。

2.12　电路如图 2-9 所示,$U = 220$ V,R 和 X_L 串联支路的 $P_1 = 726$ W,$\lambda_1 = 0.6$。当开关 S 闭合后,电路的总有功功率增加了 74 W,无功功率减少了 168 var,试求总电流 I 及 Z_2 的大小和性质。

2.13　在图 2-10 中,$U = 220$ V,$f = 50$ Hz,$R_1 = 10$ Ω,$X_1 = 10\sqrt{3}$ Ω,$R_2 = 5$ Ω,$X_2 = 5\sqrt{3}$ Ω。(1)求电流表的读数和电路功率因数 $\cos\varphi_1$;(2)欲使电路的功率因数提高到 0.866,则需并联多大电容?(3)并联电容后电流表的读数为多少?

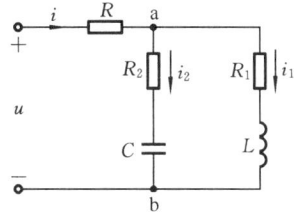

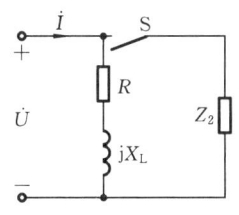
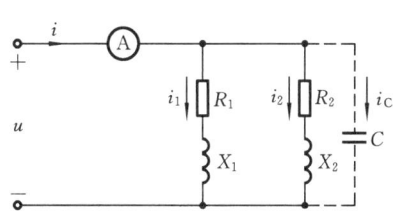

图 2-8 习题 2.11 图　　　图 2-9 习题 2.12 图　　　图 2-10 习题 2.13 图

项目 3

三相交流电路

3.1 三相交流电源

3.1.1 三相电压的产生

图 3-1-1(a)是三相交流发电机的原理图,它由定子和转子两部分组成。

定子也称电枢,它包括机座、定子铁芯和电枢绕组三部分。定子铁芯固定在机座上,内圆周表面设有槽,以嵌放三相电枢绕组。三相绕组采用同一型号的高强漆包线绕制,匝数相等,绕向一致,称为三相对称绕组。图 3-1-1(b)为一相绕组结构示意图。三相绕组始(头)端标以 U_1、V_1、W_1,末(尾)端标以 U_2、V_2、W_2,每相绕组的始端(或末端)彼此间隔120°放置于定子铁芯槽内。通常,三相交流发电机的三相电枢绕组是作星形连接的。

转子包括转子铁芯、励磁绕组,通直流电励磁。适当选择转子铁芯的极掌面形式和励磁绕组的布置情况,可使空气隙中的磁感应强度按正弦规律分布。

当原动机带动转子以 ω 速度作顺时针方向转动时,转子磁场将依次切割定子电枢绕组,并在每相绕组内产生出频率相同、幅值相等、初相互差120°的三相对称正弦感应电动势,简称三相对称电源。感应电动势正方向规定为从电枢绕组的末端指向始端,如图 3-1-1(c)所示。

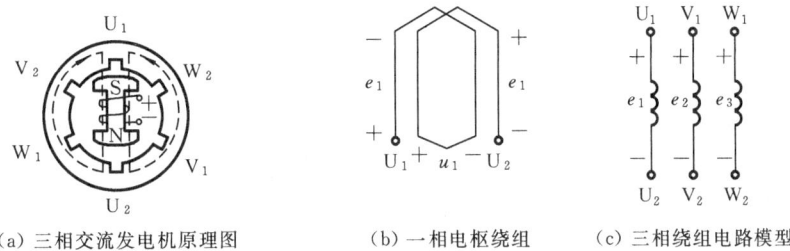

(a) 三相交流发电机原理图　　　(b) 一相电枢绕组　　　(c) 三相绕组电路模型

图 3-1-1　三相交流发电机

若以 u_1 为参考正弦量,则三相对称电源的瞬时值表达为

$$\left.\begin{aligned}
u_1 &= -e_1 = \sqrt{2}U\sin\omega t \text{ V} & \dot{U}_1 &= U\angle 0° \text{ V} \\
u_2 &= -e_2 = \sqrt{2}U\sin(\omega t - 120°) \text{ V} & \text{或} \quad \dot{U}_2 &= U\angle -120° \text{ V} \\
u_3 &= -e_3 = \sqrt{2}U\sin(\omega t + 120°) \text{ V} & \dot{U}_2 &= U\angle +120° \text{ V}
\end{aligned}\right\} \qquad (3\text{-}1\text{-}1)$$

也可用正弦波形图和相量图来反映式(3-1-1),如图 3-1-2 所示。

由波形图和相量图可知:

(1) 三相对称电源的瞬时值之和或相量之和为零,即

$$u_1 + u_2 + u_3 = 0 \qquad \text{或} \qquad \dot{U}_1 + \dot{U}_2 + \dot{U}_3 = 0 \qquad (3\text{-}1\text{-}2)$$

(2) 三相对称正弦电源实质上是由在空间上彼此互差120°的三个同频、同幅的单相正弦电压组合而成。所以,单相正弦电路中的概念和分析方法,在三相正弦电路中都可直接引用。

三相正弦电源分别出现最大值(或过零值)的先后时间顺序,称为三相电源的相序。图 3-1-1(a)所示电源的相序为 $U_1 \xrightarrow{120°} V_1 \xrightarrow{120°} W_1 \xrightarrow{120°} U_1$,称为正序;而当相序为 $U_1 \xrightarrow{120°} W_1 \xrightarrow{120°} V_1$

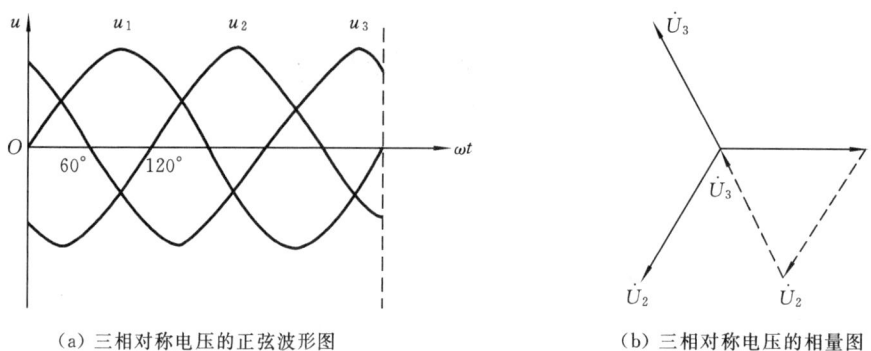

（a）三相对称电压的正弦波形图　　　　　　　（b）三相对称电压的相量图

图 3-1-2　三相对称电压的波形相量图

$\xrightarrow{120°}$ U₁，就称为负序。

　　三相电源的相序决定了三相电动机的旋转方向。当三相电动机接正序三相电源工作时，就产生顺时针方向的转动；接负序三相电源工作时，就产生逆时针方向的转动。

　　若无特别说明，在工农业生产和人们的日常生活中，均采用正序星形连接的三相对称电源。

3.1.2　三相对称电源的主要特征

　　三相交流发电机的三相电枢绕组末端 U_2、V_2、W_2 连接在一起的点，称为电源的中点或零点，用 N 表示，从中点引出的线称为中线或零线（俗称地线）。通常发电机的中线接地。从三相电枢绕组始端 U_1、V_1、W_1 分别对外引出的三根线称为端线或相线（俗称火线），用 L_1、L_2、L_3 表示。这种连接方式称为星形连接，记为"Y_0"。图 3-1-3（a）为三相交流发电机电枢绕组作"Y_0"连接时的接线图。图中端线与中线之间的电压称为相电压，用 U_P 表示，有效值为 U_1、U_2、U_3；端线与端线之间的电压称为线电压，用 U_L 表示，有效值为 U_{12}、U_{23}、U_{31}。这种具有一根中线和三根相线的三相供电线路，称为三相四线供电体制。

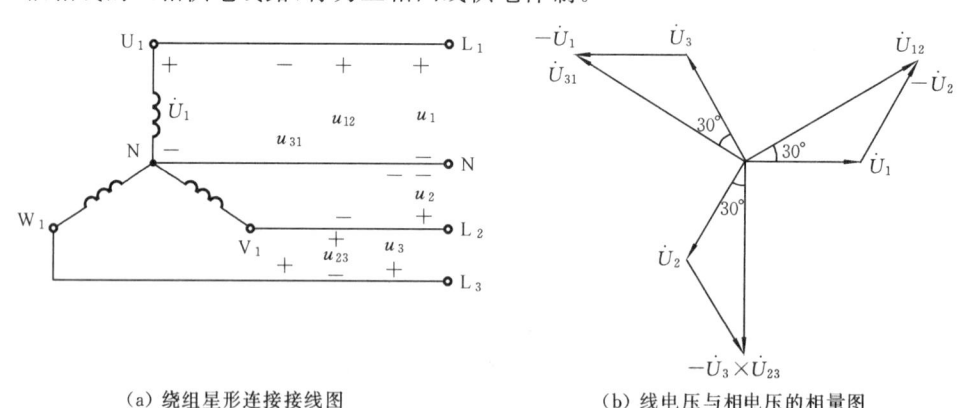

（a）绕组星形连接接线图　　　　　　　（b）线电压与相电压的相量图

图 3-1-3　三相电源作星形连接

　　由图 3-1-3（a）可知，线电压 U_L 与相电压 U_P 显然是不相等的。在图示参考方向下，由基尔霍夫电压定律可知

$$
\left.\begin{array}{ll}
u_{12} = u_1 - u_2 & \dot{U}_{12} = \dot{U}_1 - \dot{U}_2 \\
u_{23} = u_2 - u_3 \quad \text{或} \quad & \dot{U}_{23} = \dot{U}_2 - \dot{U}_3 \\
u_{31} = u_3 - u_1 & \dot{U}_{31} = \dot{U}_3 - \dot{U}_1
\end{array}\right\} \tag{3-1-3}
$$

作电压相量图，如图 3-1-3(b)所示。由相量图可知

$$
\frac{1}{2}U_{12} = U_1 \cdot \cos 30°
$$

故
$$
U_{12} = \sqrt{3}U_1
$$

且线电压的相位超前于其下标第一个字符所对应的相电压 30°角，即

$$
\dot{U}_{12} = \sqrt{3}\dot{U}_1 \angle 30° \text{ V}, \quad \dot{U}_{23} = \sqrt{3}\dot{U}_2 \angle 30° \text{ V}, \quad \dot{U}_{31} = \sqrt{3}\dot{U}_3 \angle 30° \text{ V}
$$

所以，星形连接的三相对称电源主要特征为

$$
\left.\begin{array}{l}
\dot{U}_L = \sqrt{3}\dot{U}_P \angle 30° \text{ V} \\
\dot{U}_1 + \dot{U}_2 + \dot{U}_3 = 0 \\
\dot{U}_{12} + \dot{U}_{23} + \dot{U}_{31} = 0
\end{array}\right\} \tag{3-1-4}
$$

三相电源对外供电时，可采用三相四线制，也可采用三相三线制，具体采用什么供电体制要视三相电源所带三相负载的额定相电压而定。

【思考与练习 3.1】

3.1.1 已知三相对称电源的某一相电压为 $u_2 = 220\sqrt{2}\sin(\omega t - 45°)$ V，试写出 u_{12}、u_{23}、u_{31} 的瞬时值和相量表达式。

3.1.2 已知负序三相对称电源的某一线电压为 $u_{23} = 380\sqrt{2}\sin(\omega t - 30°)$ V，试写出 u_1、u_2、u_3 的瞬时值和相量表达式。

3.2 三相交流负载电路

必须由三相电源供电的负载称为三相负载。当三相负载的阻抗参数完全相等时，即 $Z_1 = Z_2 = Z_3 = |Z| \angle \varphi_0$，就称为三相对称负载。三相电源带三相负载工作时，就称为三相电路。

分析三相电路时，首先画出电路图，并标出电量的参考方向，再应用电路基本定律找出电压与电流之间的关系，线值与相值之间的关系，以及功率关系。

3.2.1 负载作星形连接的三相四线制电路（Y₀—Y₀）

图 3-2-1(a)为三相对称电源带三相对称负载作三相四线连接时的三相电路。在三相电路中，电流也有线值与相值之分。流过端线上的电流称为线电流，用 I_L 表示，有效值为 I_{1L}、I_{2L}、I_{3L}；流过每一相负载中的电流称为相电流，用 I_P 表示，有效值为 I_{1P}、I_{2P}、I_{3P}；流过中线上的电流称为中线电流，用 I_N 表示。

通常，电源端的电压用 U_L 和 U_P 表示，而负载端的电压用 U_L' 和 U_P' 表示。

"Y₀—Y₀"三相电路工作时，具有以下特征。

（1）在图 3-2-1(a)中，因为 a、b、c 三个端点不是结点，所以线电流就等于对应相的负载相

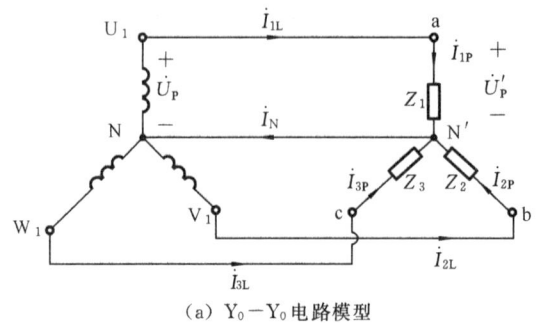
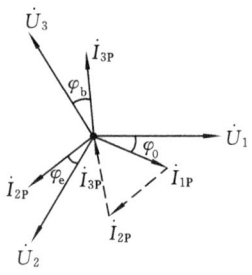

（a）Y$_0$—Y$_0$ 电路模型　　　　　　　　（b）电压、电流相量图

图 3-2-1　三相四线制电路

电流，即

$$\dot I_{LY} = \dot I'_{PY} \tag{3-2-1}$$

（2）由于端线和中线的等位点作用，使得负载端的电压完全等于电源端的电压，即

$$\dot U_P = \dot U'_P, \quad \dot U_L = \dot U'_L, \quad \dot U'_{IY} = \sqrt{3}\,\dot U'_{PY}\angle 30°$$

（3）因为电源对称、负载对称，所以三相负载的相电流也对称，故仅需计算一相负载的相电流，其余二相根据对称性可得，即

$$\dot I_1 = \frac{\dot U'_{1P}}{Z_1} = \frac{\dot U_{1P}}{Z} = I\angle\varphi_0\ \text{A}$$

则

$$\dot I_2 = I\angle\varphi_0 - 120°\ \text{A}, \quad \dot I_3 = I\angle\varphi_0 + 120°\ \text{A}$$

（4）因为三相负载相电流对称，所以流过中线上的电流为零，即 $\dot I_N = \dot I_1 + \dot I_2 + \dot I_3 = 0$，如图 3-2-1(b)所示。

这时，可将系统中线去掉而不会影响三相负载的正常工作，使系统成为三相三线制（Y—Y），并且仍有 $\dot U_P = \dot U'_P$、$\dot U_L = \dot U'_L$ 关系式成立。

（5）三相电源对外输出的三相有功功率，等于三相负载所消耗的有功功率之和。

因为三相负载对称，所以每相负载消耗的有功功率相同，即 $P_1 = P_2 = P_3 = P_0$，故

$$P_Y = P_1 + P_2 + P_3 = 3P_0 = 3 \cdot U_P \cdot I_P \cdot \cos\varphi_0$$

又因为星形连接时，有

$$U_{LY} = \sqrt{3}\,U_{PY}, \quad I_{LY} = I_{PY}$$

所以

$$P_Y = 3 \cdot \frac{U_L}{\sqrt{3}} \cdot I_L \cdot \cos\varphi_0 = \sqrt{3}\,U_L I_L \cos\varphi_0 \tag{3-2-2}$$

同理可知

$$Q_Y = Q_1 + Q_2 + Q_3 = \sqrt{3}\,U_L I_L \sin\varphi_0 \tag{3-2-3}$$

$$S_Y = S_1 + S_2 + S_3 = \sqrt{P_Y^2 + Q_Y^2} = \sqrt{3}\,U_L I_L \tag{3-2-4}$$

例 3-1　在图 3-2-2 所示电路中，已知三相对称电源的线电压为 380 V，三根端线上各接有 50 盏 220 V、40 W 的白炽灯和 1 台星形连接的三相电动机，已知 $P_N = 3\ \text{kW}$，$U_N = 220\ \text{V}$，$\cos\varphi_N = 0.5$。求：(1)各相负载电流 $\dot I_P$；(2)线电流 $\dot I_L$ 及中线电流 $\dot I_N$；(3)电源端的 P、Q、S。

解　因为负载作"Y$_0$"连接，则有

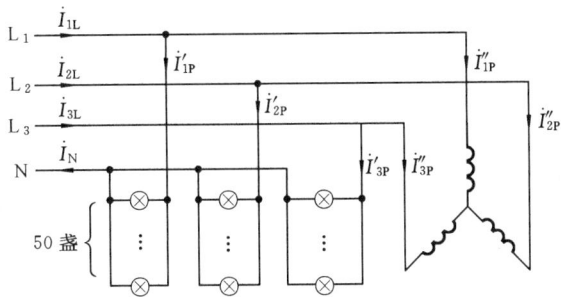

图 3-2-2 例 3-1 图

$$U_P = \frac{U_L}{\sqrt{3}} = \frac{380}{\sqrt{3}} \text{ V} = 220 \text{ V}$$

设 $\dot{U}_1 = 220\angle 0° \text{ V}$，则

$$\dot{U}_2 = 220\angle -120° \text{ V}, \quad \dot{U}_3 = 220\angle 120° \text{ V}$$

（1）因为白炽灯为电阻性负载，一盏灯的电阻值为 $R_0 = \frac{220^2}{40} \Omega = 1\,210 \Omega$，则每一相的等效电阻为

$$R = \frac{R_0}{50} = \frac{1\,210}{50} \Omega = 24.2 \Omega$$

所以

$$\dot{I}'_{1P} = \frac{\dot{U}'_1}{R} = \frac{220\angle 0°}{24.2} \text{ A} = 9.09\angle 0° \text{ A},$$

$$\dot{I}'_{2P} = 9.09\angle -120° \text{ A}, \quad \dot{I}'_{3P} = 9.09\angle 120° \text{ A}$$

又因为三相电动机为三相对称负载，且为感性负载，则相电压超前相电流一个 φ_N 角。

因为

$$\cos\varphi_N = 0.5$$

所以

$$\varphi_N = \arccos 0.5 = 60°$$

且

$$I_L = I''_P = \frac{P_N}{\sqrt{3}U_L\cos\varphi_N} = \frac{3\,000}{\sqrt{3}\times 380\times 0.5} \text{ A} = \frac{3\,000}{329.08} \text{ A} = 9.12 \text{ A}$$

所以

$$\dot{I}''_{1P} = 9.12\angle -60° \text{ A}, \quad \dot{I}''_{2P} = 9.12\angle -180° \text{ A}, \quad \dot{I}''_{3P} = 9.12\angle 60° \text{ A}$$

（2）根据基尔霍夫电流定律可知

$$\dot{I}_{1L} = \dot{I}'_{1P} + \dot{I}''_{2P} = (9.09\angle 0° + 9.12\angle -60°) \text{ A} = 15.77\angle -30° \text{ A}$$

$$\dot{I}_{2L} = 15.77\angle -150° \text{ A}, \quad \dot{I}_{3L} = 15.77\angle 90° \text{ A}$$

所以

$$\dot{I}_N = \dot{I}_{1L} + \dot{I}_{2L} + \dot{I}_{3L} = 15.77(\angle -30° + \angle -150° + \angle 90°) \text{ A} = 0 \text{ A}$$

（3） $P = \sqrt{3}U_L I_L \cos\varphi_N = (\sqrt{3}\times 380\times 15.77\times 0.5) \text{ W} = 5\,189.7 \text{ W} \approx 5.2 \text{ kW}$

$$Q=\sqrt{3}U_{\mathrm{L}}I_{\mathrm{L}}\sin\varphi_{\mathrm{N}}=\left(\sqrt{3}\times380\times15.77\times\frac{\sqrt{3}}{2}\right)\mathrm{var}=8\ 988.9\ \mathrm{var}\approx9.0\ \mathrm{kvar}$$

$$S=\sqrt{3}U_{\mathrm{L}}I_{\mathrm{L}}=\sqrt{P^{2}+Q^{2}}=\left(\sqrt{3}\times380\times15.77\right)\mathrm{V}\cdot\mathrm{A}=10\ 379.5\ \mathrm{V}\cdot\mathrm{A}\approx10.4\ \mathrm{kV}\cdot\mathrm{A}$$

3.2.2 负载作三角形连接的三相三线制电路（Y—△）

三相负载的首、尾端依次连接在一起构成一个闭环，再从各相负载的首端分别引出三根线与电源的三根端线相连接的连接方式就称为三角形"△"连接，也称为三相三线制电路，如图3-2-3(a)所示。

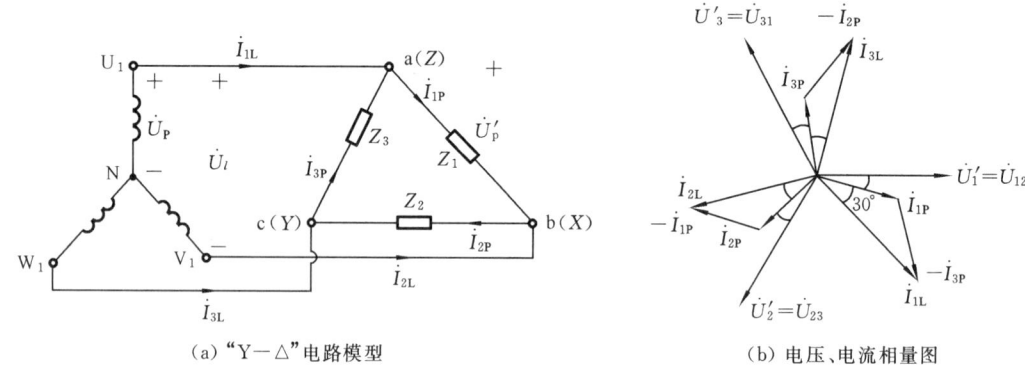

(a) "Y—△"电路模型　　　　　　　　(b) 电压、电流相量图

图 3-2-3　三相三线制电路

"Y—△"三相电路工作时，具有以下特征。

(1) 由图3-2-3(a)可知，每一相负载的首尾端分别与电源的两根端线相连接，从而使负载端的相电压完全等于电源端的线电压，即

$$\dot{U}'_{\mathrm{P}\triangle}=\dot{U}_{\mathrm{L}\triangle} \tag{3-2-5}$$

(2) 因为电源对称，负载对称，所以三个负载相电流对称，即

$$\dot{I}_{1\mathrm{P}}=\frac{\dot{U}'_{1}}{Z_{1}}=\frac{\dot{U}_{12}}{Z}=I\angle\varphi_{0}\ \mathrm{A},\quad \dot{I}_{2\mathrm{P}}=I\angle\varphi_{0}-120°\ \mathrm{A},\quad \dot{I}_{3\mathrm{P}}=I\angle\varphi_{0}+120°\ \mathrm{A}$$

且 $\dot{I}_{1\mathrm{P}}+\dot{I}_{2\mathrm{P}}+\dot{I}_{3\mathrm{P}}=0$，所以负载作"△"连接时，在三相负载闭环电路中无环流存在，三相负载均能正常工作。

(3) 由图3-2-3(a)可知，a、b、c三个端点是结点，所以线电流与负载的相电流不相等。根据基尔霍夫电流定律可知

$$\left.\begin{array}{ll} i_{1\mathrm{L}}=i_{1\mathrm{P}}-i_{3\mathrm{P}} & \dot{I}_{1\mathrm{L}}=\dot{I}_{1\mathrm{P}}-\dot{I}_{3\mathrm{P}} \\ i_{2\mathrm{L}}=i_{3\mathrm{P}}-i_{1\mathrm{P}} \quad\text{或}\quad & \dot{I}_{2\mathrm{L}}=\dot{I}_{2\mathrm{P}}-\dot{I}_{1\mathrm{P}} \\ i_{3\mathrm{L}}=i_{3\mathrm{P}}-i_{2\mathrm{P}} & \dot{I}_{3\mathrm{L}}=\dot{I}_{3\mathrm{P}}-\dot{I}_{2\mathrm{P}} \end{array}\right\} \tag{3-2-6}$$

作电流相量图如图3-2-3(b)所示。

由相量图可知，$\dfrac{1}{2}I_{1\mathrm{L}}=I_{1\mathrm{P}}\cos30°$，故 $I_{1\mathrm{L}}=\sqrt{3}I_{1\mathrm{P}}$，且线电流的相位滞后其下标第一个字符所对应的相电流30°，即

$$\dot{I}_{\mathrm{L}\triangle}=\sqrt{3}\dot{I}_{\mathrm{P}\triangle}\angle-30° \tag{3-2-7}$$

（4）因为三相负载对称，则有 $P_1 = P_2 = P_3 = P_0$，故 $P = 3P_0 = 3 \cdot U'_P \cdot I_P \cdot \cos\varphi_0$。

又因为负载作"△"连接时有

$$U'_{P\triangle} = U_{L\triangle}, \quad I_{L\triangle} = \sqrt{3}I_{P\triangle}$$

所以

$$P_\triangle = 3 \cdot U_{L\triangle} \cdot \frac{I_{L\triangle}}{\sqrt{3}} \cdot \cos\varphi_0 = \sqrt{3}U_{L\triangle}I_{L\triangle}\cos\varphi_0$$

同理可知

$$Q_\triangle = \sqrt{3}U_{L\triangle}I_{L\triangle}\sin\varphi_0$$

$$S_\triangle = \sqrt{3}U_{L\triangle}I_{L\triangle} = \sqrt{P_\triangle^2 + Q_\triangle^2}$$

例 3-2 有一台三相异步电动机，已知：$P_N = 10$ kW，$U_N = 380$ V，$\cos\varphi_N = 0.55$，$f_N = 50$ Hz。现要把它放到 $U_L = 380$ V、$f = 50$ Hz 的三相对称电源上运行。

（1）三相电动机定子绕组应做何连接？

（2）求出每相绕组的参数 R 和 L 值。

解 （1）因为 $U_N = 380$ V，且电源的 $U_L = 380$ V，所以三相电动机定子绕组必须作"△"连接，此时有 $U'_P = U_L$。

（2）因为三相电动机为三相对称负载，故有

$$I_L = \frac{P_N}{\sqrt{3}U_L\cos\varphi_N} = \frac{10 \times 10^3}{\sqrt{3} \times 380 \times 0.55} \text{ A} = \frac{10 \times 10^3}{361.388} \text{ A} = 27.634 \text{ A}$$

所以

$$I_P = \frac{I_L}{\sqrt{3}} = \frac{27.63}{\sqrt{3}} \text{ A} = 15.95 \text{ A}$$

又因为

$$|Z| = \frac{U'_P}{I_P} = \frac{U_L}{I_P} = \frac{380}{15.95} \text{ } \Omega = 23.82 \text{ } \Omega$$

所以

$$R = |Z| \cdot \cos\varphi_N = 23.82 \times 0.55 \text{ } \Omega = 13.10 \text{ } \Omega$$

$$X_L = \sqrt{|Z|^2 - R^2} = 19.89 \text{ } \Omega$$

$$L = \frac{X_L}{2\pi f} = \frac{19.89}{314} \text{ H} = 63.34 \text{ mH}$$

所以，这台三相异步电动机定子绕组作"△"连接，且每相绕组参数为 $R = 13.10$ Ω，$L = 63.34$ mH。

【思考与练习 3.2】

3.2.1 什么是三相对称负载？三相对称负载分别作"Y_0"、"Y"及"△"连接时有何工作特征？

3.2.2 在三相对称负载电路中，下列表达式是否正确？为什么？

（1）$I_L = \frac{U_P}{|Z|}$；$I_L = \frac{U_L}{|Z|}$；$I_P = \frac{U_L}{|Z|}$；$I_P = \frac{U_P}{|Z|}$。

（2）$U_L = \sqrt{3}U_P$；$U_P = \sqrt{3}U_L$；$U_L = U_P$；$U_P = \frac{U_L}{\sqrt{3}}$。

3.3 发电、输电及工业企业配电

3.3.1 发电、输电、变电概述

电能可以从煤、石油、天然气、水能、风能、核能等一次能源转换而来,发电厂按所利用能源种类划分,可分为水力发电厂、火力发电厂、风力发电厂、核能发电厂等。我国的电力事业发展迅速,日臻完善,目前已经进入"大电网""大机组""超高压""调度自动化"阶段。

大中型发电厂大多建在资源丰富地区,如水力发电厂一般建在峡口、水流落差大的地方;而火力发电厂建在产煤地区附近。这样,发电厂距离用电地区往往是几十公里、几百公里甚至更远的地方。所以,发电厂生产的电能要用高压输电线输送到用电地区,然后再降压分配给各用户。将电能从发电厂通过导线传输到用户的系统,称为电力网。

目前,常常将同一地区的各种发电厂联合起来而组成一个强大的电力系统。这样可以提高各发电厂的设备利用率,合理调配各发电厂的负载,以提高供电的可靠性和经济性。电力系统的接线包括电力网的接线、发电厂和变电所的主接线。电力网的接线通常分为无备用和有备用两类。无备用接线方式分为放射式、干线式、树状网络式等接线方式,如图 3-3-1 所示。有备用接线方式又分为双回线、环网、两端供电等接线方式,如图 3-3-2 所示。

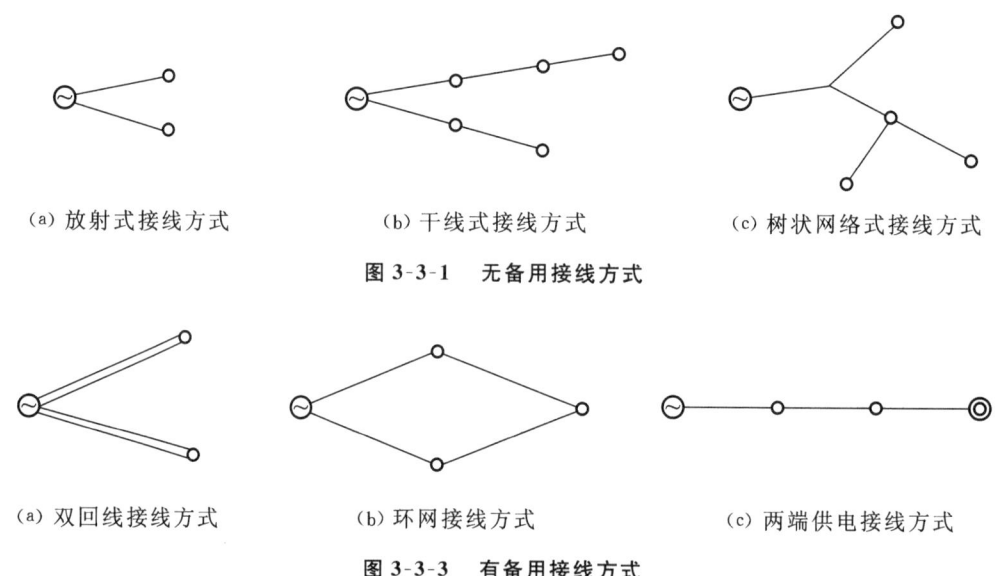

(a) 放射式接线方式　　　　(b) 干线式接线方式　　　　(c) 树状网络式接线方式

图 3-3-1　无备用接线方式

(a) 双回线接线方式　　　　(b) 环网接线方式　　　　(c) 两端供电接线方式

图 3-3-3　有备用接线方式

我国电力网的额定电压指的是额定线电压,电力网的额定电压等于用户设备的额定电压,也等于母线的额定电压。电力网的额定电压为 3 kV、6 kV、10 kV、35 kV、110 kV、220 kV、330 kV、500 kV。发电机通常运行在比电力网额定电压高 5% 的电压状态下,所以发电机的额定电压为3.15 kV、6.3 kV、10.5 kV、13.8 kV、15.75 kV、18 kV、20 kV。变压器一次绕组相当于用电设备,其额定电压等于网络的额定电压,但当它直接与发电机连接时,就等于发电机的额定电压。变压器二次绕组相当于供电设备,考虑到变压器内部的电压损耗,故当变压器的短路电压小于 7% 时或直接与用户连接时,则二次绕组的额定电压比网络的高 5%;当变压器的短路电压不小于 7% 时,则二次绕组的额定电压比网络的高 10%。

3.3.2 工业企业配电的基本知识

配电装置是变电站的重要组成部分,它用来接受和分配电能,从输电线末端的变电所将电能分配给各企业和城市。企业设有变电所,变电所接受送来的电能,然后分配到各车间,再由车间变电所或配电箱将电能分配给各用电设备,当发生故障时能迅速切断故障部分,恢复非故障部分的正常工作。高压配电线的额定电压为 3 kV、6 kV 和 10 kV,低压配电线的额定电压是 220 V 和 380 V。

高压配电装置的布置和设备的安装,应满足在正常状态和事故状态(短路和过电压)等工作条件下的要求,并不致危及人身安全和周围设备。配电装置的绝缘等级,应与电力系统的额定电压相配合。电器设备外绝缘体最低部位距地小于 2.3 m 时,应安装固定遮栏。配电装置的布置应考虑便于设备的操作、搬运、检修和试验。配电装置室内的各种通道应畅通无阻,不得设立门槛,不应有与配电装置无关的管道通过。配电装置室可开窗,但应采取防止雨、雪、小动物、风沙和尘埃进入的措施。低压配电装置的形式较多,就结构而言,有固定式低压配电柜,它的屏面上部安装有测量仪表,中部装有闸刀开关的操作手柄,金属门外开,离墙安装,正面操作。另一种抽出式低压配电柜为封闭式结构,主要设备均放在抽屉内或手车上。回路故障时可换上备用的抽屉或手车,迅速恢复供电,便于维修。

低压配电线路的连接方式主要是放射式和树干式两种。放射式配电线路多用于负载点比较分散而且其中部分负载又比较集中的线路,如图 3-3-3 所示。树干式配电线路适用于负载比较集中的线路,有的负载点间距较近,分布在同一侧,有的均匀分布,如图 3-3-4 所示。

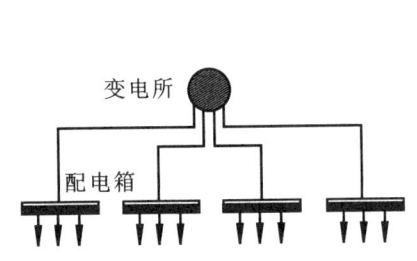

图 3-3-3 放射式配电线路

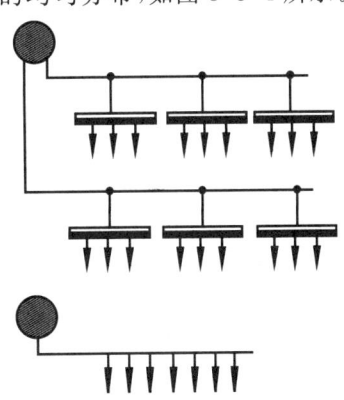

图 3-3-4 树干式配电线路

放射式和树干式这两种配电线路现在都被广泛采用。放射式供电可靠,但敷设投资较高,总线路长,导线细。树干式供电可靠性较低,因为一旦干线损坏或需要修理时,就会影响同一干线上的负载的工作,但是树干式配电线路灵活性较大,与放射式比较,树干式配电线路的总线路短,导线粗。

【思考与练习3.3】

3.3.1 简述无备用接线方式和有备用接线方式的分类。

3.3.2 简述低压配电线路连接方式的分类。

3.4 安全用电

3.4.1 人体的触电

1. 电流对人体的作用

电对人的伤害是多方面的,人体是导体,当电流通过人体会使人感觉到疼痛,严重时会停止呼吸,甚至死亡,触电会使人体受到不同程度的伤害。由于触电的种类、方式及条件不同,受伤害的后果也不一样。电流对人体的危害程度取决于通过人体电流的大小、种类、频率、路径,电流在人体中的持续时间,人体的健康状况以及人的精神状态,等等。

1) 电流的大小

触电时,流过人体的电流强度越大,对人体的损伤越严重。一般来说,当电流在 0.5~5 mA,人就有明显的疼痛感觉;5~50 mA,人体的生理反应是痉挛、呼吸困难、血压升高,甚至昏迷。当电流超过数百毫安时,人就有致命的危险。

2) 电压的高低

人体接触的电压越高,流过人体的电流越大,对人体的伤害越严重。但在触电事例的分析统计中,约 30% 触电死亡事例是在对地 250 V 以上的高压发生的,这是因为人们接触少,对它警惕性较高。70% 的死亡者是在对地电压为 250 V 的低压下触电的。生产生活用电是 220 V,接触多,一旦触电,通过人体的电流约为 220 mA,能迅速使人致死。

3) 频率的高低

实践证明,40~60 Hz 的交流电对人最危险,约一半的死亡事故发生在这个频段。随着频率的增高,触电危险程度将下降。高频电流不仅不会伤害人体,还能用于治疗疾病。

4) 时间的长短

触电电流越大,触电时间越长,对人体的伤害越严重。

此外,电击后受伤程度还与电流通过的路径、人体的状况及人体电阻有关,电流通过心脏可造成心跳停止、血液循环中断;通过呼吸系统会造成窒息,电流通过心脏时,最容易导致死亡。人的性别、健康状况、精神状态等与触电伤害程度有着密切关系。人的精神状况,对接触电器有无思想准备,对电流反应的灵敏程度都影响触电事故的发生次数和受电流伤害的程度。人体电阻越大,受电流伤害越轻。人体电阻主要由皮肤表面的电阻值决定。如果皮肤表面角质层损伤、皮肤潮湿、流汗、带着导电粉尘等,将会大幅度降低人体电阻,增加触电伤害程度。

2. 触电的方式

按照人体触及带电体的方式和电流通过人体的路径,触电可分为单相触电、两相触电和跨步电压触电三种。

1) 单相触电

单相触电是指人站在地面上或者接触零线,人体的某一部位触及一相带电体的触电事故。这种情况下电流从带电体经人体到大地形成回路。单相触电事故约占触电事故的 60%~

70%,如图 3-4-1 所示。

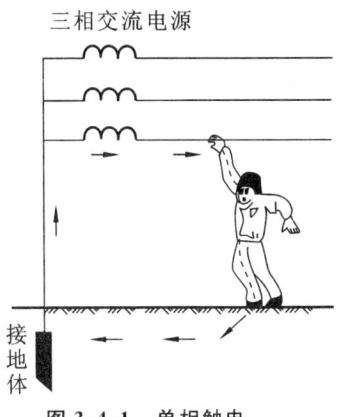

三相交流电源

2）**两相触电**

两相触电是指人体两处同时触及两相带电体的触电事故。对于这种情况，不管电力系统中性点接地与否，人体处在线电压之下，比单相触电时的电压高，危险性更大，如图 3-4-2 所示。

3）**跨步电压触电**

跨步电压只出现在高压接地点或防雷设备接地点地面，接地点的电位一般很高，会在导线接地点及周围形成强电场，以接地点为圆心向四周扩散且逐渐衰减。当带电体接地时，人站在接地点周围时，两脚之间将存在电压，该电压称为跨步电压。

图 3-4-1 单相触电

由跨步电压引起的触电称为跨步电压触电。如图 3-4-3 所示，人站的位置离接地体越近，两脚之间的距离越大，跨步电压就越大，触电的危害就越大。

图3-4-2 两相触电

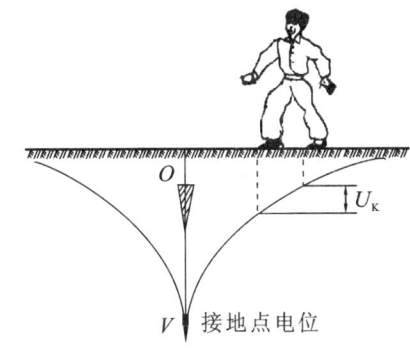

图3-4-3 跨步电压触电

3.4.2 保护接地与接零

为了保障人身安全和电力系统工作的需要，要求电气设备采取接地措施。接地是指将电气设备在正常情况下不带电的金属部分通过接地装置与大地相连。按接地目的不同，主要可分为保护接地、保护接零和工作接地三种，如图 3-4-4 所示。接地装置由接地体和接地线组成，埋入大地的金属导体称为接地体，连接电气设备的接地体的导线称为接地线。

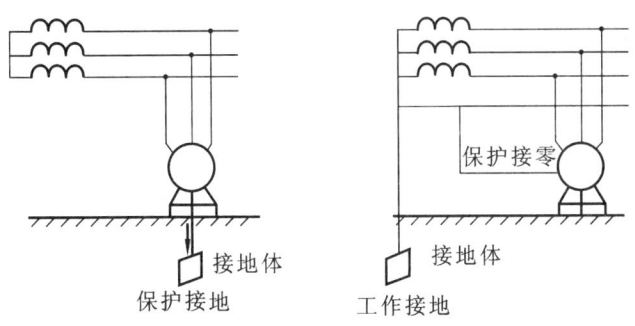

图 3-4-4 保护接地、工作接地和保护接零

1. 保护接地

保护接地是为了保证人身安全,将电气设备正常情况下不带电的金属外壳与接地装置连接,常用于中性点不接地的低压系统中。当电气设备绝缘损坏,电气设备就会带电,若金属外壳没有接地,所带电压等于电源的相电压,人接触后就会触电,危及生命。若金属外壳安装了保护接地,由于人的电阻和接地体电阻并联,人的电阻比接地电阻大得多,所以通过人体的电流比流经接地电阻的电流小得多,绝大部分电流通过接地流向大地,对人的危害程度明显减小了。

2. 工作接地

工作接地是为了电力系统运行安全的需要,将中性点接地。在中性点不接地的系统中,当一相接地时,接地电流很小,不足以使保护装置动作而切断电源,接地故障不易被发现,将长时间持续下去,一相接地时将使另外两相的对地电压升高到线电压,人体触及另外两相之一时,触电电压是线电压,比相电压高出$\sqrt{3}$倍。而在中性点接地的系统中,一相接地后的接地电流较大,接近单相短路,保护装置迅速动作,断开故障电路。

3. 保护接零

保护接零是将电气设备的金属外壳用导线直接与系统零线相连,常用于中性点接地的低压系统中。

当电气设备的绝缘损坏,金属外壳就会带电,在采用了保护接零电路中,便形成单相短路。整个短路回路的阻抗很小,短路电流就很大,迅速将这一相中的熔丝熔断,切断电源,金属外壳便不再带电。即使在熔丝熔断前人体触及外壳时,也由于人体电阻远大于线路电阻,不会危及人的安全。

3.4.3 触电与电气火灾的急救

1. 触电急救

当发现有人触电时,应该如何施救才能使触电者获救而且不危及自身安全,本节讲解发现有人触电时的有效救护方法。

1)触电现场的施救措施

发现有人触电,最首要的措施是使触电者尽快脱离电源。立即关掉电源开关,尽快切断流经触电者身体的电流。

由于触电现场的情况不同,使触电者脱离电源的方法也不一样。如果触电现场不具备关断电源的条件,只要触电者穿的是比较宽松的干燥衣服,救护者可站在干燥木板上,用一只手抓住衣服将其拉离电源。如这种条件尚不具备,还可用不传电物体如干燥木棒、竹竿等将电线从触电者身上挑开,使触电者脱离带电体,然后再设法关断电源。救护者手边如有现成的刀、斧、锄等带绝缘柄的工具时,可以从电源的来电方向将电线砍断,使触电者脱离电源。

当高压线断线落在地上,行人走近断线而发生触电事故时,若不能很快断开电源,可以站在安全距离(8~10 m)以外,先用木棒把导线挑开,使触电者与高压断线脱离,再双脚往触电者近处蹦,避免跨步电压触电,将触电者运到安全距离以外。

2)脱离电源后的救护

如果触电后触电者神志清醒,只是恶心、乏力、头晕,应将触电者抬到空气流通、舒适的地方静卧休息。如果触电后触电者昏迷,但仍有呼吸,应先将触电者抬到空气流通、舒适的地方,并让触电者平卧,解开其衣服,使呼吸畅通,立即去请医生来医治。如发现触电者呼吸困难或逐渐衰弱,应采用人工呼吸。如果呼吸停止,用人工呼吸法,迫使触电者维持体内外的气体交换。对心脏停止跳动者,可用胸腔挤压法,维持人体内的血液循环。如果呼吸、心脏均已停止,人工呼吸和胸腔挤压法两种方法应同时使用,并尽快向医院告急。

3) 人工呼吸法

如果触电者呼吸渐弱或已经停止,采用人工呼吸法是行之有效的。人工呼吸方法中,效果最好的是口对口人工呼吸法,其操作步骤如下。先将触电者抬到空气流通的地方,解开衣服和裤带,使触电者平直仰卧,清除口腔中的黏液和食物,若有假牙者应将假牙取出。

使用口对口呼吸法的救护者应跪在触电者头部一侧,用手掰开其嘴巴,一只手捏紧触电者的鼻子,另一只手托其颈部,将颈部上抬,救护者自己深呼吸后,紧贴触电者嘴巴吹气,使触电者胸部膨胀,救护人自己换气时,将触电者的鼻子放松,使其自动进行换气,如此循环进行,约 5 s 一次,吹气 2 s,直到触电者完全恢复正常呼吸为止。口对口人工呼吸法如图 3-4-5 所示。

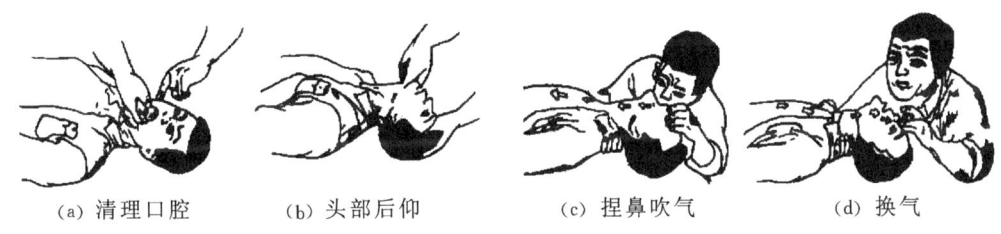

(a) 清理口腔　　　(b) 头部后仰　　　(c) 捏鼻吹气　　　(d) 换气

图 3-4-5　口对口人工呼吸法

4) 胸腔挤压法

触电者心脏停止跳动时,应采用胸腔挤压法进行救治。胸腔挤压法是有节奏地在胸廓外加力,对心脏进行挤压的方法,利用人工方法代替心脏的收缩与扩张,以维持血液循环。操作步骤与要领:将触电者仰卧,解松衣裤,救护者跪跨在触电者腰部两侧,两只手相叠,救护者将手的掌根按于触电者胸骨以下横向 1/2 处,中指指尖对准颈根凹膛下边缘,向触电者脊柱方向慢慢挤压,使胸部下陷 3~4 cm。挤压后,掌根快速全部放松,让触电者胸部自动复原。这样一压一放,血液就从心脏中吸进、压出,达到维持血液循环的目的。对成人按每分钟 60 次左右的频率反复进行,直到触电者能自动呼吸为止。胸腔挤压法如图 3-4-6 所示。

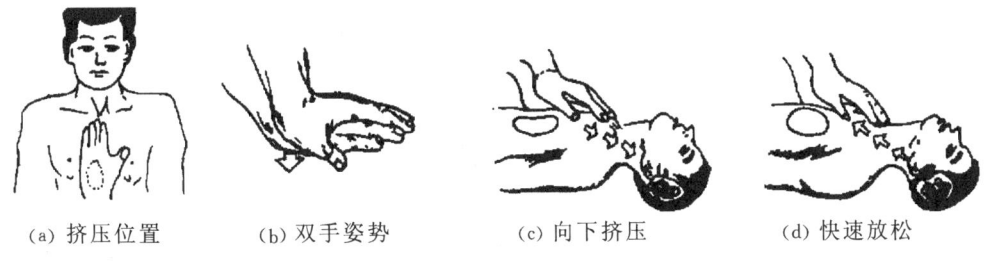

(a) 挤压位置　　　(b) 双手姿势　　　(c) 向下挤压　　　(d) 快速放松

图 3-4-6　胸腔挤压法

2. 电气火灾

电气火灾事故主要是指因为电气设备使用不当而引发的火灾,甚至爆炸。如开关、熔丝、插销、电气线路、照明器具等所有家用电器均可能引起火灾。当这些电气设备与可燃物接近或接触时,或者电气线路严重超负荷,散热不良,很容易引发火灾。电力变压器、互感器和电容器等电气设备,除了可能引起火灾以外,还有可能发生爆炸。电气火灾将造成人身伤亡、设备损坏、大面积或长时间停电等重大事故。所以必须防微杜渐,重视电气设备的防火、防爆工作,确保用电安全。

引起电气设备发生火灾或爆炸的直接原因是导线中电流产生的热量,一些电气设备触点断开瞬间会产生电火花或电弧。电气设备的正常发热是允许的,但电气设备存在散热不良、负荷过重、短路等情况时将造成发热量增加,温升加大,在一定的条件下就会引起火灾。因此,在选用和安装电气设备时,应选用合理的电气设备,保持必要的防火间距,保持电气设备通风良好,采用保护装置等安全技术措施。

【思考与练习3.4】

3.4.1 电流对人体的作用有哪些?

3.4.2 触电的方式有哪几种?

3.4.3 人体触电后应如何施救?

3.1 有一对称三相电源的相电压为 $\dot{U}_1 = 127 \angle 30°$ V,(1)写出 $\dot{U}_2$、$\dot{U}_3$ 及 $\dot{U}_{12}$、$\dot{U}_{23}$、$\dot{U}_{31}$ 的表达式;(2)求 $\dot{U}_2 + \dot{U}_3$ 及 $\dot{U}_2 - \dot{U}_3$,并与 $\dot{U}_1$ 进行比较;(3)画出电压相量图。

3.2 已知某三相对称电源的相电压为 6 kV,当电源绕组分别作"Y"连接和"△"连接时,则电源相电压分别是多少? 已知 $u_1 = U_m \sin\omega t$ kV,试写出所有相电压和线电压的瞬时值表达式。

3.3 有一作"Y_0"连接的三相对称负载 $Z = 40 + j30$ Ω,将它接到 $U_l = 380$ V 的三相四线制对称电源上运行,求:$\dot{U}_L$、$\dot{U}_P$、$\dot{I}_P$、$\dot{I}_L$、$\dot{I}_N$ 及 P、Q、S 的值。

3.4 若将习题3.3的负载改成"△"连接后,再求上述各值,并进行比较。

3.5 有一作"Y"连接的三相对称负载 $Z = 6 + j8$ Ω,把它接入 $u_{12} = 380\sqrt{2}\sin(\omega t + 30°)$ V 的三相对称电源上运行,求各相负载的 $\dot{I}_P$ 及 P、Q 值。

3.6 有一作"△"连接的三相电动机,接到 $U_L = 380$ V 的三相对称电源上运行,从电源取用的功率为 $P = 11.43$ kW,功率因数为 0.87。试求电动机的相电流 $\dot{I}_P$ 和线电流 $\dot{I}_L$。

3.7 在图 3-1 所示电路中,当 S_1 和 S_2 均闭合时,各电流表的读数都是 10 A。求:(1)S_1 闭合、S_2 打开时各电流表的读数;(2)S_1 打开、S_2 闭合时各电流表的读数。

3.8 在图 3-2 所示电路中,已知三相对称负载为 $Z = 40 + j30$ Ω,端线阻抗为 $Z_L = 1 + j1$ Ω,中线阻抗为 $Z_N = 0.5 + j0.5$ Ω,对称电源线电压为 380 V。求:负载相电流 $\dot{I}_P$、端线电流 $\dot{I}_L$、中线电流 $\dot{I}_N$ 以及 $\dot{U}_{N'N}$、$\dot{U}'_P$、$\dot{U}'_L$。

3.9 如图 3-3 所示,在 $U_L = 380$ V 的三相四线制电源上,接有对称"Y"连接的白炽灯三相负载,总功率为 180 W,在 L_3 端线上还接有 220 V、40 W、$\cos\varphi = 0.5$ 的日光灯一只。求各电流表的读数。

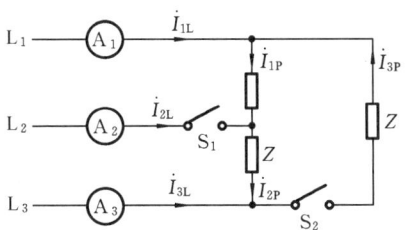

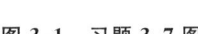

图 3-1　习题 3.7 图

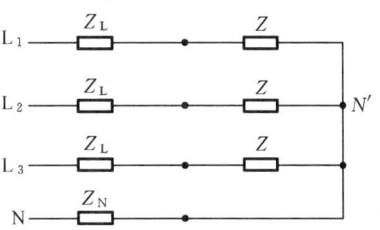

图 3-2　习题 3.8 图

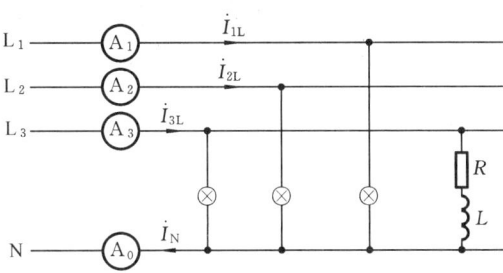

图 3-3　习题 3.9 图

项目 4

磁路及其基本应用

知识目标

（1）掌握磁路的基本知识，并对交流铁芯线圈进行分析；

（2）掌握变压器、电动机的结构原理与应用；

（3）掌握电动机的继电接触基本控制。

能力目标

（1）能分析交流磁路的特性，理解其在电工电子设备中的应用；

（2）能分析变压器在不同负载条件下的性能参数；

（3）能正确选择和使用三相异步电动机和单相异步电动机。

素质目标

（1）养成良好的实验操作习惯；

（2）增强对电工电子技术在工程应用中重要性的认识；

（3）树立将理论知识应用于实践、服务社会的责任感和使命感。

◀◀ 4.1 磁路的基本概念 ▶▶

常用的电气设备,如变压器、电动机和电工仪表等,在工作时都要有磁场参与作用,因此必须把磁场聚集在一定的空间范围内,以便加以利用。为此,在电气设备中常用高导磁率的铁磁材料做成一定形状的铁芯,使之形成一个磁通的路径,使磁通的绝大部分通过这一路径而闭合,这种磁通的路径称为磁路。图 4-1-1 所示为变压器、继电器的原理图。

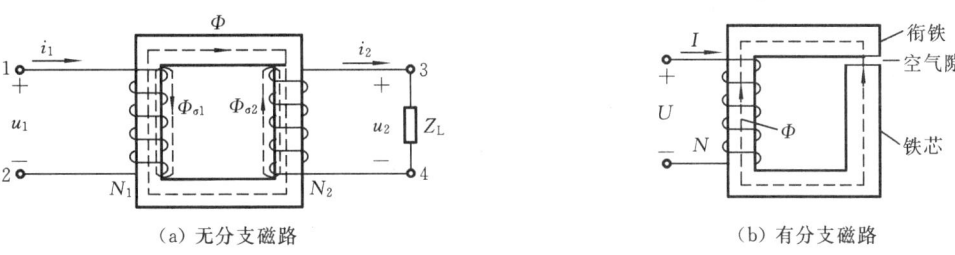

(a) 无分支磁路　　　　　　　(b) 有分支磁路

图 4-1-1　变压器、继电器原理图

4.1.1　磁场的基本物理量

1. 磁感应强度

磁感应强度 B 是表示磁场内某点的磁场强弱和方向的物理量。它是一个矢量,它与电流(电流产生磁场)之间的方向关系可用右手螺旋定则来确定,其大小可用 $B = \dfrac{F}{lI}$ 来衡量。如果磁场内各点的磁感应强度的大小相等、方向相同,则这样的磁场称为均匀磁场。

在国际单位制中,磁感应强度的单位是 T(特[斯拉]),1 T=1 Wb/m²。以前也常用电磁制单位 Gs(高斯)作为磁感应强度的单位。两者的关系是 1 T 相当于 10^4 Gs。

2. 磁通

磁感应强度 B(如果不是均匀磁场,则取 B 的平均值)与垂直于磁场方向的面积 S 的乘积,称为通过该面积的磁通 Φ,即

$$\Phi = BS \quad 或 \quad B = \frac{\Phi}{S}$$

由上式可见,磁感应强度在数值上可以看成与磁场方向相垂直的单位面积所通过的磁通,故又称为磁通密度。

在国际单位制中,磁通的单位是 V·s(伏·秒),通常称为 Wb(韦[伯])。以前在工程上有时用电磁制单位 Mx(麦克斯韦)作为磁通的单位。两者的关系是 1 Wb 相当于 10^8 Mx。

3. 磁导率

磁导率 μ 用来表示物质导磁能力大小的物理量。μ_0 为真空中的磁导率,是一个常数,$\mu_0 = 4\pi \times 10^{-7}$ H/m。任一种物质的磁导率 μ 和真空的磁导率 μ_0 的比值 μ_r 称为该物质的相对磁导率,即

$$\mu_r = \frac{\mu}{\mu_0}$$

在国际单位制中,磁导率 μ 的单位为 H/m(亨/米)。

4. 磁场强度

由于物质的导磁性能的不同,对磁场的影响也不同,使磁场的计算(尤其是计算不同铁磁材料的磁场)变得比较复杂。为了方便计算磁场,引用一个物理量——磁场强度 H,它与磁感应强度 $\boldsymbol{B}$ 的关系为

$$\boldsymbol{B} = \boldsymbol{H}\mu$$

在国际单位制中,磁场强度 $\boldsymbol{H}$ 的单位为 A/m(安/米)。

4.1.2 磁性材料的主要性能

按导磁性能不同,物质大体上分为铁磁材料和非铁磁性材料两大类。非铁磁性材料对磁场强弱的影响很小,它们的磁导率与真空的磁导率近似相等,为一常数。只有铁、钴、镍以及这些金属的合金具有很高的磁导率,通常把这一类物质称为铁磁材料。

铁磁材料具有以下特点。

1. 磁导率高

铁磁性材料的磁导率很高,$\mu_r \gg 1$,可达数百、数千乃至数万之值。这就使它们具有被强烈磁化(呈现磁性)的特性。这是因为铁磁性材料的晶体形成所谓的"磁畴"结构,具有较强的磁化强度。在没有外磁场的作用时,各个磁畴排列混乱,磁场互相抵消,对外就显示不出磁性来,如图 4-1-2(a)所示。在外磁场作用下,其中的磁畴就顺外磁场方向转向,显示出磁性来。随着外磁场的增强,磁畴就逐渐转到与外磁场相同的方向上。这样,便产生了一个很强的与外磁场同方向的磁化磁场,从而使磁性物质内的磁感应强度大大增加,如图 4-1-2(b)所示。这就是说磁性物质被强烈地磁化了。

(a)未磁化时的磁畴排列　　　　　　　　(b)经过磁化后的磁畴排列

图 4-1-2　磁性与磁化示意图

2. 磁饱和性

磁性材料磁化所产生的磁场不会随外磁场的增强而无限增强,当外磁场增大到一定的值时,全部磁畴的磁场方向都转到与外磁场方向一致,这时磁性材料内的磁感应强度将达到饱和值,这一点充分反映在磁化曲线(B—H 曲线)上,如图 4-1-3 所示 b 点到 d 点的范围。

3. 磁滞性

所谓磁滞,就是在外磁场 H 作正负变化(如线圈中通以交变电流)的反复磁化过程中,磁性材料中磁感应强度 B 的变化总是落后于外磁场的变化,磁性材料反复磁化后,可得到如图 4-1-4 所示的磁滞回线。

当外磁场 $H=0$ 时,铁磁材料的磁感应强度 B 并不为零,而为某一特定值 B_r,把这时的磁感应强度值称为剩磁 B_r。永久磁铁的磁性由剩磁产生。但有时又需要去掉剩磁,如工作在平面磨床上的工件加工完毕后,由于电磁吸盘有剩磁,能将工件吸附,为此,应加反方向的外磁场,

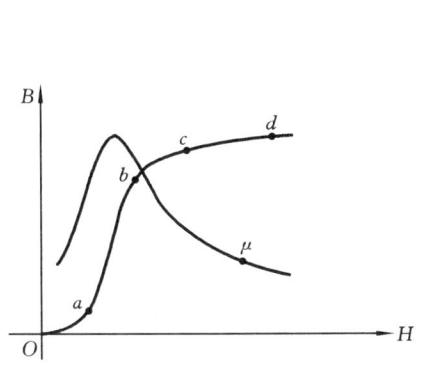

图 4-1-3 磁化曲线

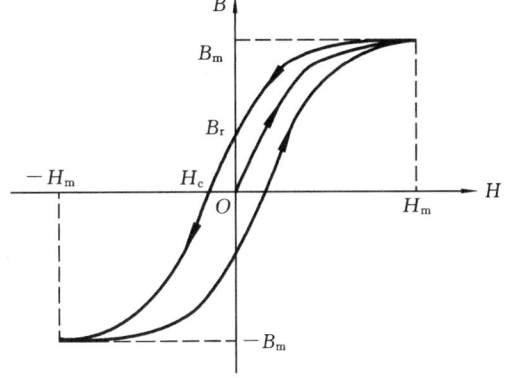

图 4-1-4 磁滞回线

即通过反向去磁电流,去掉剩磁,才能将工件取下,使 $B=0$。当加反向外磁场 H_c 时,铁磁材料的 $B_r=0$,把这个反向外磁场 H_c 的大小称为矫顽磁力 H_c,如图 4-1-4 所示。

磁性材料按其磁滞回线的形状不同,可分为三类:①软磁材料,如纯铁、铸铁、硅钢,这类材料的磁滞回线狭窄,剩磁和矫顽磁力均较小,可用来制作电动机、变压器的铁芯,也可做计算机的磁心、磁鼓以及录音机的磁带、磁点;②硬磁材料,如碳钢、钨钢、钴钢及铁镍合金等,这类材料的磁滞回线较宽,剩磁和矫顽磁力都较大,适宜作永久磁铁;③矩磁材料,如镁锰铁氧体、某些铁型铁镍合金等,这类材料的磁滞回线接近矩形,在计算机和控制系统中,可用做记忆元件、开关元件和逻辑元件。

4.1.3 磁路的基本定律

1. 磁路的欧姆定律

磁路的欧姆定律是磁路中最基本的定律。图 4-1-5 所示的磁路称为均匀磁路,即材料相同截面相等的磁路。这种磁路中各点的磁场强度 H 大小相等,根据磁场的安培环路定理(环路 l 如图 4-1-5 所示),有

$$\oint H \cdot \mathrm{d}l = H \oint \mathrm{d}l = NI$$

即

$$H = \frac{NI}{l}$$

而

$$\Phi = BS = \mu HS = \mu S \frac{NI}{l} = \frac{NI}{l/(\mu S)}$$

令

$$R_m = \frac{l}{\mu S}$$

则

$$\Phi = \frac{NI}{R_m} = \frac{F}{R_m} \tag{4-1-1}$$

式中,R_m 与 Φ 成反比,反映对磁通的阻碍作用,称为磁阻,单位为 H^{-1}。$F=IN$ 是产生 Φ 的原因,称为磁通势,单位为 A(安[培])。因此,仿电路欧姆定律的含义,可将 Φ 称为磁流。式(4-1-1)便称为磁路的欧姆定律。

磁路的欧姆定律与电路的欧姆定律相比较,两者形式相似。$\Phi/S=B$ 又称为磁流密度。

但有一点需说明的是,电路中的电阻是消耗电能的,而磁阻 R_m 是不耗能的。

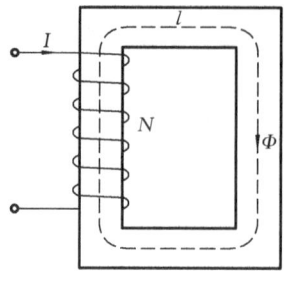

图 4-1-5　均匀磁路

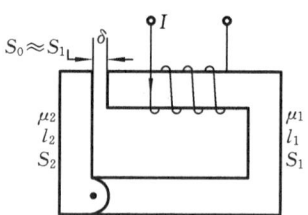

图 4-1-6　串联的非均匀磁路

2. 磁路的基尔霍夫定律(非均匀磁路的环路磁压定律)

一般形式的磁路,材料不一定相同、截面不等,有的还具有极小的空气隙,如电动机的磁路、继电器的磁路等,这样的磁路称为非均匀磁路。图 4-1-6 所示便可看成是一个串联的非均匀磁路,它具有继电器磁路的基本结构特点。

对于这样的磁路,H 分段计算,则

$$\oint H \cdot \mathrm{d}l = \sum (H_i l_i) = NI \qquad (4\text{-}1\text{-}2)$$

可写作

$$NI = H_1 l_1 + H_2 l_2 + H_0 \delta \qquad (4\text{-}1\text{-}3)$$

式中,$H_i l_i$ 又常称为磁路的磁压降,所以式(4-1-2)便为非均匀磁路的环路磁压定律,类似于电路的基尔霍夫电压定律。

当磁路中含有空气隙时,该磁路称为有分支磁路;当磁路中不含有空气隙时,该磁路称为无分支磁路。

3. 磁路的分析与计算

在计算电动机、电器等的磁路中,一般预先给定铁芯的磁通密度(即磁感应强度)B,然后按照所给的磁通及磁路各段的尺寸和材料来求出产生预定磁通所需的磁通势 $F=IN$。

从形式上看,磁路的欧姆定律可以解决磁路的计算问题,但由于磁导率 μ_r 一般并非常数,它随励磁电流的改变而变,所以不能直接用磁路的欧姆定律去计算。

下面以非均匀磁路(见图 4-1-6)的分析与计算为例,介绍求解磁通势的一般步骤。

(1)由于各段磁路的截面不同,而磁通 Φ 相同,因此各段磁路中的磁感应强度 $B_i = \Phi/S_i$ 不同,由此求得 B_1、B_2 及 B_0,其中计算 B_0 截面 S_0 时,因 δ 很小,也可以取铁芯截面 S_1。

(2)据各段磁路材料的磁化曲线 $B = f(H)$,查得与上述 B_i 对应的磁场强度 H_i。其中空气隙和其他非铁磁材料的磁场强度 $H_0 = B_0/\mu_0 = B_0/4\pi \times 10^{-7} (\mathrm{A/m})$ 可以直接计算。

(3)计算各段磁路的磁压 $H_i l_i$,即 $H_1 l_1$、$H_2 l_2$、$H_0 \delta$。

(4)利用式(4-1-2)求出磁通势 IN。

例 4-1　有一直流电磁铁如图 4-1-7 所示,它的铁芯上绕有 4000 匝线圈,铁芯和衔铁的材料是铸钢,其磁化曲线如图 4-1-8 所示。由于漏磁,通过衔铁横截面的磁通只有铁芯中磁通的 90%。如果衔铁正处在图中所示位置时,铁芯中磁感应强度为 1.6 T,试求此时线圈中电流。

解　由图 4-1-8 所示的磁化曲线查出,与铁芯中的磁感应强度 $B_1 = 1.6$ T 相对应的磁场强度为 $H_1 = 5 \times 10^3$ A/m,则电磁铁铁芯中的磁通为

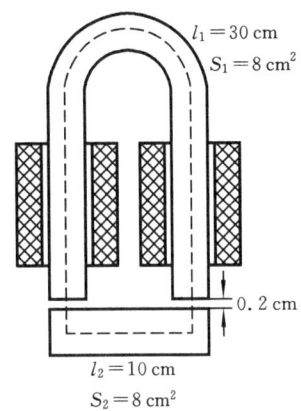

图 4-1-7 例 4-1 图

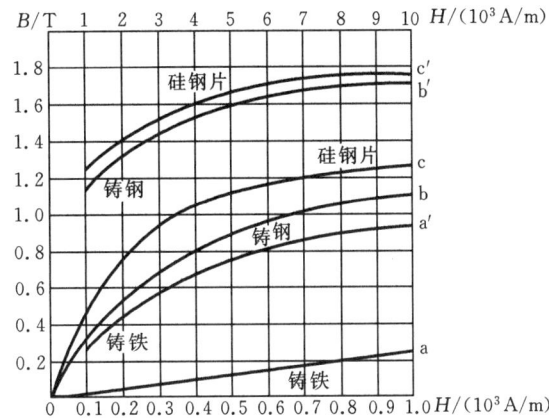

图 4-1-8 磁性材料的磁化曲线

$$\Phi_1 = B_1 S_1 = 1.6 \times 8 \times 10^{-4} \text{ Wb} = 12.8 \times 10^{-4} \text{ Wb}$$

空气隙中和衔铁中的磁通为

$$\Phi_0 = \Phi_2 = 90\% \Phi_1 = 0.9 \times 12.8 \times 10^{-4} \text{ Wb} = 11.52 \times 10^{-4} \text{ Wb}$$

如果空气隙的横截面积与衔铁的横截面积相等,则空气隙中的磁感应强度和衔铁中的磁感应强度也相等,即

$$B_0 = B_2 = \frac{\Phi_2}{S_2} = \frac{11.52 \times 10^{-4}}{8 \times 10^{-4}} \text{ T} = 1.44 \text{ T}$$

由图 4-1-8 可查得衔铁中的磁场强度为

$$H_2 = 3.3 \times 10^3 \text{ A/m}$$

空气隙中的磁场强度为

$$H_0 = \frac{B_0}{\mu_0} = \frac{1.44}{4\pi \times 10^{-7}} \text{ A/m} = 1.15 \times 10^6 \text{ A/m}$$

因此,由式(4-1-2)可列出

$$4\,000 I = (5 \times 10^3 \times 30 \times 10^{-2} + 3.3 \times 10^3 \times 10 \times 10^{-2} + 1.15 \times 10^6 \times 0.2 \times 10^{-2} \times 2) \text{ A}$$
$$= (1\,500 + 330 + 4\,600) \text{ A}$$

解之,可得 $I = 1.61$ A。

4.1.4 交流磁路

1. 铁芯线圈

铁芯线圈分为两种:直流铁芯线圈通直流来励磁,交流铁芯线圈通交流来励磁。分析直流铁芯线圈比较简单。因为励磁电流是直流,产生的磁通是恒定的,在线圈和铁芯中不会感应出电动势来,在一定电压 U 下,线圈中的电流 I 只与线圈本向的电阻 R 有关;功率损耗也只有 RI^2。而交流铁芯线圈存在电磁关系,则电压、电流关系及功率损耗等几个方面和直流铁芯线圈有所不同。

如图 4-1-9 所示,铁芯线圈中通入交流电流 i 时,在铁芯线圈

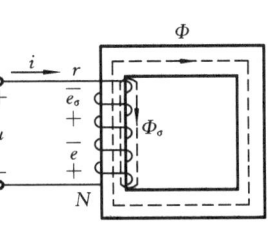

图 4-1-9 交流铁芯线圈

中产生交变磁通,其参考方向可用右手螺旋定则确定,绝大部分磁通穿过铁芯中闭合,称为主磁通 Φ,少量磁通由空气中穿过,称为漏磁通 Φ_σ。这两部分交变磁通分别产生电动势 e 和 e_σ,其大小和方向可用法拉第-楞茨电磁感应定律和右手螺旋定则确定,即

$$u = -e - e_\sigma + Ri \tag{4-1-4}$$

由于 Ri 和 e_σ 比 e 小很多,因此式(4-1-4)可近似地表达为

$$u = -e = N\frac{\mathrm{d}\Phi}{\mathrm{d}t}$$

设主磁通为正弦交变磁通为 $\Phi = \Phi_m \sin\omega t$,则

$$e = -N\frac{\mathrm{d}\Phi}{\mathrm{d}t} = -N\frac{\mathrm{d}\Phi_m\sin\omega t}{\mathrm{d}t} = N\Phi_m\omega\sin\left(\omega t - \frac{\pi}{2}\right) = E_m\sin\left(\omega t - \frac{\pi}{2}\right) \tag{4-1-5}$$

式中,N 是励磁绕组的匝数,E_m 是 e 的最大值。E 的有效值为

$$E = \frac{E_m}{\sqrt{2}} = \frac{1}{\sqrt{2}}\omega N\Phi_m = \frac{1}{\sqrt{2}}2\pi f N\Phi_m = 4.44 f N\Phi_m$$

$$E = 4.44 f N\Phi_m$$

$$U \approx E = 4.44 f N\Phi_m \tag{4-1-6}$$

式(4-1-6)说明,当外加电压 U 及其频率 f 不变时,主磁通的最大值 Φ_m 基本上保持不变。这样,当交流磁路中的空气隙大小发生变化时,只要 U、f 不变,Φ_m 仍基本恒定。这是交流磁路的一个重要特点,式(4-1-6)称为恒磁通公式。

另一方面,当空气隙大小改变时其磁阻 R_m 会随之变化,根据磁路欧姆定律,磁动势 iN 必然会发生变化。也就是说,当 U、f 保持一定时,交流磁路中空气隙大小的改变会引起励磁绕组中电流 i 的变化。这是交流磁路的另一个重要特点。

2. 功率损耗

在交流铁芯线圈中功率损失有两部分:一部分为铜损 ΔP_{Cu},另一部分为铁损 ΔP_{Fe}。

(1)铜损 ΔP_{Cu}:$\Delta P_{Cu} = RI^2$,即线圈电阻功率损失。

(2)铁损 ΔP_{Fe}:即 $\Delta P_{Fe} = \Delta P_h + \Delta P_e$,磁滞损耗 ΔP_h 和涡流损耗 ΔP_e 的总和。由磁滞所产生的铁损称为磁滞损耗 ΔP_h,有

$$\Delta P_h = K_h f B_m^n$$

式中,K_h 为磁滞损耗系数,与材料性质和磁路体积有关;$n=1.6\sim2.3$。交变磁化一周在铁芯的单位体积内所产生的磁滞损耗能量与磁滞回线所包围的面积成正比。在交变磁通下,在与磁通方向垂直的截面中产生漩涡状的感应电动势和电流,称为涡流,由涡流所产生的铁损称为涡流损耗 ΔP_e,有

$$\Delta P_e = K_e d^2 f^2 B_m^2$$

式中,K_e 为涡流损耗系数,由材料性质决定;d 为磁路厚度(mm)。

减小铁损的方法:在铁碳合金中加入硅元素,制成硅钢,可使磁滞回线面积减小,减小磁滞损失;将材料顺磁通方向切成互相绝缘的薄片和加入硅元素均可使涡流的电阻大大增加,以减小涡流损失。

在交变磁通的作用下,铁损差不多与铁芯内磁感应强度的最大值 B_m 的平方成正比,故 B_m 不宜选得过大,一般取 $0.8\sim1.2$ T。

从上述可知，铁芯线圈交流电路的有功功率为

$$P = UI\cos\varphi = RI^2 + \Delta P_{Fe} \tag{4-1-7}$$

【思考与练习 4.1】

4.1.1 剩磁和涡流是如何产生的？试举例说明其有利和有害的一面？

4.1.2 若铁芯线圈中通过直流，是否会产生铁损？

◀ 4.2 变 压 器 ▶

4.2.1 变压器的用途与结构

1. 变压器的用途

在电力系统中，电力变压器是不可缺少的重要设备。在视在功率相同的情况下，输电的电压越高，电流就越小。如果输电线路上的功率损耗相同，则输电线的截面积就允许取的较小，可以节省材料，同时还可减小线路的功率损耗。因此在输电时必须利用变压器将电压升高。在用电方面，为了保证用电的安全和用电设备的电压要求，还要利用变压器将电压降低。在电子线路中，除电源变压器外，变压器还用来耦合电路、传递信号，并实现阻抗匹配。在测量方面，可以利用互感器变换电压和变换电流的作用，扩大交流电压表和交流电流表的测量范围。此外，在工程技术和其他领域中，还大量地使用各种各样的变压器，如自耦变压器、电焊变压器和电炉变压器等。

2. 变压器的基本结构

变压器的形式多种多样，但它们的基本结构是相同的，都由铁芯和绕在铁芯上的绕组所组成。根据铁芯和绕组的相对位置不同，变压器可以分为心式变压器和壳式变压器两种。

心式变压器的结构和外形如图 4-2-1 所示。其特点是铁芯在绕组里面，即绕组包围铁芯。心式变压器的结构简单，用铁量少，绕组的安装和绝缘比较容易。容量较大的单相变压器和三相电力变压器都采用这种结构。

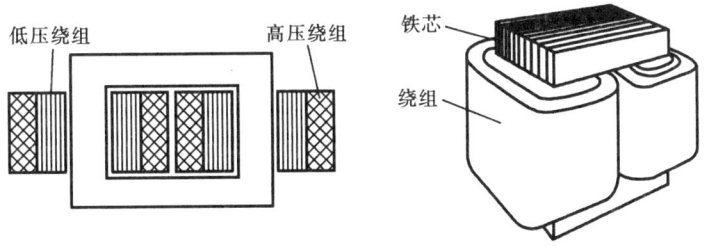

图 4-2-1 心式变压器的结构和外形

壳式变压器的结构和外形如图 4-2-2 所示。其特点是绕组在铁芯里面，即铁芯包围绕组。壳式变压器用铜量少，散热比较容易，而且可以不要专门的变压器外壳。容量较小的单相变压器和某些特殊用途的变压器采用这种结构。

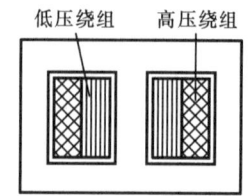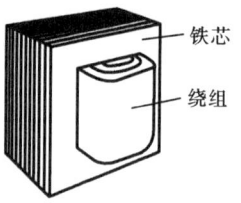

图 4-2-2　壳式变压器的结构和外形

图 4-2-3　三相电力变压器的外形

变压器的铁芯用于构成磁路。为了提高导磁能力，降低损耗，变压器的铁芯通常是用表面涂有绝缘漆膜，厚度为 0.3 mm～0.35 mm 的硅钢片叠装而成。

变压器的绕组又称线圈，由绝缘导线绕制而成，是变压器导电的部分。变压器的绕组有一次绕组和二次绕组。与电源相连的绕组称为一次绕组（或称原绕组、初级绕组），与负载相连的绕组称为二次绕组（或称副绕组、次级绕组）。

变压器的绕组多制成圆筒形，为了加强绕组之间的磁耦合，通常将高、低压绕组装在同一铁芯柱上，一般是低压绕组经绝缘套筒靠近铁芯设置，以便与铁芯绝缘，高压绕组则同心地套在低压绕组的外侧。

变压器除了铁芯和绕组两个主要部分之外，还有一些其他装置和附件。例如，三相电力变压器的外形如图 4-2-3 所示。

4.2.2　变压器的工作原理

变压器由闭合铁芯和高压、低压绕组等几个主要部分组成。为了便于分析，将高压绕组和低压绕组分别画在两边，如图 4-2-4 所示。一、二次绕组的匝数分别为 N_1 和 N_2。

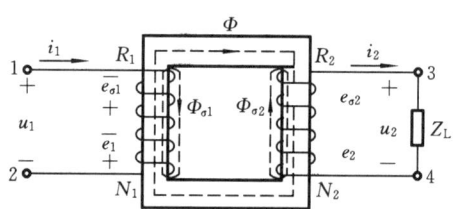

图 4-2-4　变压器的原理图

当一次绕组接上交流电压 u_1 时，一次绕组中便有电流 i_1 通过。一次绕组的磁动势 $N_1 i_1$ 产生的磁通绝大部分通过铁芯而闭合，因此在二次绕组中感应出电动势。如果二次绕组接有负载，那么二次绕组中有电流 i_2 通过。二次绕组的磁通势也会产生磁通，其绝大部分也通过铁芯而闭合。因此铁芯中磁通是一个由一、二次绕组的磁动势共同产生的合成磁通，称为主磁通，用 Φ 表示。主磁通穿过一次绕组和二次绕组而在其中感应出的电动势分别为 e_1 和 e_2。另外一、二次绕组的磁动势还分别产生漏磁通 $\Phi_{\sigma 1}$ 和 $\Phi_{\sigma 2}$，而在各自的绕组中分别产生漏磁电动势 $e_{\sigma 1}$ 和 $e_{\sigma 2}$。

1. 变压器的电压变换作用

根据基尔霍夫电压定律,对一次绕组电路列电压方程

$$u_1 = i_1 R_1 - e_{\sigma1} - e_1$$

或

$$u_1 = i_1 R_1 - L_{\sigma1} \frac{di_1}{dt} - e_1 \tag{4-2-1}$$

其中

$$e_1 = -N_1 \frac{d\Phi}{dt} = 2\pi f N_1 \Phi_m \sin(\omega t - 90°)$$

通常一次绕组上所加的是正弦电压 u_1。在正弦电压作用的情况下,上式用相量表示为

$$\dot{U}_1 = \dot{I}_1 R_1 + j\dot{I}_1 X_1 - \dot{E}_1 \tag{4-2-2}$$

由于一次绕组的电阻 R_1 和感抗 X_1 较小,因此它们两段的电压降也比较小,与主磁电动势 E_1 比较起来可以忽略不计。

于是 $U_1 \approx E_1$,且 $E_1 = 4.44 f N_1 \Phi_m$,即

$$U_1 \approx E_1 = 4.44 f N_1 \Phi_m \tag{4-2-3}$$

同理,对于二次绕组电路可以列出

$$u_2 = e_2 + e_{\sigma2} - i_2 R_2 = -N_2 \frac{d\Phi}{dt} - L_{\sigma2} \frac{di_2}{dt} - i_2 R_2$$

或

$$\dot{U}_2 = \dot{E}_2 - \dot{I}_2 R_2 - j\dot{I}_2 X_2 = \dot{E}_2 - \dot{I}_2(R_2 - jX_2) \tag{4-2-4}$$

由于二次绕组的电阻 R_2 和感抗 X_2 较小,因此它们两段的电压降也比较小,与主磁电动势 E_2 比较起来可以忽略不计。

于是

$$U_2 \approx E_2 = 4.44 f N_2 \Phi_m \tag{4-2-5}$$

由式(4-2-3)、式(4-2-5)可得,一、二次绕组的电压之比为

$$\frac{U_1}{U_{20}} \approx \frac{E_1}{E_2} = \frac{N_1}{N_2} = K \tag{4-2-6}$$

式中,U_{20} 为副绕组空载电压($U_{20} = E_2$),K 称为变压器的变比,即一、二次绕组的匝数比。由此可见,当电源电压 U_1 一定时,只要改变匝数比,就可以得到不同的输出电压 U_2。

2. 变压器的电流交换作用

由 $U_1 \approx E_1 = 4.44 f N_1 \Phi_m$ 可知,当电源电压 U_1 和频率 f 不变时,E_1 和 Φ_m 也都近于常数,也就是说铁芯中主磁通的最大值在变压器空载或有负载时是差不多恒定的。因此,有负载时产生主磁通的一、二绕组的合成磁动势($N_2 i_1 + N_1 i_2$)应该与空载时产生的主磁通的一次绕组的磁动势 $N_1 i_{10}$ 差不多相等,即

$$N_1 i_1 + N_2 i_2 \approx N_1 i_{10}$$

用相量表示为

$$\dot{I}_1 N_1 + \dot{I}_2 N_2 \approx \dot{I}_{10} N_1 \tag{4-2-7}$$

变压器的空载电流 i_0 是励磁用的。由于铁芯的磁导率高,空载电流是很小的。它的有效值 I_0 在一次绕组额定电流 I_{1N} 的 5% 之内,故 $N_1 I_{10}$ 与 $N_1 I_1$ 相比,常常可以忽略。于是式(4-2-7)可以写成

$$\dot{I}_1 N_1 = -\dot{I}_2 N_2$$

由式(4-2-7)知,一、二次绕组的电流关系为

$$\frac{I_1}{I_2} \approx \frac{N_2}{N_1} = \frac{1}{K} \tag{4-2-8}$$

式(4-2-8)表明变压器一、二次绕组的电流之比近似等于它们的匝数比的倒数。可见变压器中电流虽然由负载的大小确定,但是一、二次绕组中的电流比值是差不多不变的,因为当负载增加时,I_2 和 $N_2 I_2$ 随着增大,而 I_1 和 $N_1 I_1$ 也必须相应的增大,从而抵偿二次绕组的电流和磁通势对主磁通的影响,进而维持主磁通的最大值近于不变。

3. 变压器的阻抗变换作用

变压器的负载阻抗 Z_L 变化时,I_2 变化,I_1 也随之变化。Z_L 对 I_1 的影响可以用一个接于原边的等效阻抗 Z_L' 来代替,如图 4-2-5 所示。为了分析方便,不考虑原、副绕组漏阻抗 Z_1、Z_2 及空载电流 I_0 的影响,认为 Z_1、Z_2、I_0 和损耗都等于零,这样的变压器称为理想变压器。理想变压器虽然不存在,但性能良好的铁芯变压器的特性与理想变压器是比较接近的。

对图 4-2-5(a),可得

$$U_1 = kU_2, \quad I_1 = \frac{1}{k}I_2, \quad I_2 = \frac{U_2}{|Z_L|}$$

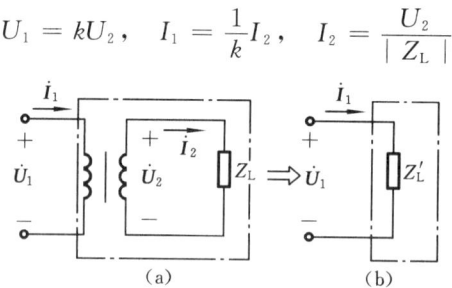

图 4-2-5　变压器的阻抗变换

对图 4-2-5(b),可得

$$|Z_L'| = \frac{U_1}{I_1}$$

如果图 4-2-5(a)、(b)中 U_1、I_1 对应相等,于是可得

$$|Z_L'| = \frac{U_1}{I_1} = \frac{kU_2}{\frac{1}{k}I_2} = k^2 \frac{U_2}{I_2} = k^2 |Z_L| = \left(\frac{N_1}{N_2}\right)^2 |Z_L| \tag{4-2-9}$$

上述分析说明,接于副边的负载阻抗 $|Z_L|$ 对原边的影响,可以用一个接于原边的等效阻抗 $|Z_L'|$ 来代替,代替后原边电流 I_1 保持不变。$|Z_L'|$ 称为负载阻抗 $|Z_L|$ 在原边的等效阻抗,它等于 $|Z_L|$ 的 k^2 倍。由此可见,变压器具有阻抗变换作用。在电子技术中常利用变压器的阻抗变换作用来达到阻抗匹配的目的。

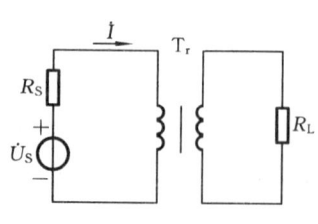

图 4-2-6　例 4-2 电路

例 4-2　图 4-2-6 中,信号源 $U_S = 100$ mV,内阻 $R_S = 200\ \Omega$,负载电阻 $R_L = 50\ \Omega$,今欲使负载从信号源获得最大功率,试求变压器的变化。

解　负载要获得最大功率,应使其等效负载阻抗等于电源内阻,即

$$Z_L = k^2 R_L = R_S$$

故变压器的变化为

$$K = \sqrt{\frac{R_S}{R_L}} = \sqrt{\frac{200}{50}} = 2$$

4.2.3 变压器的基本应用

1. 变压器的外特性

当电源电压 U_1 一定时,随着副绕组电流 I_2 的增加(负载增加),原、副绕组阻抗上的电压降便增加,这将使副绕组的端电压 U_2 发生变动。当电源电压 U_1 和负载功率因数 $\cos\varphi_2$ 为常数时,副绕组 U_2 和 I_2 的变化关系可用所谓外特性曲线 $U_2 = f(i_2)$ 来表示,如图4-2-7所示。对电阻性和电感性负载而言,电压 U_2 随电流 I_2 的增加而下降。

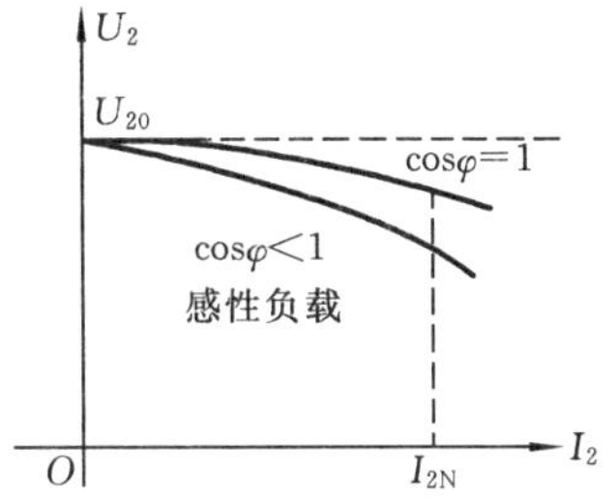

通常希望电压 U_2 的变动越小越好。从空载到额定负载,副绕组电压的变化程度用电压变化率 ΔU 表示,即

$$\Delta U = \frac{U_{20} - U_{2N}}{U_{20}} \times 100\% \qquad (4\text{-}2\text{-}10)$$

图 4-2-7 变压器的外特性曲线

在一般变压器中,由于其电阻和漏磁感抗均甚小,电压变化率是不大的,约为 5% 左右。

2. 变压器的损耗和效率

与交流铁芯线圈一样,变压器的功率损耗包括铁芯中的铁损 ΔP_{Fe} 和绕组上的铜损 ΔP_{Cu} 两部分。铁损的大小与铁芯内磁感应强度的最大值 B_m 有关,与负载大小无关,而铜损则与负载大小(正比于电流平方)有关,所以变压器的损耗主要有铜损决定,而铁损基本上是一个常数。

变压器的效率常用下式确定,即

$$\eta = \frac{P_2}{P_1} = \frac{P_2}{P_2 + \Delta P_{Fe} + \Delta P_{Cu}} \qquad (4\text{-}2\text{-}11)$$

式中,P_2 为变压器的输出功率,P_1 为输入功率。

变压器的功率损耗很小,所以效率很高,通常在 95% 以上。在一般电力变压器中,当负载为额定负载的 50%~75% 时,效率达到最大值。

3. 变压器绕组的极性及其测定

在使用变压器或者其他有磁耦合的互感线圈、特别是多绕组情况时,要注意线圈的正确连接,不慎接错,有时会导致线圈被烧毁。

如图 4-2-8 所示的两线圈,若串联连接时(端 2 与端 3 连接),则绕组中产生的两磁通等值反向,互相抵消,绕组将因电流过大而把变压器烧毁;若并联连接时(端 1 与端 3 连接,端 2 与端 4 连接),也有上述现象发生。而当线圈匝数不相同时,除并联连接使用不允许外,串联连接也会有两磁通相加与相减之别,使其输出电压不同。

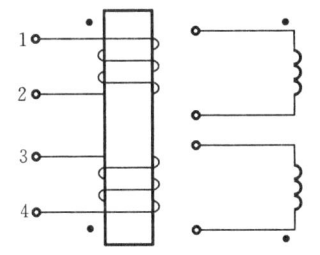

图 4-2-8 同极性端

为此,为线圈定义所谓同极性端,并以记号"·"标注。定义为:(多)绕组产生同向磁通时对应的电流流入端(或出端),称为绕组的同极性端(俗称同名端)。如图 4-2-8 中的端 1 和端 4 便为同名端(当然端 2 和端 3 也是)。这样,当电流由同名端流入(或流出)时,产生的磁通方向相同;由异名端流入(或流出)时,磁通相消。

当然,只要绕组的绕向已知,同名端极易判定,但是,已经制成的变压器或电机,从外部已无法辨认其具体的绕向,又不允许拆开,这就需要设法测定其同极性端了。下面介绍两种常用的测定方法。

1）交流法

将两个绕组1和2及3和4的任意两端（如2和4)连接在一起,在其中一个绕组两端加一个较小的交流电压U_{12}(U_{12}为已知),用交流电压表分别测量1、3和3、4两端的电压U_{13}及U_{34},如图4-2-9(a)所示。若$U_{13}=U_{12}+U_{34}$,则1、4为同名端;若$U_{13}=\mid U_{12}-U_{34}\mid$,则1、3为同名端。

2）直流法

直流法测绕组同名端的电路如图4-2-9(b)所示,闭合S之瞬时,若毫安表正摆,则1、3同名;若毫安表反摆,则1、4同名。

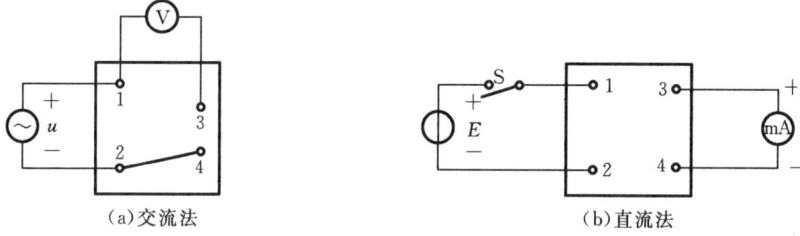

图 4-2-9　同极性端的测定法

3. 特殊变压器

1）自耦变压器

图4-2-10所示为一种自耦变压器,其结构特点是副绕组是原绕组的一部分,且原、副绕组电压之比和电流之比也是

$$\frac{U_1}{U_2}=\frac{N_1}{N_2}=K, \quad \frac{I_1}{I_2}=\frac{N_2}{N_1}=\frac{1}{K}$$

实验室中常用的调压器就是一种可改变副绕组匝数的自耦变压器。自耦变压器的原副绕组之间有直接的电的联系,所以应用时一定不允许将原副绕组接反;同时自耦变压器的金属外壳必须可靠接地。

2）电流互感器

如图4-2-11所示的电流互感器可以将大电流变换为小电流,然后送给测量仪表或控制设备,使仪表设备及工作人员与大电流隔离,并起到扩大测量仪表的测量范围的功能。

电流互感器的原绕组的匝数很少（只有一匝或几匝）,它串联在被测电路中。副绕组的匝数较多,它与电流表或其他仪表及继电器的电流线圈相连接。

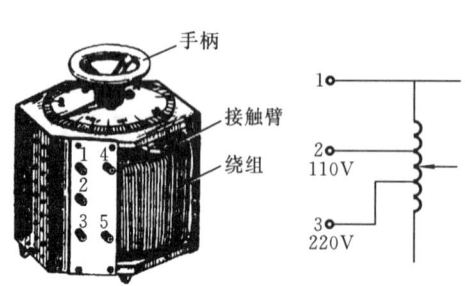

图 4-2-10　自耦变压器的外形和原理图

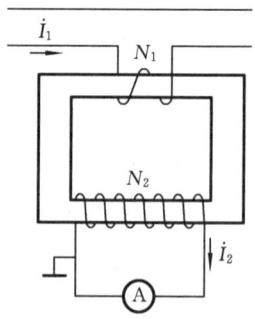

图 4-2-11　电流互感器

根据变压器原理,可认为

$$\frac{I_1}{I_2} = \frac{N_2}{N_1} = K_i \quad 或 \quad I_1 = \frac{N_2}{N_1}I_2 = K_i I_2$$

式中,K_i 是电流互感器的变换系数。

利用电流互感器可将大电流变换为小电流。电流表的读数 I_2 乘上变换系数 K_i 即为被测大电流 I_1(在电流表的刻度上可直接标出被测电流值)。通常电流互感器副绕组的额定电流都规定为 5A 或 1A。

3)电压互感器

如图 4-2-12 所示的电压互感器可以将高电压变换为低电压,然后送给测量仪表或控制设备,并使仪表设备及工作人员与高压电路隔离。因为 $\frac{U_1}{U_2} = \frac{N_1}{N_2} = k_u \gg 1$,所以 $U_2 = \frac{1}{k_u}U_1$ 变小,利用电压互感器可将高电压变换为低电压,使测量安全。

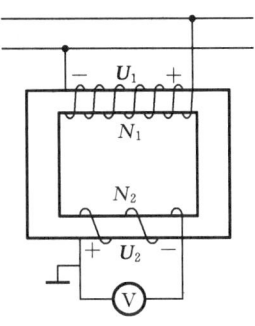

此外,使用电压互感器也是为了使测量仪与高压电路隔开,以保证人身与设备的安全。

为了安全起见,互感器的铁芯及副绕组的一端应该接地。

图 4-2-12 电压互感器

【思考与练习 4.2】

4.2.1 试叙述变压器的基本结构和工作原理。

4.2.2 若变压器的额定频率是 50 Hz,用于 25 Hz 的交流电路中,能否正常工作?

◀ 4.3 交流异步电动机 ▶

电动机可分为交流电动机和直流电动机两大类。交流电动机又分为异步电动机(或称感应电动机)和同步电动机,直流电动机按照励磁方式的不同分为他励电动机、并励电动机、串励电动机和复励电动机四种。

在生产上主要用的是交流电动机,特别是三相异步电动机。它被广泛地用来驱动各种金属切削机床、起重机、锻压机、传送带、铸造机械、功率不大的通风机及水泵等。仅在需要均匀调速的生产机械上,如龙门刨床、轧钢机及某些重型机床的主传动机构,以及在某些电力牵引和起重设备中才采用直流电动机。同步电动机主要应用于功率较大、不需要调速、长期工作的各种生产机械,如压缩机、水泵、通风机等。单相异步电动机常用于功率不大的电动工具和某些家用电器中。除上述动力用电动机外,在自动控制系统和计算装置中还用到各种控制电机。

4.3.1 三相异步电动机

1. 三相异步电动机的结构

异步电动机由定子和转子两个基本部分组成。异步电动机的定子主要由机座、定子铁芯和定子绕组构成,如图 4-3-1(a)所示。铁芯内圆周上有均匀分布的槽,如图 4-3-1(b)所示,槽内放置定子绕组,定子绕组由绝缘导线绕制而成。三相异步电动机具有三组对称的定子绕组,称为三相定子绕组。

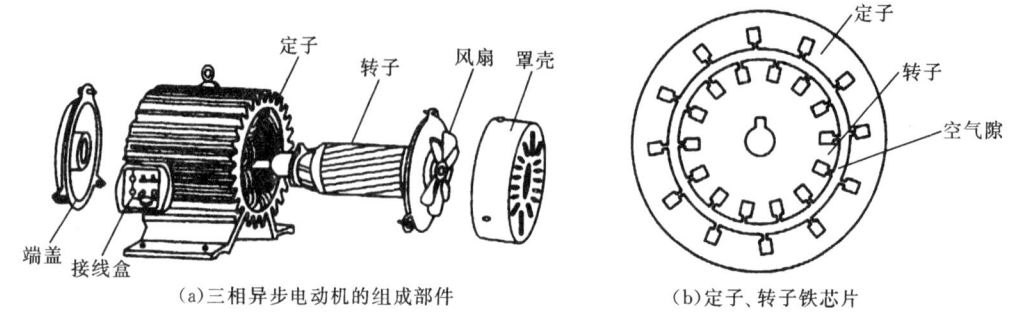

| (a)三相异步电动机的组成部件 | (b)定子、转子铁芯片 |

图 4-3-1　三相异步电动机的构造

异步电动机的转子主要由转轴、转子铁芯和转子绕组构成。铁芯外圆周上有均匀分布的槽,如图 4-3-1(b)所示。槽内放置转子绕组。

转子绕组按结构的不同可分为绕线式和鼠笼式两种,具有绕线式转子绕组的异步电动机,称为绕线式异步电动机,具有鼠笼式转子绕组的异步电动机,称为鼠笼式异步电动机。

三相定子绕组一般有六个出线端。为了能在机座外实现与三相电源的连接,以及三相定子绕组之间连接成星形或三角形的不同接法,就把它的六个出线端都引到机座外侧的接线盒中的接线板上,如图 4-3-2 所示,板上接线端子分为上、下两排,其中一排 U_1、V_1 和 W_1 在电动机内分别与三相定子绕组的各首端连接;另一排 U_2、V_2 和 W_2 在电动机内分别与三相定子绕组的各末端连接,而每相的首端与邻相的末端依次上下排列。这样,可在接线板上方便地把三相定子绕组连接成三角形或星形,使电动机能在两种不同线电压的电网上工作。如果电网线电压等于电动机每相绕组的额定电压,则三相定子绕组应为三角形连接,如图 4-3-2(b)所示。如果电网线电压等于电动机每相绕组额定电压的 $\sqrt{3}$ 倍,则三相定子绕组应为星形连接,如图 4-3-2(a)所示。

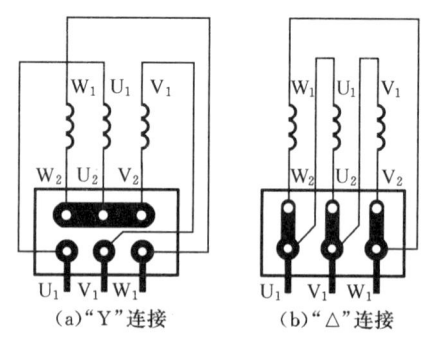

| (a)"Y"连接 | (b)"△"连接 |

图 4-3-2　三相异步电动机定子绕组的接线图

2. 三相异步电动机的基本工作原理

1)旋转磁场的产生

从上述三相异步电动机的结构中可以看出,它的三相定子绕组被接到三相电源后,将有电流通过并输入电能,所以它对三相电源来说,是一个三相对称负载。

当三相对称电流通过三相对称绕组时,在电动机内部建立的合成磁场,是一个在空间旋转的磁场,称为旋转磁场。它是研究交流电动机工作原理的基础。

图 4-3-3 所示为最简单的三相异步电动机的三相定子绕组的布置图和接线图。三相绕组在空间彼此相隔 120°,它可以接成星形,也可以接成三角形。图 4-3-3(b) 为星形连接。图中所示电流方向都是电流参考方向;图 4-3-3(a) 中⊙代表箭头,表示导线中的电流从纸里面流出来,"⊗"代表箭尾,表示电流流进纸里面去。

当三相定子绕组接上三相对称电源时,绕组中便有三相对称电流 i_A、i_B、i_C 通过。图 4-3-4 为三相交流电流的波形图。这三相电流通过绕组,将分别建立磁场。

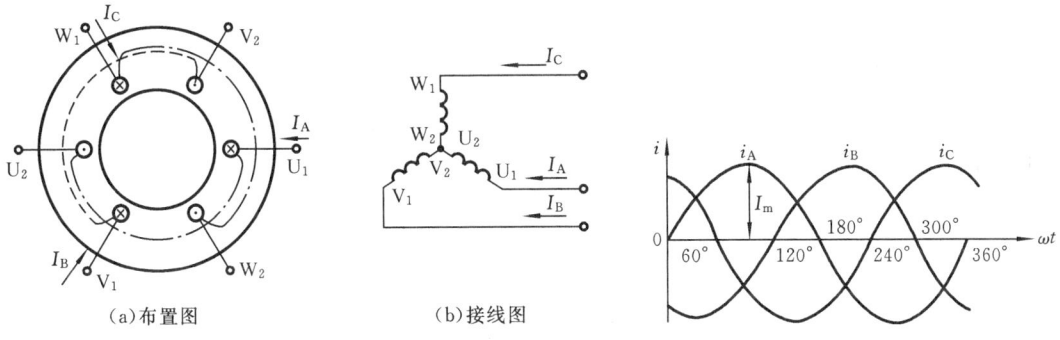

(a)布置图	(b)接线图

图 4-3-3 定子绕组的布置图和接线图　　图 4-3-4 三相交流电流的波形图

当 $\omega t=0°$ 时,$i_A=0$,$i_B=-0.866I_m$,$i_C=0.866I_m$。此时 U_1、U_2 绕组内没有电流通过;V_1、V_2 绕组内电流为负值,即电流 i_B 从 V_2 流到 V_1;W_1、W_2 绕组内电流为正值,即电流 i_C 从 W_1 流到 W_2。按右手螺旋定则便得到各个导体中电流产生的合成磁场,图 4-3-5(a) 所示为一个两极旋转磁场。电机磁场的磁极数常用磁极对数 p 来表示,例如上述两极磁场称为一对磁极,用 $p=1$ 表示。

当 $\omega t=60°$ 时,$i_A>0$,$i_B<0$ 和 $i_C=0$。此时,它的合成磁场如图 4-3-5(b) 所示,仍是两极的。但这两极磁场在空间的位置和 $\omega t=0°$ 时的位置相比,已按顺时针方向转了 60°。在图 4-3-5(c)、(d) 中,还画了当 $\omega t=120°$ 和 180° 时的合成磁场的空间位置,可以看出,它们的位置和 $\omega t=0°$ 时的位置相比,已分别按顺时针方向转了 120° 和 180°。

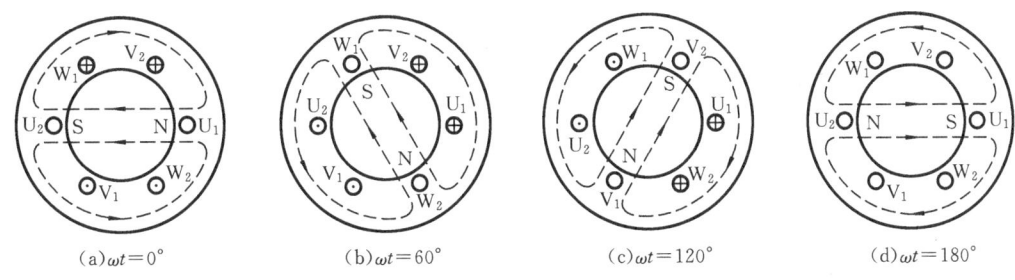

(a)$\omega t=0°$	(b)$\omega t=60°$	(c)$\omega t=120°$	(d)$\omega t=180°$

图 4-3-5 两极旋转磁场

可以证明:当三相电流随时间不断地变化时,在电动机中建立的合成磁场也不断地在空间旋转。综上所述,可以得出结论:三相电流通过电动机的三相对称绕组时,在电动机中所建立的合成磁场是一个旋转磁场。

2）旋转磁场的转向

从图4-3-5中可以看出，旋转磁场的旋转方向是 $U_1 \rightarrow V_1 \rightarrow W_1$，即与通入三相绕组的三相电流的相序 $i_A \rightarrow i_B \rightarrow i_C$ 是一致的。

如果把三相绕组接到电源上的三根引出线中的任意两根对调，例如，把 V_1 和 W_1 两根对调，于是通入 V_1、V_2 和 W_1，W_2 两个绕组中的电流相序也就对调了。此时，i_A 仍通入 U_1、U_2 绕组，而 i_B 则通入 W_1、W_2 绕组，i_C 则通入 V_1、V_2 绕组，利用与图4-3-5同样的分析方法，可以得到此时旋转磁场的旋转方向将是 $U_1 \rightarrow W_1 \rightarrow V_1$，即与图4-3-5的旋转方向相反，成为逆时针方向旋转。

由此，可以得出结论：旋转磁场的旋转方向是与三相电流的相序一致的。

3）旋转磁场的转速

对图4-3-5做进一步的分析表明，三相定子电流的合成磁场为一对磁极（即 $p=1$）时，电流随时间变化经过一周期，磁场也在空间也旋转一周。故当电源频率为 f 时，对应的磁场转速 $n_0 = 60f$ （r/min），说明合成磁场的转速 n_0 与电源频率 f 成正比。当电动机的合成磁场具有多对磁极时，按照上述分析方法可以证明，合成磁场的转速 n_0 与磁场的极对数 p 成反比，与电源频率成正比，即

$$n_0 = \frac{60f}{p} \tag{4-3-1}$$

在我国，工频 $f_1 = 50$ Hz，于是由式（4-3-1）可得出对应于不同极对数 p 的旋转磁场转速 n_0（r/min），见表4-3-1。

表 4-3-1 不同极对数 p 的旋转磁场转速 n_0

p	1	2	3	4	5	6
n_0/（r/min）	3 000	1 500	1 000	750	600	500

4）工作原理

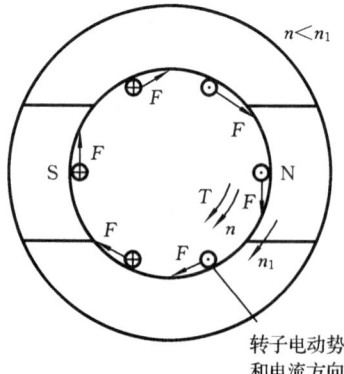

$n < n_1$

F

S　N

F

T

n

n_1

F

转子电动势
和电流方向

图 4-3-6　电动机的工作原理

图4-3-6是三相异步电动机转子转动的原理图，图中N、S表示两极旋转磁场，转子中只示出两根导条（铜或铝）。当旋转磁场按顺时针方向旋转时，其磁力线切割转子导条，导条中就感应出电动势。电动势的方向由右手定则确定。在这里应用右手定则时，可假设磁极不动，而转子导条向逆时针方向旋转切割磁力线，这与实际上磁极按顺时针方向旋转时磁力线切割转子导条是相当的。

在电动势的作用下，闭合的导条中就有电流。该电流与旋转磁场相互作用而使转子导条受到电磁力 F 的作用。电

磁力的方向可应用左手定则来确定。由电磁力产生电磁转矩,转子就转动起来。由图 4-3-6 可见,转子转动的方向和旋转磁场的方向相同,当旋转磁场反转时,电动机也跟着反转。

5) 转差率 s

电动机转子转动的方向与磁场旋转的方向相同,但转子的转速 n 不可能与旋转磁场的转速 n_0 相等,即 $n < n_0$。因为,如果二者相等,则转子与旋转磁场之间就没有相对运动,因而磁通就不切割转子导条,转子电动势、转子电流以及转矩也就都不存在。这样,转子就不可能继续以 n 的转速转动。因此,转子转速与磁场转速之间必须要有差别。这就是异步电动机名称的由来,而旋转磁场的转速 n_0 常称为同步转速。

用转差率 s 来表示转子转速 n 与磁场转速 n_0 相差的程度,即

$$s = \frac{n_0 - n}{n_0} \tag{4-3-2}$$

转差率是异步电动机的一个重要的物理量。转子转速越接近磁场转速,则转差率越小。由于三相异步电动机的额定转速与同步转速相近,所以它的转差率很小。通常异步电动机在额定负载时的转差率约为 0.015~0.06。

当 n=0 时(启动初始瞬间),s=1,这时转差率最大。

例 4-3 有一台三相异步电动机,其额定转速 n=975 r/min,电源频率 f_1=50 Hz。试求电动机的极数和额定负载时的转差率。

解 由于电动机的额定转速接近而略小于同步转速,而同步转速对应于不同的极对数有一系列固定的数值。显然,与 975 r/min 最相近的同步转速 n_0=1 000 r/min,与此相应的磁极对数 p=3。因此,额定负载时的转差率为

$$s = \frac{n_0 - n}{n_0} = \frac{1\ 000 - 975}{1\ 000} = 0.025$$

3. 三相异步电动机的机械特性

在一定的电源电压 U_1 和转子电阻 R_2 之下,转矩与转差率的关系曲线 $T = f(s)$ 或转速与转矩的关系曲线 $n = f(T)$,称为电动机的机械特性曲线。如图 4-3-7 所示,这一曲线称为电动机的机械特性曲线。

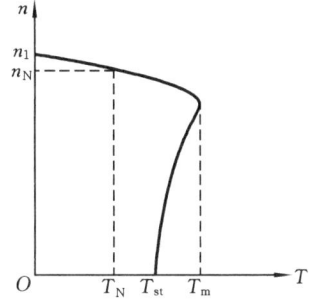

图 4-3-7 电动机的机械特性曲线

1) 硬特性

从特性曲线中可看出:当异步电动机的负载从空载增加到额定转矩 T_N 时,它的转速相应地从 n_1 下降到额定转速 n_N。这时相应的额定转差率约为 s_N = 0.01~0.07。电动机转速 n 随着转矩的增加而稍微下降的性质称为硬特性。

2) 额定转矩 T_N

额定转矩是表示异步电动机在额定状态工作时的电磁转矩。如忽略电动机本身的机械阻力转矩,可近似地认为,电动机产生的额定电磁转矩 T_N 等于轴上的额定输出转矩,也称满载转矩 T_N。可按下式计算

$$T_N = 9\ 550 \frac{P_N}{n_N} (\text{N} \cdot \text{m}) \tag{4-3-3}$$

式中，P_N 为电动机的额定功率，以千瓦(kW)计，n_N 为电动机的额定转速，以转/分(r/min)计。

3) 最大转矩 T_m

最大转矩 T_m 是表示异步电动机可能产生的最大电磁转矩，常用过载能力来体现。

过载系数 λ_T 定义为

$$\lambda_T = \frac{T_m}{T_N} \tag{4-3-4}$$

一般异步电动机的 $\lambda_T = 1.8 \sim 2.2$，特殊用途电动机的 λ_T 可达到 3 或更大。

4) 转动转矩 T_{st}

启动转矩是表示异步电动机的转子没有转动时，即 $n=0$ 或 $s=1$ 时，所产生的电磁转矩。

为了保证电动机能启动，电动机的启动转矩必须大于电动机静止时的负载反转矩。通常用它对额定转矩的比值 $\frac{T_{st}}{T_N}$ 来衡量启动能力的大小，称为启动系数，即

$$q = \frac{T_{st}}{T_N} \tag{4-3-5}$$

一般的异步电动机，该比值约为 $1.2 \sim 2.2$。

4. 三相异步电动机的启动、反转和调速

1) 三相异步电动机的启动

三相异步电动机的启动有直接启动和降压启动两种。

(1) 直接启动。它是利用开关将电动机直接接到具有额定电压的电源上，方法简便、经济，常被采用。但必须满足以下的有关规定才能直接启动：①若是照明和动力共用同一电网时，电动机启动时引起的电网压降不应超过额定电压的 5%；②动力线路若是用专用变压器供电时，对于频繁启动的电动机，其容量不应超过变压器容量的 20%；不经常启动的电动机，其容量不应大于变压器容量的 30%。如不满足上述规定，则必须采用降压启动的措施以减小启动电流。

(2) 降压启动。降压启动的目的是减小启动电流对电网的不良影响，但它同时又降低了启动转矩，所以这种启动方法只适用于空载或轻载启动时的鼠笼式电动机。

① "Y—△" 降压启动。这种方法只适用于正常运转时是 "△" 连接的电动机。可用 "Y—△" 启动器或三刀双掷开关直接操作，如图 4-3-8 所示。先合上电源开关 Q_1，然后将 Q_2 从中间位置投向 "启动" 位置，这时定子三相绕组作 "Y" 连接，每相绕组电压为额定电压的 $1/\sqrt{3}$，相电流也为 "△" 连接时的 $1/\sqrt{3}$，所以线电流仅为直接启动时的 1/3。待转速接近额定转速时，再将 Q_2 合向 "运行" 位置，把定子三相绕组改成 "△" 连接转入正常工作状态。由于容量稍大的电动机一般都设计为 "△" 连接，所以这种启动方法只能适用于三相定子绕组的六个端头全部引至接线盒中的电动机。

② 自耦变压器降压启动。图 4-3-9 所示是利用自耦变压器(也称启动补偿器)控制的降压启动线路。它适用于容量较大的或不能采用 "Y—△" 启动方法的三相鼠笼式异步电动机。启动操作过程如下：首先合上电源开关 Q_1，再将启动补偿器的控制手柄 Q_2 推向 "启动" 位置作降压启动，最后待电动机接近额定转速时把手柄推向 "运行" 位置，使自耦变压器脱离电源，使电动机直接接入电源正常运转。为了适应不同要求，通常自耦变压器的抽头有 73%、64%、55% 或 80%、60%、40% 等规格。

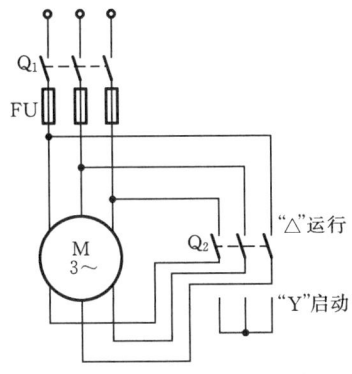

图 4-3-8 "Y—△"启动原理图

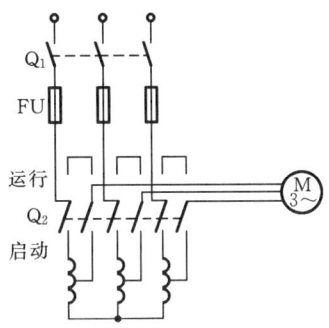

图 4-3-9 自耦变压器降压启动原理图

上述鼠笼式异步电动机的降压启动方法在减小启动电流的同时也降低了启动转矩,所以一般只适用于空载或轻载启动。对于像起重机、锻压机等带重负载启动的生产机械就不适用了。这时要应用绕线式电动机,即能在重载下启动的电动机。

2)三相异步电动机的反转

异步电动机的旋转方向是与旋转磁场的旋转方向一致的,而旋转磁场的旋转方向又决定于三相电流的相序,因此要改变电动机的旋转方向只需改变三相电流通入电动机的相序。实际上只要把电动机接到电源上的三根引出线中的任意两根对调一下,电动机也就反转了。

3)三相异步电动机的调速

三相异步电动机的转速为

$$n = (1-s)n_0 = (1-s)\frac{60f_1}{p} \tag{4-3-6}$$

因此,异步电动机的调速可通过改变磁极对数 p、转差率 s 以及电源的频率 f_1 来实现。

例 4-4 Y100L$_2$-4 型三相异步电动机,查得其技术数据如下:$P_N = 3.0$ kW,$U_N = 380$ V,$n_N = 1\ 420$ r/min,$\eta_N = 82.5\%$,$\cos\varphi_N = 0.81$,$f_1 = 50$ Hz,$I_{st}/I_N = 7.0$,$T_{st}/T_N = 2$,$T_m/T_N = 2.2$。试求:(1)磁极对数 p 和额定转差率 s_N;(2)当电源线电压为 380 V 时,该电动机为"Y"连接,这时的额定电流为多少?(3)当电源线电压为 220 V 时,该电动机应作何种接法?这时的额定电流为多少?(4)该电动机的额定转矩、启动转矩和最大转矩。

解 (1)由型号可知该电动机为四极电动机,$p = 2$,$f_1 = 50$ Hz,所以 $n_1 = 1\ 500$ r/min。

额定转差率为

$$s_N = \frac{n_1 - n_N}{n_1} = \frac{1\ 500 - 1\ 420}{1\ 500} = 0.053$$

(2)"Y"连接时,有

$$P_N = P_{1N}\eta_N = \sqrt{3}U_N I_N \cos\varphi_N \eta_N$$

所以额定电流为

$$I_N = \frac{P_N}{\sqrt{3}U_N \cos\varphi_N \eta_N} = \frac{3\ 000}{\sqrt{3} \times 380 \times 0.81 \times 0.825}\ \text{A} = 6.82\ \text{A}$$

启动电流

$$I_{st}=7I_N=7\times6.82\ A=47.74\ A$$

（3）因为电源线电压为 220 V 时，则绕组额定相电压为 220 V 时应作"△"连接。

额定电流为

$$I'_N=\sqrt{3}I_N=\sqrt{3}\times6.82\ A=11.78\ A$$

启动电流为

$$I'_{st}=7I'_N=7\times11.81\ A=82.46\ A$$

（4）额定转矩为

$$T_N=9\ 550\frac{P_N}{n_N}=9\ 550\times\frac{3}{1\ 420}\ N\cdot m\approx20.18\ N\cdot m$$

启动转矩为

$$T_{st}=2T_N=2\times20.18\ N\cdot m=40.36\ N\cdot m$$

最大转矩为

$$T_m=2.2T_N=2\times20.18\ N\cdot m=44.40\ N\cdot m$$

4.3.2 单相异步电动机

由单相电源供电的异步电动机称为单相异步电动机。因其功率较小（750 W 以下），常用于拖动小型机械负载，如电动工具、医疗器械、家用电器等。

1. 单相异步电动机的结构

单相异步电动机的结构和三相异步电动机类似，也由定子和转子两部分组成。定子上装有绕组，用于建立磁场，转子都为鼠笼式。

在实际应用中，单相异步电动机有一个特殊问题，就是在单相定子绕组中通入单相交流电流时，产生的磁场不是旋转磁场，而是一个位置固定不变，大小随时间按正弦规律变化的脉动磁场。对于静止的转子来说，该磁场与转子电流相互作用产生的电磁转矩刚好互相抵消，使启动转矩为零，故电动机不能自行启动。目前用于解决单相异步电动机启动问题的常用方法有两种，即电容分相法和罩极法。与之对应，单相异步电动机也分为电容分相式和罩极式两种类型。

电容分相式电动机的结构如图 4-3-10 所示。它有两个绕组，工作绕组 W_1、W_2 和启动绕组 S_1、S_2，两者在空间互差 90°。启动绕组与电容器串联，用于分相，并接于同一单相交流电源使两个绕组中的电流在相位上相差 90°。

罩极式电动机的结构示意图如图 4-3-11 所示。其特点是：定子上有凸出的磁极，定子绕组绕在磁极上，在磁极约 1/3 处开有一小槽，将磁极分成大小两部分，小的部分套有一个短路铜环（称为罩极）。

2. 单相异步电动机的工作原理

1）电容分相式

由于电动机的工作绕组电路为感性电路，启动绕组串联电容后成了容性电路，若电容器的容量适当，可使两个电流的相位差恰好为 90°，两相电流的波形，如图 4-3-12 所示。这样两个

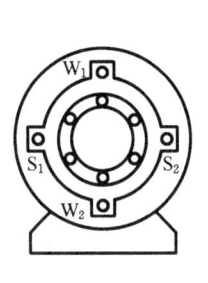 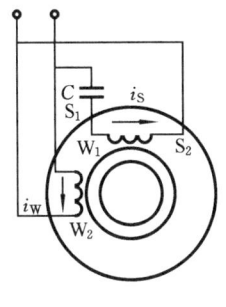 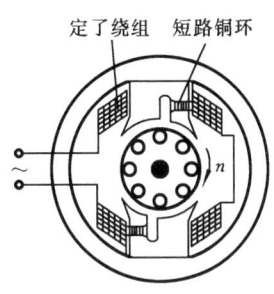

（a）结构示意图　　　　（b）接线原理图

图 4-3-10　电容分相式电动机　　　　　图 4-3-11　罩极式电动机结构示意图

具有 90°相位差的电流,通入两个空间互差 90°的绕组后,所产生的合成磁场也是一个旋转磁场,如图 4-3-13 所示。在此旋转磁场作用下,转子上便有了启动转矩,电动机就能转动起来。

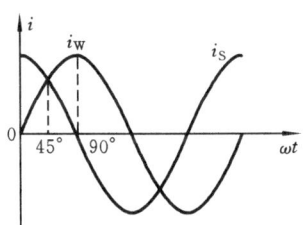

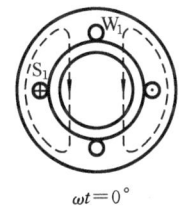 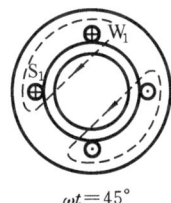 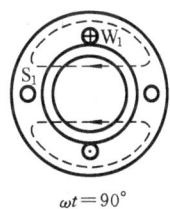

图 4-3-12　两相电流的波形　　　　　图 4-3-13　两相旋转磁场的产生

电动机启动后可以有两种运行方式。如果在启动绕组中串联一个开关(如用离心开关),当电动机启动完毕后,将开关断开,电动机只在工作绕组通电的情况下继续运行,这种运行方式的电动机称为电容启动电动机。如果电动机启动后不断开启动绕组,若要电动机反转,只需将启动绕组或工作绕组接到电源的两个端子对调即可。

2）罩极式

当电动机定子绕组通入单相交流电流时,就要产生磁。由于短路铜环中感应电流的作用,使被短路铜环罩着的部分磁极面上的磁通在数量上与未罩部分不相等,相位上滞后未罩部分的磁通,从而在磁极面上产生一个由未罩部分移向被罩部分的旋转磁场,并使转子得到启动转矩而转动。

罩极式电动机结构简单,但启动转矩小,常用于对启动转矩要求不高的场合,如风扇、吹风机、电子仪器的通风设备等。

【思考与练习 4.3】

4.3.1　试述三相异步电动机的基本工作原理。

4.3.2　试比较三相异步电动机常用的几种启动的优缺点和其适用条件。

4.3.3　为什么在某些特定条件下,要将正常"△"连接的电动机改接线"Y"连接运行?

习题4

4.1 有一线圈,其匝数 $N = 1\,000$ 匝,绕在由铸钢制成的闭合铁芯上,铁芯的截面积 $S_{\text{Fe}} = 20\ \text{cm}^2$,铁芯的平均长度 $l_{\text{Fe}} = 50\ \text{cm}$。如要在铁芯中产生磁通 $\Phi = 0.002\ \text{Wb}$,试问线圈中应通入多大的直流电流?

4.2 有一交流铁芯线圈,接在 $f = 50\ \text{Hz}$ 的正弦电源上,在铁芯中得到的磁通的最大值为 $\Phi_m = 2.25 \times 10^{-3}\ \text{Wb}$。现在在此铁芯上再绕一个线圈,其匝数为 200。当此线圈开路时,求其两端电压。

4.3 将一铁芯线圈接于电压 $U = 100\ \text{V}$,频率 $f = 50\ \text{Hz}$ 的正弦电源上,其电流 $I_1 = 5\ \text{A}$,$\cos\Phi_1 = 0.7$。若将此线圈中的铁芯抽出,再接于上述电源上,则线圈中电流 $I_2 = 10\ \text{A}$,$\cos\Phi_2 = 0.05$。试求此线圈在具有铁芯时的铜损和铁损。

4.4 有一单相照明灯变压器,容量为 10 kV·A,电压为 3 300 V/220 V。今欲在副绕组接上 60 W、220 V 的白炽灯,如果要变压器在额定情况下运行,这种电灯可接多少个?并求原副绕组的额定电流。

4.5 某电源变压器如图 4-1 所示,已知一次绕组 $N = 500$,$U_1 = 200\ \text{V}$,问为了满足二次电压有效值分别为 6.3 V、9 V 及 250 V 的要求,二次侧各绕组的匝数应为多少?

4.6 一台变压器容量为 10 kV·A,在满载情况下向功率因数为 0.95(滞后)的负载供电,变压器的效率为 94%。求变压器的损耗。

4.7 图 4-2 所示为一个有三个二次绕组的电源变压器,试问能得到多少种输出电压?

图 4-1 习题 4.5 图   图 4-2 习题 4.7 图

4.8 什么是三相电源的相序?就三相异步电动机本身而言,有无相序?

4.9 一台三相笼型异步电动机,接在频率为 50 Hz 的三相电源上,已知在额定电压下满载运行的转速为 940 r/min。试求:(1)电动机的磁极对数;(2)额定转差率;(3)额定条件下,转子相对于定子旋转磁场的转差;(4)当转差率为 0.04 时的转速和转子电流的频率。

4.10 在电源电压不变的情况下,如果电动机的"△"连接误接成"Y"连接,或者"Y"连接误接成"△"连接,其后果如何?

4.11 某一三相异步电动机的额定电压 $U_N = 380\ \text{V}$,"△"连接,额定功率 $P_{2N} = 40\ \text{kW}$,额定转速 $n_N = 1\,470\ \text{r/min}$,$T_{st}/T_N = 1.2$。试求:(1)启动转矩 T_{st};(2)如果负载转矩为额定转矩的 70% 或 20%,能否采用"Y—△"换接启动?

项目 5

半导体二极管与直流稳压电源

◀ 5.1 半导体的基本概念 ▶

自然界的物质,按照其导电能力的大小可分为导体、绝缘体和半导体三类。电阻率在 10^{-4} Ωcm 以下的物质称为导体,如铜、银、铝等金属材料都是导体;电阻率在 10^{10} Ωcm 以上的物质称为绝缘体,如橡胶、塑料等;电阻率在 $10^{-4} \sim 10^{10}$ Ωcm 之间的物质统称为半导体,它们的导电性能介于导体和绝缘体之间,如硅、锗、砷化物等。

5.1.1 本征半导体

不含任何杂质的具有晶体点阵结构的半导体称为本征半导体。以硅(Si)和锗(Ge)为例,

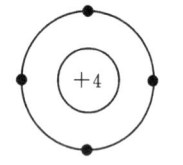

图 5-1-1 硅和锗的原子结构简化模型

它们都是四价元素,原子结构的简化模型如图 5-1-1 所示。最外层的四个价电子受原子核的束缚力较小,容易与相邻原子中的价电子构成共价键。这样,硅与锗的晶体结构是每一个原子与相邻四个原子结合构成的共价键结构,如图 5-1-2 所示。在绝对零度时,价电子没有能力挣脱共价键的束缚而成为自由电子,这时的本征半导体就是良好的绝缘体。温度升高,原子获得能量,价电子也获得能量,有少数价电子获得足够的能量挣脱共价键的束缚而成为自由电子。

与此同时,在原来的共价键中留下一个空位,这个空位称为空穴,如图 5-1-3 所示,这种情况称为本征激发。

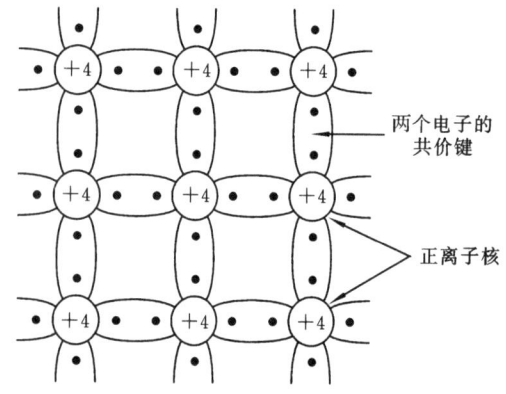

图 5-1-2 硅和锗的晶体中的共价键结构

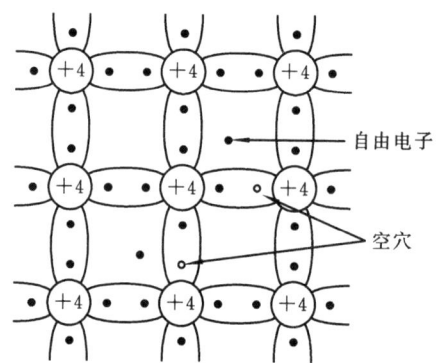

图 5-1-3 本征半导体中的自由电子与空穴

共价键中出现空穴后,在外电场的作用下,邻近的价电子就有可能填补到这个空位上,而在这个电子原来的位置上又留下新的空位,以后其他电子又可以转移到这个空位上,如图 5-1-4 所示。

设某一时刻在 x_1 处有一空穴,则在外电场的作用下,x_2 处的电子可以填补到这个空位,从而使空穴位置由 x_1 移到 x_2,随后,x_3 处的电子又可填补 x_2 处的空位,使空穴再由 x_2 移至 x_3。在这个过程中,电子由 $x_3 \rightarrow x_2 \rightarrow x_1$,仍处于束缚状态,而空穴由 $x_1 \rightarrow x_2 \rightarrow x_3$,与电子的移动方向正好相反,因而可用空穴移动产生的电流来代表束缚电子移动产生的电流。

这样,当半导体两端加上电压后,半导体中将出现两部分电流,一部分是本征激发的自由电子在电场力作用下作定向运动所形成的电子电流,另一部分是空穴移动产生的空穴电流(实

际上是束缚电荷移动产生的电流)。半导体中同时存在电子导电和空穴导电,这是半导体导电的最大特点。

自由电子与空穴都称为载流子,它们总是成对产生,同时又不断复合。当温度一定时,载流子的产生和复合会达到动态平衡,于是载流子的数目便维持在一定值。温度越高,本征激发就越强烈,半导体中的载流子数目就越多。在常温附近,温度升高 8℃,硅的载流子数目就增加一倍,升高 12℃,锗的载流子数目增加一倍。因此,半导体导电能力随温度的增加而显著增强。但尽管如此,常温下的本征半导体的导电能力是很弱的。

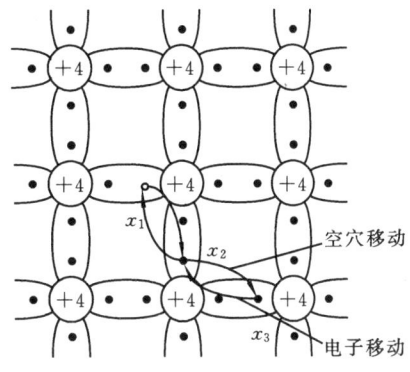

图 5-1-4 电子与空穴的移动

5.1.2 杂质半导体

在本征半导体内掺入微量的杂质,半导体的导电能力就会发生显著的改变。按掺入的杂质的性质,杂质半导体可分为 N 型半导体(电子型半导体)和 P 型半导体(空穴型半导体)两类。

1. N 型半导体

在硅(或锗)的晶体中掺入少量五价杂质元素,如磷、锑、砷等,则晶体点阵中某些位置上的硅原子将被杂质原子替代。由于杂质原子有五个价电子,它们以四个价电子和相邻的硅原子组成共价键后,还多余一个电子,这个多余的电子不受共价键的束缚,只受自身原子核的吸引,由于这个吸引力很微弱,因此这个多余的价电子在常温下就成为自由电子,如图 5-1-5 所示。这样,半导体中自由电子的数目就大大增加,自由电子导电成为这种半导体的主要导电方式。故这种半导体称为电子型半导体或 N 型半导体。在 N 型半导体中,自由电子是多数载流子(简称多子),空穴是少数载流子(简称少子)。

2. P 型半导体

与 N 型半导体相反,在本征半导体中掺入少量的三价杂质元素,如硼、镓、铟等后,因杂质原子只有三个价电子,它与周围的硅原子组成共价键时,缺少一个电子,在晶体中便产生一个空穴,如图 5-1-6 所示。这样半导体中空穴的数目大大增加,空穴导电成为这种半导体的主要导电方式,故这种半导体称为空穴型半导体或 P 型半导体。在 P 型半导体中,空穴是多数载流子,电子是少数载流子。

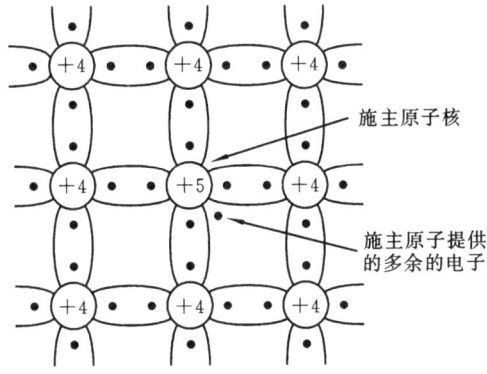

图 5-1-5 N 型半导体的晶体结构

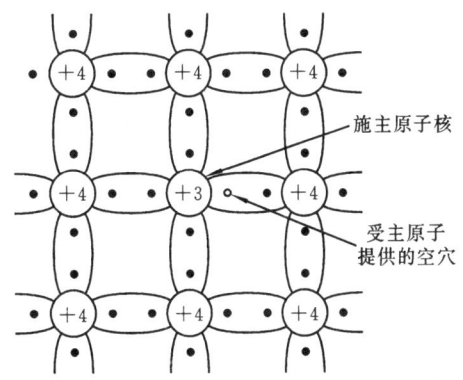

图 5-1-6 P 型半导体的晶体结构

总之,在杂质半导体中,多数载流子由掺杂形成,其数量取决于掺杂浓度,少数载流子由本征激发产生,其数量由温度决定。在常温下,即使杂质浓度很低,多数载流子的数目仍要远远大于少数载流子的数目,因此,杂质半导体的导电性能由掺杂浓度决定。

5.1.3 PN 结

在一块 N 型(或 P 型)半导体的局部掺入浓度较大的三阶(或五阶)元素,使这个局部变成 P 型(或 N 型)半导体。在两种半导体的交界面就形成一个 PN 结,PN 结是构成各种半导体器件的基础,下面研究这个 PN 结。

1. PN 结的形成

图 5-1-7(a)中,P 型半导体中的"⊖"表示得到一个电子的杂质离子,"。"表示空穴;N 型半导体中的"⊕"表示失去一个电子的杂质离子,"·"表示自由电子。不考虑少数载流子,由于 P 区中的空穴浓度远大于 N 区,因此,P 区中界面附近的空穴要向 N 区扩散,与 N 区中的自由电子复合;同样,N 区中界面附近的自由电子也要向 P 区扩散,与 P 区中的空穴复合。这样,在界面附近,P 区带负电荷,N 区带正电荷,这个空间电荷区就是 PN 结,如图 5-1-7(b)所示。带负电的 P 区和带正电的 N 区之间的电位差 U_D 称为电位壁垒。空间电荷区中的电场称为内电场,其方向是从 N 区指向 P 区。显然,这个内电场将阻碍 P 区空穴和 N 区自由电子等多数载流子的扩散,但吸引了 P 区中的少数载流子自由电子向 N 区移动和 N 区中少数载流子空穴向 P 区移动。通常把少数载流子在电场作用下的定向运动称为漂移运动,在这里,少数载流子漂移运动的结果是使空间电荷区变窄。扩散与漂移是相互联系又相互矛盾的,扩散使空间电荷区加宽,内电场增强,从而对进一步的扩散产生阻力;另一方面,内电场的增强又使少子的漂移运动得到加强,而漂移又使空间电荷区变窄,内电场减弱,这又使扩散容易进行。当扩散和漂移达到动态平衡时,空间电荷区的宽度就稳定下来。PN 结就处于相对稳定的状态,这时,空间电荷区的宽度一般为几微米至几十微米,电位壁垒 U_D 的大小,硅材料为 0.6~0.8 V,锗材料为 0.2~0.3 V。

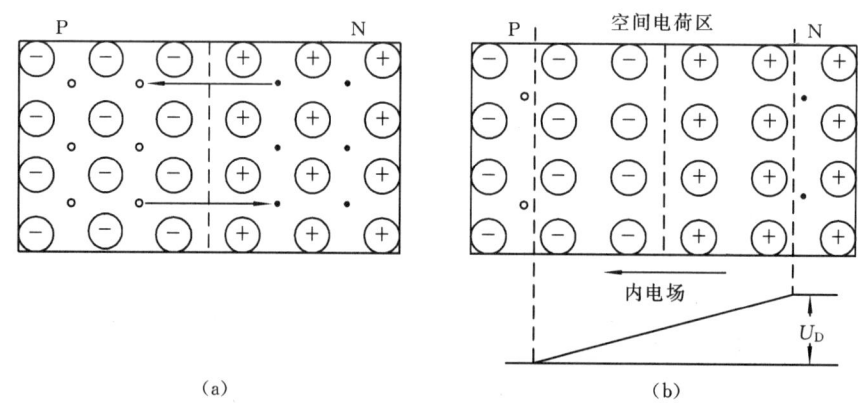

(a)   (b)

图 5-1-7　PN 结的形成

2. PN 结的单向导电性

前面讨论的是 PN 结在没有外加电压时的情况,下面讨论 PN 结上外加电压后的情况。

1) 外加正向电压

外加电压从 P 区指向 N 区,如图 5-1-8 所示。这时外电场与内电场方向相反,外电场消弱内电场,PN 结的动态平衡被破坏,在外电场的作用下,P 区中的空穴进入空间电荷区,与一部分负离子中和,N 区中的自由电子进入空间电荷区与一部分正离子中和,于是整个空间电荷区变窄,从而使多子的扩散运动增强,形成较大的扩散电流,这个电流称为正向电流,其方向是从 P 区指向 N 区。这种外加电压接法称为正向偏置。

2) 外加反向电压

外加电压从 N 区指向 P 区,这种情况称为 PN 结反向偏置,如图 5-1-9 所示。这时,外电场与内电场同向,因而增强了内电场的作用。在外电场的作用下,P 区中的空穴和 N 区中的自由电子各自背离空间电荷区运动,使空间电荷变宽,从而抑制了多子的扩散,加强了少子的漂移,形成反向电流。由于少子的浓度很低,因此这个反向电流非常小,在一定温度下,当反向电压超过零点几伏后,反向电流将不再随电压增加而增大,所以反向电流又称为反向饱和电流,通常用 I_S 表示。I_S 由少子的浓度决定,而少子的浓度又由温度决定,因此,随着温度的升高,少子的浓度大幅增大,I_S 也急剧增大。

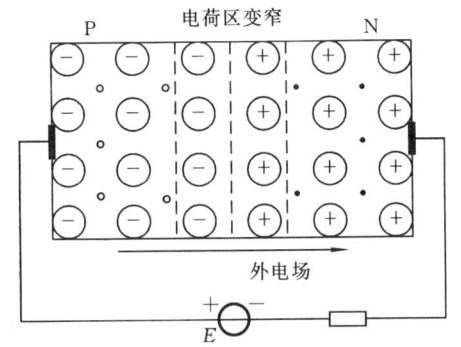

图 5-1-8 正向偏置的 PN 结

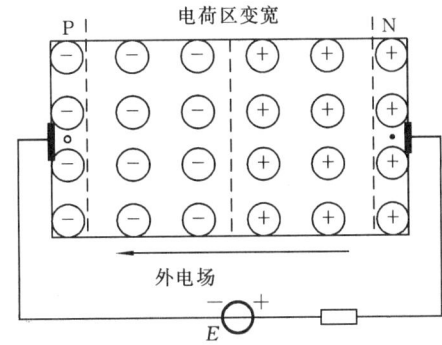

图 5-1-9 反向偏置的 PN 结

综上所述,PN 结具有单向导电性:PN 结正向偏置时,回路中有较大的正向电流,PN 结呈现的电阻很小,PN 结处于导通状态;当 PN 结反向偏置时,回路中的电流非常小,PN 结呈现的电阻非常大,PN 结处于截止状态。

【思考与练习5.1】

5.1.1 N 型半导体和 P 型半导体有什么区别?

5.1.2 半导体导电的主要特征是什么?它与金属导体的导电原理有何区别?

◀ 5.2 半导体二极管 ▶

半导体二极管简称二极管,是电子线路中最常用的半导体器件,广泛应用于整流、检波、限幅、开关、稳压等场合。

5.2.1 二极管的结构与特性

1. 二极管的结构

将 PN 结加上相应的电极、引线和外壳就成为一个二极管。按制造材料不同,二极管分为硅二极管和锗二极管;按结构不同,二极管分为点接触型和面接触型两类,如图 5-2-1(a)、(b)所示。点接触型二极管的 PN 结面积小,结电容小,因此适用于高频和小功率,常用作高频检波和脉冲开关;面接触型二极管的 PN 结面积大,可通过较大的电流,但 PN 结的电容效应也较明显,不适用于高频,常用于低频整流。二极管的符号如图5-2-1(c)所示。

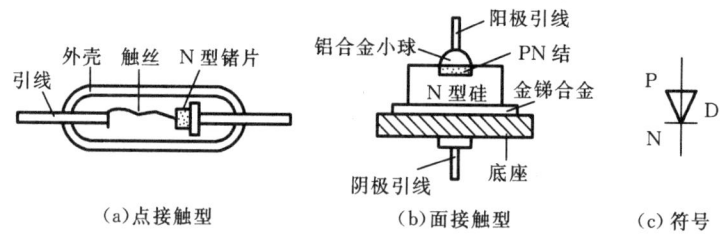

外壳　触丝　N 型锗片　　　铝合金小球　阳极引线
　　　　　　　　　　　　　　　　　　　　PN 结
引线　　　　　　　　　　　　N 型硅　　金锑合金
　　　　　　　　　　　　阴极引线　　底座　　　　P
　　　　　　　　　　　　　　　　　　　　　　　　N
(a)点接触型　　　　　(b)面接触型　　　　　(c)符号

图 5-2-1　半导体二极管

2. 二极管的导电特性

二极管由一个 PN 结构成,它具有 PN 结的单向导电性。二极管的导电特性可用其伏安特性曲线说明,其伏安特性曲线如图5-2-2所示。

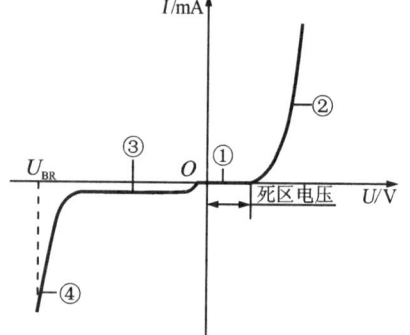

图 5-2-2　二极管的伏安特性曲线

1)正向特性

正向特性是指二极管阳极接高电位、阴极接低电位时的伏安特性,这时二极管所加的电压称为正向电压。由图 5-2-2 看出,当二极管所加的正向电压较小时,流过二极管的电流几乎为零,这时二极管的工作状态称为截止状态。当正向电压超过某数值后,才有电流流过二极管,这一电压值称为死区电压。硅管的死区电压一般为 0.5 V,锗管则约为 0.1 V。图5-2-2中的①为死区。

当二极管的正向电压大于死区电压时,才较大的电流流过二极管,这时的电流称为正向电流,二极管的工作状态称为导通状态(如图 5-2-2 中的②所示)。二极管导通时的正向压降,硅管为 0.6～0.8 V,锗管为 0.2～0.3 V。

2)反向特性

反向特性是指二极管阴极接高电位、阳极接低电位时的伏安特性,这时二极管所加的电压称为反向电压。由图 5-2-2 看出,当二极管加反向电压时,流过二极管的电流(反向电流)很小,几乎为零,因此二极管工作于截止状态(如图 5-2-2 中的③所示)。当反向电压达到一定数值时,反向电流突然增大,这时二极管处于反向击穿状态,对应的临界电压称为反向击穿电压 U_{BR}(如图 5-2-2 中的④所示),这时若没有采取适当的限流措施,则较大的反向电流会使二极管过热而损坏,因此,通常不允许二极管工作在该状态。

通过以上分析不难得出结论:当二极管加正向电压(大于死区电压)时,二极管导通,有较大的正向电流流过二极管;当二极管加反向电压(小于反向击穿电压)时,二极管截止,流过二极管的反向电流基本为零。因此,二极管具有单向导电的特性。

3. 二极管的主要参数

在使用二极管时,主要考虑以下几个参数。

1) 最大整流电流 I_{OM}

最大整流电流 I_{OM} 是指二极管长时间工作时,允许流过二极管的最大正向平均电流,它由 PN 结的结面积和散热条件决定。

2) 最大反向工作电压 U_{RM}

最大反向工作电压 U_{RM} 是二极管加反向电压时为防止击穿所取的安全电压,一般将反向击穿电压 U_{BR} 的 $1/3\sim1/2$ 定为最大反向工作电压。

3) 反向饱和电流 I_S

反向饱和电流 I_S 是指二极管加上最大反向工作电压 U_{RM} 时的反向电流,其值越小,二极管的单向导电性就越好。反向饱和电流是由少数载流子形成的,所以,温度对反向饱和电流的影响很大。

4) 最高工作频率 f_M

最高工作频率 f_M 主要由 PN 结电容的大小决定,结电容越大,其值就越低。若工作频率超过最高工作频率,则二极管的单向导电性变差,甚至无法使用。

5.2.2 特殊二极管

1. 稳压二极管

稳压二极管简称稳压管,是一种用特殊工艺制造的面接触型硅二极管,稳压管的符号如图 5-2-3(a)所示。稳压管与电阻配合使用,可起到稳定电压的作用。

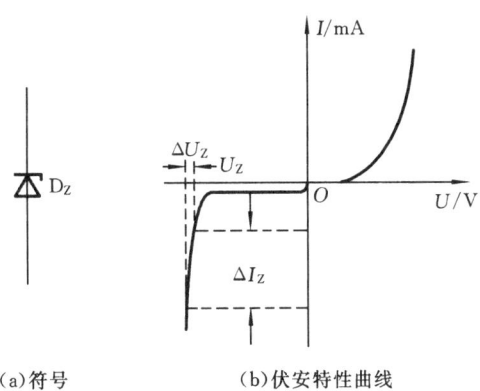

（a）符号　　　　　　（b）伏安特性曲线

图 5-2-3　稳压二极管的符号和伏安特性曲线

1) 稳压管的伏安特性

稳压管的伏安特性曲线与普通二极管的相似,只是其反向特性曲线较陡,如图 5-2-3(b)所示。从图中可看到,当加在稳压管上的反向电压增加到 U_Z 时,反向电流剧增,稳压管反向击穿。因此当稳压管工作在反向击穿区时,即使反向电流的变化量 ΔI_Z 较大,稳压管两端相应的电压变化量 ΔU_Z 却很小,这就说明稳压管具有稳压特性。因此,如果将稳压管和负载并联,就能在一定条件下保持输出电压基本恒定。

稳压管与普通二极管的不同之处在于它的反向击穿是可逆的。当去掉反向电压后,稳压管又恢复正常。当然,如果反向电流超过允许范围,稳压管会因热击穿而损坏。

由于稳压管是利用可逆的反向击穿原理进行工作的,所以称第三象限为工作区间。

2)稳压管的主要参数

(1)稳定电压 U_Z。

稳定电压 U_Z 是稳压管在正常工作时管子两端的电压,是稳压管最主要的参数。稳定电压有一定的分散性,同一型号的稳压管,其稳定电压很可能不同,如 2CW18,稳压管稳压值为 10～12 V,也就是说把一个 2CW18 稳压管接入电路中,它可能稳压在 10.5 V,换一个 2CW18 稳压管,则可能稳压在 11.5 V。另外,从稳压管的特性曲线中也可看出,即使是同一个稳压管,工作电流不同,其稳定电压也有所变化。

(2)稳定电流 I_Z。

稳定电流 I_Z 是使稳压管正常工作的最小电流。当稳压管的工作电流小于此值时,稳压效果较差,甚至不能稳压。

(3)额定功耗 P_Z。

额定功耗 P_Z 为稳压管允许的最大平均功率,有的手册给出最大稳定电流 I_{ZM},两者之间的关系为 $P_Z = I_{ZM}U_Z$。稳压管的功耗超过 P_Z 或工作电流超过 I_{ZM},稳压管将因热击穿而损坏。

(4)动态电阻 r_Z。

动态电阻 r_Z 指稳压管两端电压与电流的变化量之比,即

$$r_Z = \frac{\Delta U_Z}{\Delta I_Z} \qquad (5\text{-}4\text{-}1)$$

r_Z 值越小,稳压性能越好,r_Z 一般为几欧姆至几十欧姆。

(5)电压温度系数 α_u。

电压温度系数 α_u 表示当稳压管的电流保持不变时,环境温度每变化 1℃所引起的稳定电压变化的百分比,即

$$\alpha_u = \frac{\Delta U}{\Delta T} \times 100\% \qquad (5\text{-}4\text{-}2)$$

对硅稳压管,稳压值在 4 V 以下的,α_u 为负值;稳压值在 6 V 以上的,α_u 为正值;稳压值在 4～6 V 之间的,α_u 最小,α_u 一般不超过 0.1%/℃。

2. 变容二极管

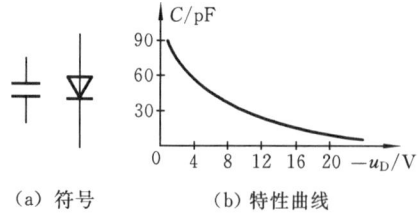

(a) 符号　　　(b) 特性曲线

图 5-2-4　变容二极管的符号和
电容-电压特性曲线

二极管结电容的大小除了与其结构和工艺有关外,还与外加电压有关,结电容随 PN 结上反向电压的增加而减小,这种效应显著的二极管称为变容二极管,其符号如图 5-2-4(a)所示,图 5-2-4(b)所示为变容二极管的电容-电压特性曲线。

变容二极管的电容较小,一般在 300 pF 以下,最大电容与最小电容之比约为 5∶1。变容二极管在高频电路中应用较多。

3. 光电二极管

光电二极管常用于光的测量,是将光信号转换为电信号的常用器件。光电二极管的结构

与普通二极管相似,但在它的 PN 结处,通过管壳上的一个个玻璃窗口,能接收外部的光照。

光电二极管在反向偏置状态下工作,它的反向电流随光照强度的增加而上升。图5-2-5(a)所示为光电二极管的电路符号,图 5-2-5(b)所示为其等效电路,图 5-2-5(c)所示为其特性曲线,其主要特点是反向电流与光的照度成正比,灵敏度的典型值是0.1 μA/lx数量级。

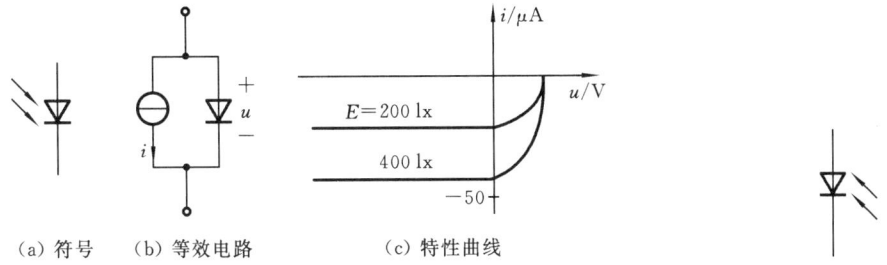

（a）符号 （b）等效电路 （c）特性曲线

图 5-2-5 光电二极管   图 5-2-6 发光二极管的符号

4. 发光二极管

发光二极管是由砷化镓、磷化镓等材料制成的一种器件。当它通以电流时,将发出光,发光亮度取决于电流的大小,电流越大,亮度越强。所发光的颜色由其所使用的材料决定,常见的有红、黄、绿以及红外。小功率发光二极管的工作电流在几毫安至几十毫安之间,光功率是微瓦数量级,图 5-2-6 所示为发光二极管的电路符号。发光二极管常用来作显示器件,使用时常与几百欧姆的电阻串联,以防止电流过大而烧坏。

【思考与练习5.2】

5.2.1 什么是死区电压?为什么会出现死区电压?硅管和锗管的死区电压一般为多少?

5.2.2 怎样用万用表判断二极管的好坏以及二极管的极性?

5.2.3 为什么二极管的反向饱和电流与所加反向电压基本无关?而当环境温度升高时,又会明显增大?

◀ 5.3 二极管应用电路 ▶

二极管的应用范围很广,主要是利用它的单向导电性,通常用于整流、检波、限幅等,在数字电路中常常作为开关元件。在分析含二极管的电路时,二极管一般采用理想模型或恒压源模型,两者的主要区别是:当二极管正向导通时,理想二极管上的压降为零,而恒压源模型的二极管上的压降为 0.7 V(硅管)或 0.3 V(锗管)。

5.3.1 开关电路

在数字电路中,常利用二极管的单向导电性,将二极管作为开关元件,用于接通或断开电路。在分析开关电路中二极管的工作状态时,可先将二极管断开,然后观察(或计算)两极间是正向电压还是反向电压。若是前者,$u_D = u_{D+} - u_{D-} > 0.7$ V,则二极管导通;若是后者,$u_D = u_{D+} - u_{D-} < 0.7$ V,则二极管截止。

例 5-1 在图 5-3-1 所示电路中,设二极管的正向压降为 0.7 V,求输出电压 u_o。

解 由于 D_1 和 D_2 的阳极连接在一起,并通过 R 与电源相连接。

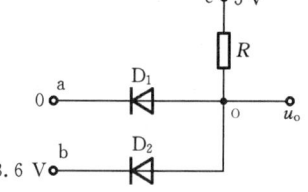

图 5-3-1 例 5-1 图

$u_{D1+} = u_{D2+} = 5$ V,而 $u_{D1-} = 0$ V,$u_{D2-} = 3.6$ V。

$u_{D1} = u_{D1+} - u_{D1-} = (5-0)$ V $= 5$ V > 0.7 V,

$u_{D2} = u_{D2+} - u_{D2-} = (5-3.6)$ V $= 1.4$ V > 0.7 V。

u_{D1} 和 u_{D2} 均大于 0.7 V,处于导通条件下,但 $u_{D1} = 5$ V $> u_{D2} = 1.4$ V,所以 D_1 比 D_2 先导通,使 $u_o = u_{D1} = 0.7$ V。

从而使 $u_{D2+} = u_o = 0.7$ V,而将 D_2 反偏截止。

在这个电路中,D_1 起钳位作用,把点 o 的电位钳制在 0.7 V;D_2 起隔离作用,即把输入端 b 和输出端 o 隔离开来。

5.3.2 限幅电路

在电子技术中,常用限幅电路对各种信号进行处理,如降低信号的幅度以满足电路工作的需要,或保护某些器件不受大信号电压作用而损坏。图 5-3-2 是一种简单的限幅电路。D_1、D_2 为硅二极管,A 为集成运算放大器(简称"集成运放"),R_i 为集成运算放大器输入端 a、b 间的等效电阻,也称为输入电阻。通常 R_i 远大于 R。一般来说,集成运放 A 的两个输入端之间的电压差是有限制的。若电压 u_i 直接加在运放的两个输入端,则当 u_i 过大时,集成运放会损坏。

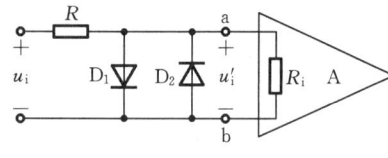

图 5-3-2 限幅电路

接入电阻 R 和二极管 D_1、D_2 后,只要 u_i 超过二极管的死区电压,u_i 极性为正时,D_1 导通,D_2 截止,$u_{ab} = 0.7$ V;u_i 极性为负时,D_2 导通,D_1 截止,$u_{ab} = -0.7$ V。这样,集成运放 A 的输入电压被限制在 $+0.7 \sim -0.7$ V 之间,从而确保了集成运放不受大信号电压作用而损坏。

例 5-2 在图 5-3-3 所示电路中,输入电压 $u_i = 10\sin\omega t$ V,试画出电路的输出电压波形。设二极管为理想二极管,正向导通时压降为零,反向偏置时,反向电流为零。

解 对图 5-3-3(a)所示电路,由于二极管具有单向导电性,在 u_i 的正半周,二极管正向导通,$u_D = 0$,$u_{o1} = u_i$;在 u_i 的负半周,二极管反向截止,$i = 0$,$u_{o1} = 0$,故 u_{o1} 的波形如图 5-3-4(b)所示。

对图 5-3-3(b)所示电路,当 $u_i > 5$ V 时,D 导通,$u_D = 0$,$u_{o2} = 5$ V;当 $u_i \leqslant 5$ V 时,D 截止,$i = 0$,$u_R = 0$,故 $u_{o2} = u_i - u_R = u_i$,u_{o2} 的波形如图 5-3-4(c)所示,可以看到,输出电压被限制在 5 V 以下。

5.3.3 整流电路

1. 单相半波整流电路

图 5-3-5(a)为一个最简单的单相半波整流电路,图中 T 为电源变压器,D 为整流二极管,R_L 为负载。在变压器副边电压 u_2 为正的半个周期内,二极管导通,如忽略二极管的正向压降,

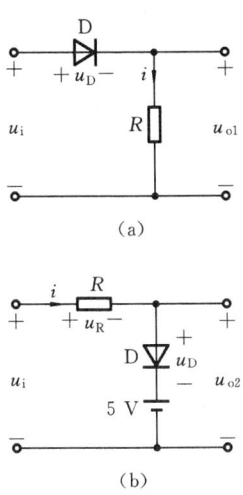

图 5-3-3 例 5-2 电路图

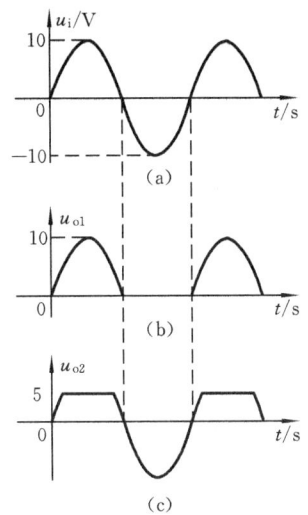

图 5-3-4 例 5-2 波形图

则此时输出电压 $u_\circ$ 等于 u_2；在 u_2 为负的半个周期内，二极管截止；如忽略二极管的反向饱和电流，则输出电压等于零。因此，$u_\circ$ 是单向的脉动电压，波形如图 5-3-5(b) 所示。

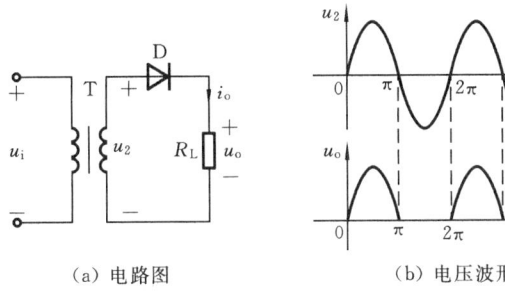

(a) 电路图   (b) 电压波形

图 5-3-5 单相半波整流电路

单向脉动电压的大小常用它在一个周期内的平均值来表示。设变压器副边电压的有效值为 U，则半波整流电压的平均值为

$$U_O = \frac{1}{2\pi}\int_0^\pi \sqrt{2}U\sin\omega t\, \mathrm{d}\omega t = \frac{\sqrt{2}}{\pi}U = 0.45\,U \tag{5-3-1}$$

这个电压值也称为脉动电压的直流分量。由式(5-3-1)可得负载电流的平均值为

$$I_O = \frac{U_O}{R_L} = 0.45\frac{U}{R_L} \tag{5-3-2}$$

这个电流也是二极管中电流在一个周期内的平均值 I_D。

当二极管截止时，二极管所承受的最高反向电压为 $U_{RM} = \sqrt{2}U$，I_D 和 U_{RM} 决定了整流二极管的选择范围，为安全起见，选择二极管时，一般要有 1.5~2 倍的裕量。半波整流电路的优点是结构简单，价格便宜；缺点是输出直流成分较低，脉动大。因此，只能用于输出电压较小，要求不高的场合。

2. 单相桥式整流电路

单相半波整流电路只利用了交流电的半个周期，这显然是不经济的，同时整流电压的脉动较大,克服这些不足的是全波整流电路,最常用的全波整流电路是如图 5-3-6 所示的单相桥式整流电路。电路中采用了四个二极管,接成电桥形式,称为桥式整流电路,图 5-3-7 是桥式整流电路的简化表示法。

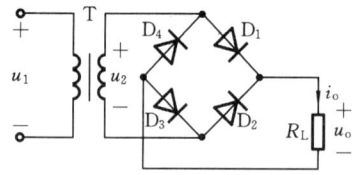

图 5-3-6　单相桥式整流电路

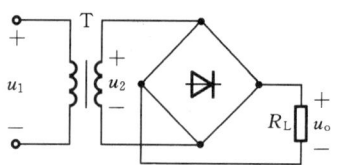

图 5-3-7　单相桥式整流电路的其他画法

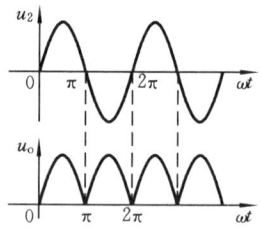

图 5-3-8　桥式整流电路的波形

电路的工作过程如下:在 u_2 的正半周,D_1、D_3 导通,D_2、D_4 截止,流过负载的电流的实际方向与参考方向相同,$u_o > 0$;在 u_2 的负半周,D_2、D_4 导通,D_1、D_3 截止,i_o 的方向不变,u_o 仍大于零。忽略二极管的正向压降和反向饱和电流,输出电压 u_o 的波形如图 5-3-8 所示。显然,桥式整流电路输出电压 u_o 的平均值比半波整流电路时增加了一倍,即

$$U_O = \frac{1}{\pi} \int_0^\pi \sqrt{2} U \sin\omega t \, \mathrm{d}\omega t = \frac{2\sqrt{2}}{\pi} U = 0.9U$$

$$(5-3-3)$$

负载电流的平均值为

$$I_O = \frac{U_O}{R_L} = \frac{0.9U}{R_L} \tag{5-3-4}$$

由于每个二极管在一个周期内只导电半周,因此,每个二极管中的电流只有输出电流 I_O 的一半,即 $I_D = \frac{1}{2} I_O = \frac{0.45U}{R_L}$,而二极管所承受的最高反向电压与半波整流时相同,仍为 $\sqrt{2} U$。

【思考与练习5.3】

5.3.1　直接将一个二极管用正向接法接到一个 1.5 V 的干电池上,你认为会产生什么问题?

5.3.2　在图 5-3-6 所示的单相桥式整流电路中,如果 D_1 的极性接反,会出现什么现象?如果 D_1 被击穿短路,又会出现什么现象?

◀ 5.4　直流稳压电源 ▶

电子电路通常都需要电压稳定的直流电源供电,从经济实用的角度出发,大多数电子设备所使用的直流电取自电网提供的交流电,因此,直流稳压电源通常由电源变压器、整流电路、滤波电路和稳压电路四部分组成,如图 5-4-1 所示。

电源变压器是将 220 V 的交流电降压,变换为所需要的电压值;整流电路的作用是将正负交替的交流电变换成单向的脉动电压;滤波电路则将单向的脉动电压变成比较平滑的直流电

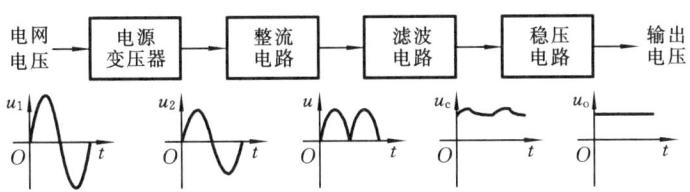

图 5-4-1 直流稳压电源的组成和稳压过程

压;稳压电路的作用是使平滑的直流电压变成恒定的直流电压,并且当电网电压波动、负载和温度变化时,维持输出的直流电压稳定。

5.4.1 滤波电路

正弦交流电经桥式整流电路整流后,输出电压的脉动仍较大,大多数电子设备都不能使用这种电压,为此,要减小输出电压的脉动程度,将脉动直流电变成较为平滑的直流电,这个过程称为滤波。电容和电感都是基本的滤波元件,与电源并联的电容器在电源电压升高时,把部分能量存储起来,而当电源电压降低时,就把能量释放出来,从而使负载电压比较平滑;与负载串联的电感,当电源电压增加引起电流增加时,电感就把能量存储起来,而当电流减小时,又把能量释放出来,从而使负载电流比较平滑。常用的滤波电路有电容滤波电路和电感滤波电路。

1. 电容滤波电路

图 5-4-2(a)为桥式整流、电容滤波电路,工作原理如下:设 $t=0$ 时电路接通电源,如果没有接电容,输出电压 u_o 的波形如图 5-4-2(b)虚线所示。接入电容后,忽略二极管的正向电阻和变压器的副边线圈的电阻,则 u_C 随 u_2 的增大上升至最大值 $\sqrt{2}U_2$(图中 oa 段),当 u_2 达到最大值以后开始下降,电容电压 u_C 也将由于放电而下降,当 $u_2<u_C$ 时,四个二极管全部反向截止,电路中只有电容器的放电电流,电容以时间常数 $\tau=R_LC$ 通过 R_L 放电,电容电压 u_C 下降,直至下一个半周 $|u_2|=u_C$ 时(图中 ab 段)。当 $|u_2|>u_C$ 时,二极管 D_2 和 D_4 导通,电容电压 u_C 又随 $|u_2|$ 的增大上升至最大值(图中 bc 段),然后 $|u_2|$ 下降,u_C 也由于放电下降;当 $|u_2|<u_C$ 时,二极管截止,电容通过电阻 R_L 以时间常数 $\tau=R_LC$ 放电,电容电压下降,直至下一个半周 $u_2=u_C$ 时(图中 cd 段)。如此周而复始,得到电容电压即输出电压的波形,显然,这个电压的脉动比整流后没有电容滤波时的电压脉动要小得多。

从上述分析可知,τ 越大,u_o 的下降部分就越平缓,在实际电路中,为得到比较平滑的输出电压,通常根据下式确定滤波电容的容量

$$\tau = R_LC > (3 \sim 5)\frac{T}{2} \tag{5-4-1}$$

式中,T 为交流电的周期。

当 $R_L=\infty$,即 $\tau=\infty$ 时,负载开路,电容无放电回路,因此 $u_o=\sqrt{2}U_2$,即 $U_O=1.4U_2$;当 $C=0$,即 $\tau=0$ 时,电路不接电容,输出电压为桥式整流后的电压 $U_O=0.9U_2$。因此电容滤波电路的输出电压在 $0.9U_2\sim1.4U_2$ 之间,当二极管的正向电阻及变压器的副边线圈的电阻只有几欧姆,且满足式(5-4-1)时,有

$$U_O = 1.2U_2 \tag{5-4-2}$$

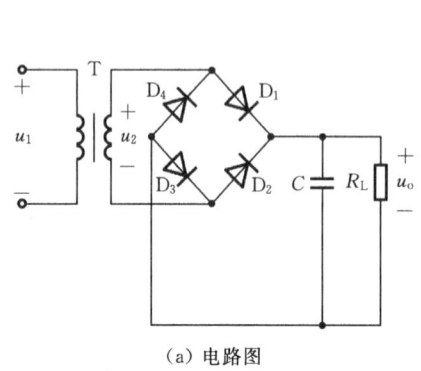 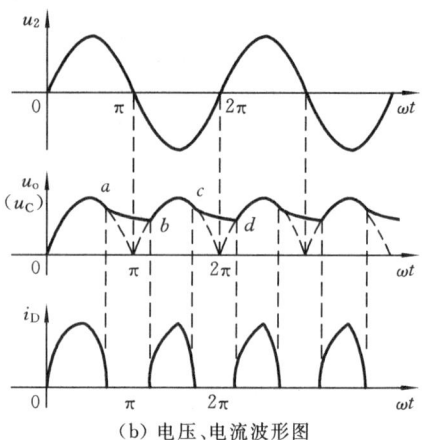

（a）电路图　　　　　　　　　　（b）电压、电流波形图

图 5-4-2　桥式整流、电容滤波电路及其波形

桥式整流、电容滤波电路中流过二极管的平均电流是负载电流的一半，即

$$I_{D} = \frac{1}{2}\frac{U_{O}}{R_{L}} = \frac{0.6U_2}{R_L} \tag{5-4-3}$$

与没有滤波电容时相比电流增加了，而且由图 5-4-2（b）可见，二极管的导通时间比没有滤波电容时缩短了不少。因此，二极管导通时会出现一个比较大的冲击电流，放电时间常数越大，二极管导通的时间就越短，冲击电流就越大，在接通电源的瞬间，由于电容电压为零，将有更大的冲击电流流过二极管。因此在选用二极管时，其额定整流电流应留有充分的裕量，一般采用硅管，它比锗管更经得起电流的冲击。

电容滤波电路的优点是结构简单，输出电压较高，纹波较小，它的缺点有两条：一是负载 R_L 变化时，电容放电的时间常数也变化，输出电压随之变化；二是由于电容 C 的限制，为取得较平滑的输出电压，R_L 应取较大的值，这样，负载电流 $I_O = \frac{U_O}{R_L}$ 就较小。因此，电容滤波电路适用于负载电流较小，负载变化不大的场合。

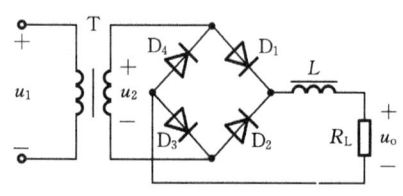

图 5-4-3　电感滤波电路

2. 电感滤波电路

在桥式整流、电容滤波电路和负载之间串入一个电感器 L，就构成一个简单的电感滤波电路，如图 5-4-3 所示。当通过电感线圈的电流发生变化时，线圈要产生感生电动势阻碍电流的变化，从而使负载电流的脉动大大减小，负载电压 u_o 的脉动也随之减小。

从信号角度分析，桥式整流电路的输出电压和电流都是正弦半波，可将它们按傅里叶级数分解为直流分量和交流分量的叠加，如忽略电感线圈的直流电阻，则电感对直流分量相当于短路，电压的直流分量全部在负载 R_L 上，负载上的直流电压为 $U_O = 0.9U_2$；对交流分量，L 越大，ω 越大，感抗就越大，电压的交流分量在电感上的分压就越大，R_L 上的交流分量就越小。另外，R_L 越小，R_L 上的交流分量也就越小，滤波效果就越好，因此，电感滤波电路适用于负载电阻较小，负载电流较大的场合。

5.4.2　稳压电路

交流电经整流和滤波后,输出电压中仍有较小的纹波,并且会随电网电压的波动和负载的变化而变化。为了得到稳定的直流电压,必须在整流和滤波电路之后增加稳压环节,这里介绍两种常用的稳压电路。

1. 稳压管稳压电路

将稳压管和限流电阻串联即可构成简单的稳压电路,如图 5-4-4 所示。这里限流电阻 R 是稳压电路不可缺少的组成元件。当输入电压有波动或负载电流变化时,通过调节 R 上的压降来保持输出电压基本不变。

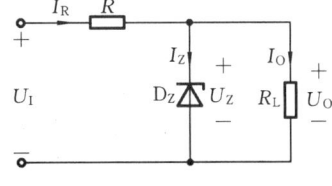

设 R_L 不变,U_I 增大,则 $U_O=U_Z$ 也将增大,U_Z 增大,使 I_Z 急剧增大,流过电阻的电流 $I_R=I_Z+I_O$ 及电阻上的压降 U_R 也随之急剧增大,从而使 $U_O=U_I-U_R$ 保持基本不变。此过程可表示为

图 5-4-4　稳压管稳压电路

$$U_I\uparrow \to U_O(U_Z)\uparrow \to I_Z\uparrow \to I_R\uparrow \to U_R\uparrow \to U_O\downarrow$$

若 U_I 减小,上述变化过程刚好相反,结果同样是 U_O 保持基本不变。

设 U_I 不变,R_L 变小,则 I_O 增大,$I_R=I_O+I_Z$ 及 U_R 随之增大,$U_O=U_I-U_R=U_Z$ 相应减小,从而使 I_Z 急剧减小,因而 $I_R=I_O+I_Z$ 及电阻上的压降保持基本不变,从而使 $U_O=U_I-U_R$ 保持基本不变。此过程可表示为

$$R_L\downarrow \to I_O\uparrow \to I_R\uparrow \to U_R\uparrow \to U_O(U_Z)\downarrow \to I_Z\downarrow \to I_R\downarrow$$

若 R_L 增大,上述变化过程相反,结果同样是 U_O 保持基本不变。

从上述分析中可清楚地看到,限流电阻 R 在稳压管稳压电路中是必不可少的元件,为了保证稳压电路可靠地工作,必须适当选择 R 的阻值。

2. 集成稳压器

随着半导体工艺的发展而制成的稳压电路集成器件,具有体积小、精度高、可靠性好、使用灵活、价格低廉等优点,特别是三端集成稳压器,只有三个端子,分别接输入端、输出端和公共端,基本上不需要外接元件,而且内部有限流保护、过热保护和过压保护电路,使用方便、安全。

三端集成稳压器分固定输出和可调输出两大类。常用的固定输出稳压器有 CW78 系列和 CW79 系列两种。78 系列输出固定的正电压,79 系列输出固定的负电压,有 5 V、6 V、9 V、12 V、15 V、18 V、24 V 等七挡。如 7805 表示输出电压值为 +5 V,7912 表示输出电压值为 −12 V。最大输出电流分 1.5 A、0.5 A、0.1 A 三挡。78 系列的最大输出电流为 1.5 A,78 M 系列的最大输出电流为 0.5 A,78L 系列的最大输出电流为 0.1 A,78 系列的最高输入电压为 35 V,输入电压与输出电压的最小压差为 2.5 V,如果输入电压过小,稳压器的稳压效果就差,甚至不能正常工作;而如果输入电压过高,又会使电源的功耗增大,效率降低。因此,要合理选用变压器,使整流滤波后的电压与额定输出电压的压差略大于最小输入输出压差。

可调式三端稳压器常用的有 CW317 和 CW337 两种。CW317 输出可调的正电压,CW337 输出可调的负电压,最高输入电压为 40 V,最小输入输出压差为 2 V,最大输出电流为 1.5 A。

CW78 系列和 CW79 系列集成稳压器的引脚排列与其封装有关。图 5-4-5 所示为塑封直

插式78(79)系列和317、337的引脚排列,78(79)M系列的引脚与78(79)系列相同。使用时要特别注意,如果连接错误,极易损坏稳压器。

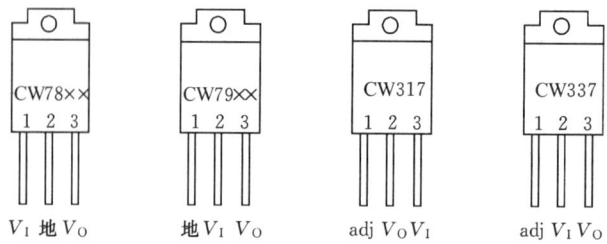

图 5-4-5 塑封直插式三端稳压器的引脚

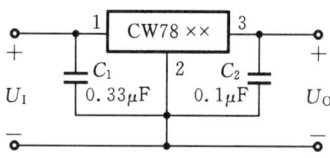

图 5-4-6 三端稳压器的基本应用电路

固定输出的三端集成稳压器最基本的应用电路如图 5-4-6 所示。U_1 为整流、滤波后的直流电压,电容 C_1 用以抵消输入端较长接线时的电感效应,防止产生自激振荡,一般取 $0.33~\mu F$,电容 C_2 用以改善负载的瞬态响应,使输出电流变化时,不致引起输出电压较大的波动,一般可取 $1~\mu F$,两电容应直接与集成片的引脚根部相连。图 5-4-7 所示为能同时输出 $\pm 15~V$ 直流电压的电路原理图。

使用可调式三端稳压器,可直接组成输出电压可调的稳压电路,电路如图 5-4-8 所示。稳压器脚 2 和脚 1 之间的电压 U_{21} 为基准电压 1.25 V,从调整端流出的电流 I_{adj} 很小,选取合适的 R_1,使 $I_1 = \dfrac{1.25}{R_1} \gg I_{adj}$,则

$$U_O = U_{21} + (I_1 + I_{adj})R_w \approx 1.25 + \frac{1.25}{R_1}R_w = 1.25\left(1 + \frac{R_w}{R_1}\right)$$

调节 R_w,即可得到不同的输出电压。

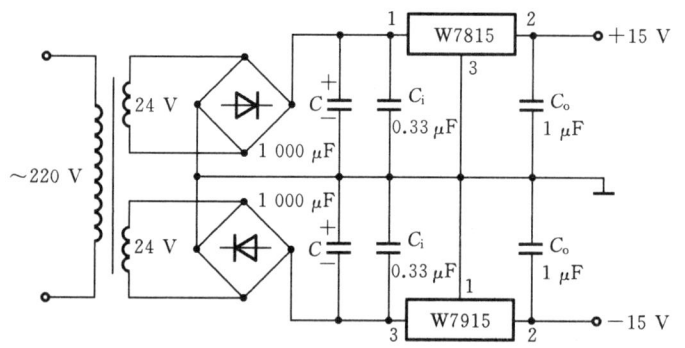

图 5-4-7 正、负电压同时输出的电路

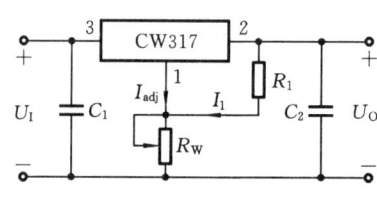

图 5-4-8 CW317 应用电路

【思考与练习5.4】

5.4.1 为什么稳压二极管的动态电阻越小,则稳压越好?

5.4.2 输出电压为 12 V 的三端集成稳压器,其输入电压范围一般为多少伏?若电源电压为 220 V,采用桥式整流、电容滤波电路,不考虑变压器及二极管上的压降损耗,变压器的变比应为多少?

5.1 设常温下某二极管的反向饱和电流 $I_S = 30 \times 10^{-12}$ A,试计算正向电压为 0.2 V、0.4 V和0.8 V时的电流,并确定此二极管是硅管还是锗管。

5.2 在图 5-1(a)所示电路中,设二极管的正向压降为 0.7 V,输入电压 u_i 的波形如图5-1(b)所示,试画出输出电压 u_o 波形。

5.3 在图 5-2 所示电路中,设二极管为理想二极管,输入电压 $u_i = 10\sin\omega t$ V,试画出输入电压 u_o 的波形。

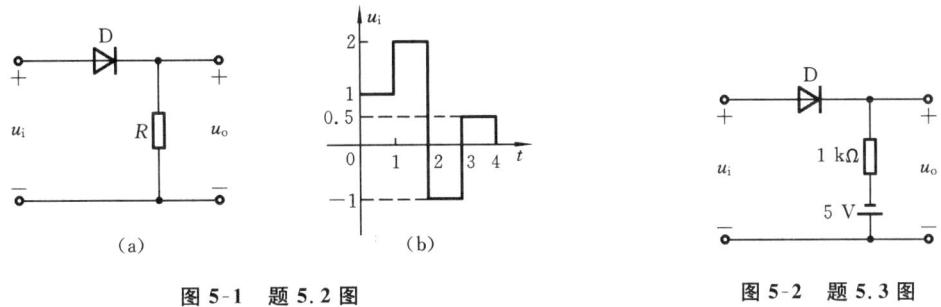

图 5-1 题 5.2 图　　　　　　　　　　　　　　　　图 5-2 题 5.3 图

5.4 在图 5-3 所示电路中,设各二极管均为理想二极管,求下列三种情况下的输出电压 u_o 和通过各二极管的电流。

(1) $V_A = V_B = 0$;(2) $V_A = 4$ V,$V_B = 0$;(3) $V_A = V_B = 4$ V。

5.5 在图 5-4 所示的整流滤波电路中,已知 $u_2 = 20$ V,现用直流电压表测得 A、B 两点间的电压如下:(1)$U_O = 28$ V,(2)$U_O = 24$ V,(3)$U_O = 18$ V,(4)$U_O = 9$ V。试指出哪种情况下电路工作正常? 哪些情况下电路出了故障? 并指出故障原因。

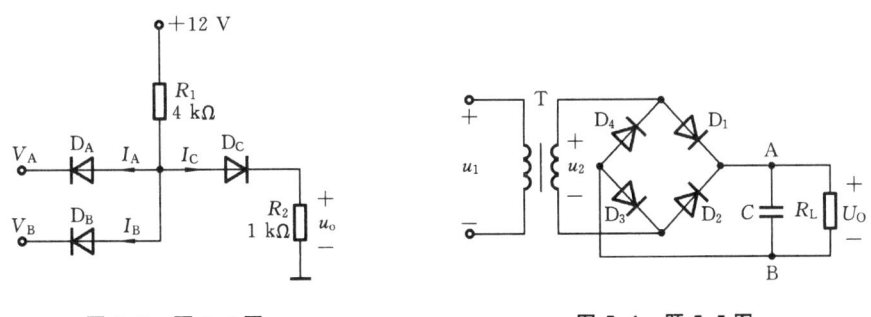

图 5-3 题 5.4 图　　　　　　　　　　　　　　图 5-4 题 5.5 图

5.6 设计一桥式整流、电容滤波电路,要求直流输出电压为 15 V,最大直流输出电流为 100 mA。已知交流电源的频率为 50 Hz,电压为 220 V,变压器及二极管上的压降损耗为 10%,试确定变压器的变比,选择整流二极管的参数,并大致确定滤波电容的容量。

5.7 图 5-5 所示电路为扩展输出电压的简易电路,试写出输出电压的表达式。

5.8 图 5-6 所示电路为用 CW317 组成的可调恒流源电路。当 R_1 在 1～100 Ω 范围内变化时,求恒流电流 I_O 的变化范围。(设 $I_{adj} \approx 0$)。当 R_L 用 1.5 V 的待充电电池代替,充电电流为 50 mA 时,求电池的等效电阻,并确定 R_1 的值。

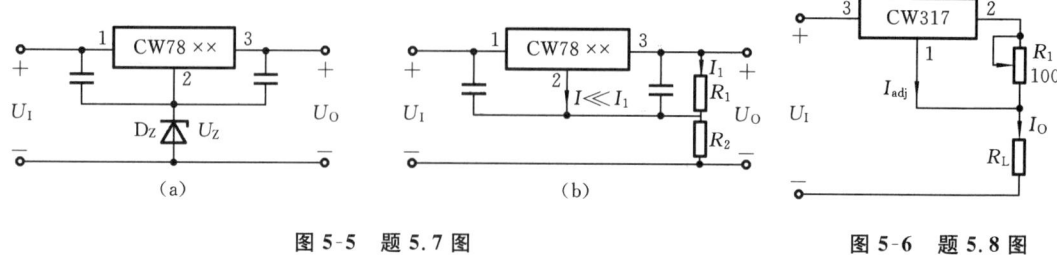

图 5-5 题 5.7 图 图 5-6 题 5.8 图

项目6

半导体三极管与交流放大电路

知识目标

（1）掌握三极管的电流放大原理、放大电路的组成和工作原理；

（2）掌握电子电路的两种基本分析方法，并会用这两种分析方法对共射放大电路、共集放大电路、功率放大电路、多级放大电路和差动放大电路进行研究。

能力目标

（1）能对三极管和交流放大电路进行选择、分析与应用。

（2）能对生产和生活中的设备问题进行妥善处理。

素质目标

（1）培养学生自主学习的能力；

（2）培养学生团队合作精神和沟通能力；

（3）夯实安全用电意识和节能环保意识。

◀ 6.1 半导体三极管 ▶

半导体三极管简称三极管,是各种电子电路的核心器件,它的电流放大作用和开关作用促使电子技术飞跃发展。三极管由两个靠得很近的 PN 结组成,分 PNP 和 NPN 两种类型,它们的工作原理是相似的,下面以 NPN 型为例进行讨论。

6.1.1 三极管的结构与电流放大原理

1. 三极管的结构

三极管的结构,目前最常见的有平面型和合金型两类,如图 6-1-1 所示。硅管主要是平面型,锗管主要是合金型。从图 6-1-1 中可以看到,无论是平面型管还是合金型管,都有三层半导体材料,它们组成三极管的三个区:发射区、基区和集电区,从这三个区引出的电极分别称为发射极(e)、基极(b)和集电极(c)。

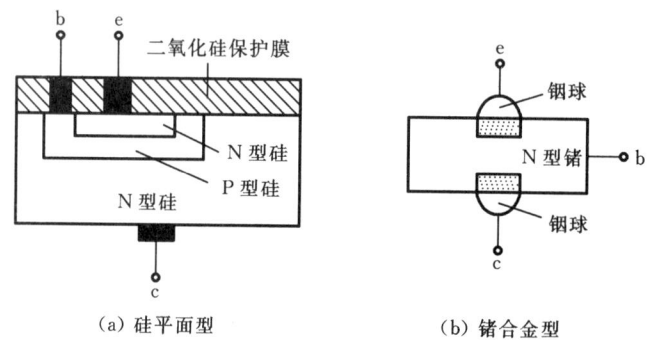

（a）硅平面型　　　　　　　　　　　（b）锗合金型

图 6-1-1　三极管的结构

发射区和基区间的 PN 结称为发射结,集电区和基区间的 PN 结称为集电结,NPN 型和 PNP 型三极管的结构示意图和符号如图 6-1-2 所示。

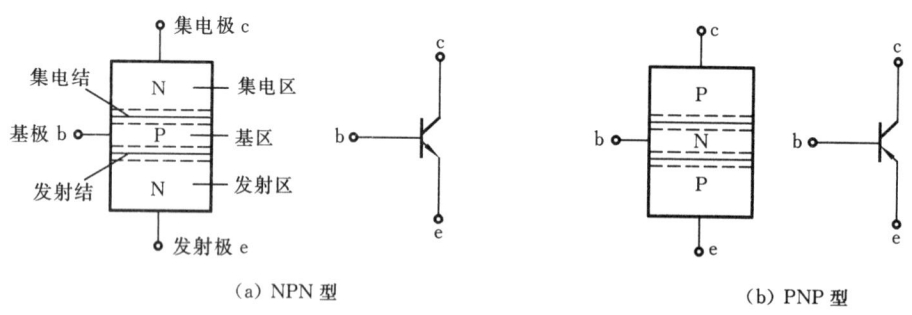

（a）NPN 型　　　　　　　　　　　　（b）PNP 型

图 6-1-2　三极管的结构示意图和符号

另外,在制造三极管时,发射区的掺杂浓度要远高于集电区,而尺寸要小于集电区,因此,虽然集电区和发射区为同一类型的半导体,但不能互换。基区的掺杂浓度更低,且做得很薄,一般只有几微米。

2. 三极管的电流放大原理

下面以 NPN 型三极管为例，讨论三极管的电流放大原理。

对于三极管的发射区来说，它的作用是向基区注入载流子。基区是传递和控制载流子的，而集电区是收集载流子的。要使三极管正常工作，必须外加合适的电压，首先发射区要向基区注入载流子——电子，因此要在发射结加正向电压 E_B，如图 6-1-3 所示。其次要保证注入到基区的电子经过基区后传输到集电区，因此要在集电结上加反向电压 E_C。不论放大电路形式如何变化，也不论所用的三极管是 NPN 型还是 PNP 型，要使三极管有放大作用，必须满足发射结正向偏置，集电结反向偏置。在这个外加电压条件下，三极管内载流子的传输发生如下过程。

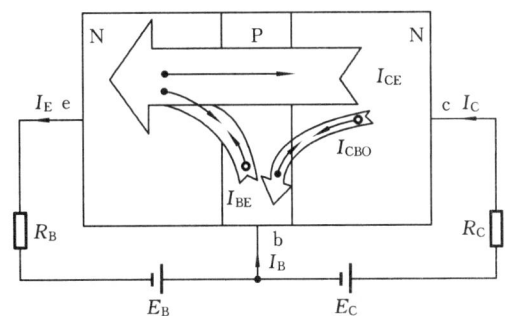

图 6-1-3 三极管内载流子的运动和各极电流

1）发射区向基区注入电子

由于发射结正向偏置，多数载流子的扩散运动得到加强，发射区的多数载流子——电子不断扩散到基区，并不断从电源补充进电子，形成发射极电流 I_E，基区的多数载流子——空穴，也要向发射区扩散，但由于基区的空穴浓度比发射区的电子浓度小得多，因此，空穴电流很小，可以忽略不计。

2）电子在基区的扩散和复合

从发射区扩散到基区的电子，与基区内的空穴复合，形成电流 I_{BE}。复合掉的空穴由电源补充，形成基极电流 I_B 的主流。另外，由于基区做得很薄，且掺杂浓度很小，从发射区扩散过来的电子绝大部分到达集电结，并向集电区扩散。

3）集电区收集扩散过来的电子

由于集电结所加的是反向电压，它阻止集电区的多数载流子——电子向基区扩散，但对从发射区扩散到基区的电子有很强的吸引力，使之很快漂移过集电结，形成电流 I_{CE}。另外，由于集电结加反向电压，基区和集电区中的少数载流子产生漂移运动，形成电流 I_{CBO}，称为反向饱和电流，这个电流很小，由少数载流子的浓度决定，因此，受温度影响较大，容易使三极管工作不稳定。

从图 6-1-3 中可以看到，三极管内由载流子运动产生的电流和电路中的电流有如下关系

$$I_E = I_{CE} + I_{BE}$$
$$I_B = I_{BE} - I_{CBO}$$
$$I_C = I_{CE} + I_{CBO}$$

定义三极管的电流放大系数为

$$\bar{\beta} = \frac{I_{CE}}{I_{BE}} = \frac{I_C - I_{CBO}}{I_B + I_{CBO}}$$

则

$$I_{\dot{C}} = \bar{\beta}I_B + (1 + \bar{\beta})I_{CBO} = \bar{\beta}I_B + I_{CEO} \qquad (6\text{-}1\text{-}1)$$

$$I_E = (1 + \bar{\beta})I_B + (1 + \bar{\beta})I_{CBO} = (1 + \bar{\beta})I_B + I_{CEO} \qquad (6\text{-}1\text{-}2)$$

$I_{CEO} = (1 + \bar{\beta})I_{CBO}$ 称为穿透电流,由于一般情况下 I_{CEO} 很小,可忽略,故有

$$I_C = \bar{\beta}I_B \qquad (6\text{-}1\text{-}3)$$

$$I_E = (1 + \bar{\beta})I_B \qquad (6\text{-}1\text{-}4)$$

以上是直流稳态时的分析,$\bar{\beta}$ 也称为三极管的直流电流放大系数。三极管用得最多的是对交流信号进行放大处理,衡量三极管放大能力的指标是交流电流放大系数,其定义为

$$\beta = \frac{\Delta i_C}{\Delta i_B}$$

一般情况下,β 与 $\bar{\beta}$ 的差别较小,故在以后的分析中不再区分,统一用 β 表示,即

$$\beta = \frac{\Delta i_C}{\Delta i_B} = \frac{I_C}{I_B} \qquad (6\text{-}1\text{-}5)$$

6.1.2 三极管的特性曲线

三极管的特性可以用三极管的各极电流与极间电压之间的关系来表示。由于三极管有两个 PN 结,因此有两条特性曲线,这样就把 U_{BE} 与 I_B 的关系称为输入特性,把 U_{CE} 和 I_C 的关系称为输出特性,三极管特性曲线测试电路如图 6-1-4 所示。

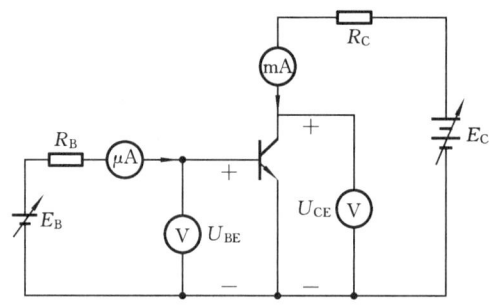

图 6-1-4 三极管特性曲线测试电路

1. 输入特性

输入特性是指集电极——发射极电压 U_{CE} 为定值时,三极管基极电流 I_B 与发射结电压 U_{BE} 之间的关系,用数学式子表示为

$$I_B = f(U_{BE})\,|_{U_{CE}=常数}$$

常用的三极管 3DG6 的输入特性曲线如图 6-1-5(a)所示。比较 $U_{CE} = 0$ 和 $U_{CE} = 1$ V 的两条曲线,可见 $U_{CE} = 1$ V 的一条向右移了一段距离,这是由于 $U_{CE} = 1$ V 时,集电结加了反向电压,集电结吸引电子的能力加强,使得从发射区扩散到基区的电子更多地进入集电区,从而对应于相同的 U_{BE},流向基极的电流 I_B 比 $U_{CE} = 0$ 时减小了,曲线就相应地向右移了。

对 $U_{CE} > 1$ V 的曲线,由于当 $U_{CE} = 1$ V 时,集电结电场已足够强,已将发射区扩散到基区的电子绝大部分吸收到了集电区,此时再增加 U_{CE},这部分电子已不再明显地增加,相应地 I_B 也就不再明显地减小。因此,$U_{CE} > 1$ 时的曲线与 $U_{CE} = 1$ V 时的曲线基本重合。

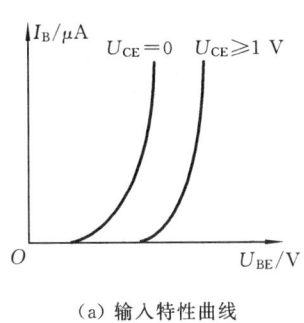

（a）输入特性曲线

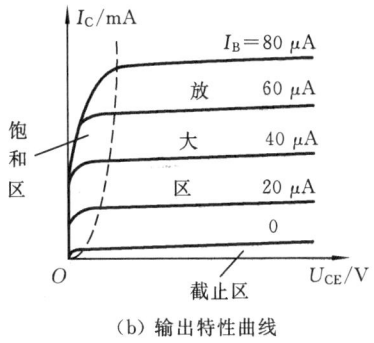

（b）输出特性曲线

图 6-1-5　三极管的输入特性曲线和输出特性曲线

与二极管的伏安特性曲线一样,三极管的输入特性曲线也有一段死区电压,硅管的死区电压约为 0.5 V,锗管的约为 0.1 V。在正常工作情况下,NPN 型硅管的发射结电压 U_{BE} 约为 $0.6 \sim 0.7$ V,PNP 型锗管的发射结电压约为 $-0.3 \sim -0.2$ V。

2. 输出特性

输出特性是指基极电流 I_B 为定值时,三极管集电极与发射极之间的电压 U_{CE} 与集电极电流 I_C 之间的关系,用数学式表示即为

$$I_C = f(U_{CE}) \mid_{U_B = 常数}$$

三极管的输出特性曲线如图 6-1-5(b)所示,各条特性曲线的形状基本上是相同的。曲线的起始部分很陡,U_{CE} 略有增加,I_C 增加很快,这是由于 U_{CE} 很小时,集电结的反向电压很小,对发射区扩散到基区的电子吸引力不够,从而使到达集电区的电子很少,I_C 很小;U_{CE} 增大,集电结的电场加强,对基区电子的吸引力就增强,从而 I_C 增大。因此在 U_{CE} 较小时,I_C 随 U_{CE} 的增大而增大。

当 U_{CE} 超过某一数值时,曲线变得比较平坦。这是由于 U_{CE} 大于 1 V 以后,集电结的电场已足够强,已将发射区扩散到基区的电子的绝大部分拉入集电区形成 I_C,而 I_B 一定时,从发射区扩散到基区的电子数是一定的,因此,此时再增加 U_{CE},加大对电子的吸引力,到达集电区的电子数也只能略有增加或基本上不增加。

I_B 增大,相应的 I_C 也增大,曲线上移(U_{CE} 大于 1 V 的部分),而且 I_C 比 I_B 增加得快得多,这就是三极管的电流放大原理。

通常将三极管的输出特性分为放大区、截止区和饱和区三个区,如图 6-1-5(b)所示。

放大区:曲线近似水平的部分。在放大区,$I_C = \beta I_B$,因此放大区也称为线性区。

截止区:$I_B = 0$ 的曲线以下的区域,$I_B = 0$ 时,$I_C = (1+\beta)I_{CBO} > I_B$,对 NPN 型硅管而言,当 $U_{BE} < 0.5$ V 时,即已开始截止,但为了截止可靠,常使 $U_{BE} \leqslant 0$。

饱和区:曲线的上升部分和弯曲部分,在饱和区,由于 U_{CE} 较小,集电区收集电子的能力较弱,I_C 不能随 I_B 同比例增加,因此,$I_C < \beta I_B$。

三极管的三个工作区都是有用的。在放大电路中,应使三极管工作在放大区,以免使输出信号产生失真;而在脉冲数字电路中,恰恰要使三极管工作在截止区和饱和区,使三极管成为一个可以控制的无触点开关。

6.1.3　三极管的微变等效电路

由三极管的输入输出特性可以看到,三极管是一个非线性器件,在输入较大幅度的交流信

号时,会出现由于器件的非线性特性而引起的非线性失真。但若输入信号的幅度很小,只要不在输出特性的饱和区与截止区,三极管的电压和电流的变化范围也很小。在这个小范围内,三极管电压和电流的关系基本上是线性的,三极管就可以用一个线性电路替代,这就是三极管的微变等效电路。

为分析方便,这里先对电压和电流的符号表示做一些规定:直流电压用大写字母 U 和大写的下标表示,如 U_{BE} 表示基极和发射极电压的直流分量或静态值;纯交流电压用小写字母 u 和小写下标表示,如 u_{be};总电压或电压瞬时值用小写字母 u 和大写下标表示,如 u_{BE};而纯交流电压的有效值用大写字母 U 和小写下标表示,如 U_{be}。对电流的规定与此相同。

在图 6-1-6 所示电路中,设三极管的基极与发射极电压 u_{BE}、集电极与发射极电压 u_{CE}、基极电流 i_B、集电极电流 i_C 分别为

$$u_{BE} = U_{BE} + u_{be}$$
$$u_{CE} = U_{CE} + u_{ce}$$
$$i_B = I_B + i_b$$
$$i_C = I_C + i_c$$

其中,i_b、i_c 和 u_{ce} 均是由 u_{BE} 的变化量 u_{be} 产生的。如果 u_{be} 与 U_{BE} 相比,是一时变的小信号电压,则 i_b、i_c 和 u_{ce} 也是时变的小信号电流或电压。

三极管在小信号电压的作用下,在工作点 A 和 B 之间变化,如图 6-1-7 所示,点 Q 是 u_{be} $=0$ 时的三极管的工作点,称为静态工作点。从图 6-1-7(a) 中可以看出,在点 Q 附近的特性曲线 AB 基本上是一段直线,因此可以认为在工作点 A 和 B 之间,Δi_B 与 Δu_{BE} 成正比,即对交流分量来说,i_b 与 u_{be} 成正比,因而可以用一个等效电阻 r_{be} 来代表交流输入电压和输入电流之间的关系,有

$$r_{be} = \frac{\Delta u_{BE}}{\Delta i_B}\bigg|_{u_{CE} = \frac{u_{be}}{i_b}} \tag{6-1-6}$$

式中,r_{be} 称为三极管的输入电阻,低频小功率三极管的输入电阻常用下式估算

$$r_{be} = 300(\Omega) + \beta\frac{26(\text{mV})}{I_C(\text{mA})} \tag{6-1-7}$$

式中,I_C 是集电极电流的静态值,这个公式的适用范围是 $0.1\text{ mA} < I_C < 5\text{ mA}$,超出此范围,将带来较大的计算误差。一般情况下,$r_{be}$ 的值为几百欧到几千欧。必须注意,r_{be} 是三极管输入电路对交流(动态)信号所呈现的一个动态电阻,它不等于静态值 U_{BE} 与 I_B 的比值。

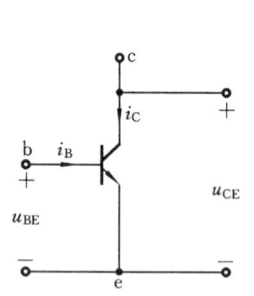

图 6-1-6　三极管的电压与电流

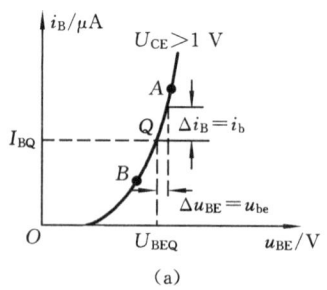

(a)

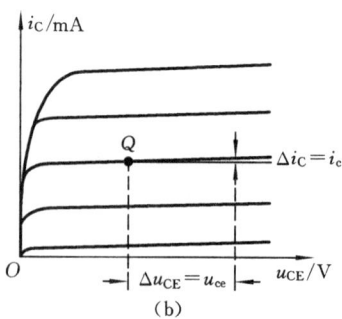

(b)

图 6-1-7　三极管特性曲线分析

从三极管的输出特性曲线可以看出,当三极管工作在放大区时,输出特性为一组近似与横

轴平行的直线,因此 u_{CE} 对 i_C 的影响不大,i_C 只由 i_B 决定,由 $i_C = \beta i_B$ 得,$\Delta i_C = \beta \Delta i_B$,即

$$i_c = \beta i_b \tag{6-1-8}$$

所以,对交流信号而言,三极管的输出电路可用一个电流
源 $i_c = \beta i_b$ 等效,如图 6-1-8 所示。必须注意,这个电流源
i_c 是受基极电流 i_b 控制的,这就体现了三极管的电流控制
作用。当 $i_b = 0$ 时,$i_c = \beta i_b$ 也不复存在。

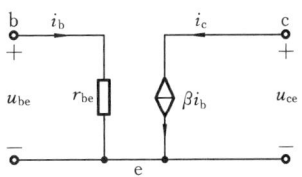

图 6-1-8　三极管的微变等效电路

由以上分析可知,在小信号的情况下,一个三极管可
用图 6-1-8 所示的电路去代替,这样就将含有三极管这种
非线性元件的电路变成了一个线性电路。

6.1.4　三极管的主要参数

1. 电流放大系数 β、$\bar{\beta}$

电流放大系数是衡量三极管放大能力的重要指标,$\bar{\beta}$ 是共射直流电流放大系数,$\bar{\beta} = \dfrac{I_C}{I_B}$;$\beta$
是共射交流电流放大系数,$\beta = \dfrac{\Delta i_C}{\Delta i_B}$,在线性放大区 $\beta \approx \bar{\beta}$。

2. 极间反向饱和电流 I_{CBO}、I_{CEO}

I_{CBO} 为发射极开路,集电结加反向电压时的电流;I_{CEO} 为基极开路,集电结加反向电压、发
射结加正向电压时的集电极电流,它在输出特性曲线上对应 $I_B = 0$ 的那根曲线,由于这个电流
是从集电区穿过基区流到发射区的,所以又称为穿透电流。由式(6-1-1)知,$I_{CEO} = (1 + \bar{\beta})$
I_{CBO},I_{CBO} 和 I_{CEO} 受温度的影响较大,随温度上升而急剧增大。

3. 集电极最大允许电流 I_{CM}

集电极电流 I_C 超过一定值时,三极管的 β 值就要下降,β 下降到正常值的 2/3 时的集电极
电流称为集电极最大允许电流 I_{CM}。

4. 集电极—发射极反向击穿电压 $U_{(BR)CEO}$

基极开路时,加在集电极和发射极之间的最大允许电压称为反向击穿电压 $U_{(BR)CEO}$,当
$U_{CE} > U_{(BR)CEO}$ 时,I_{CEO} 急剧上升,说明三极管已被反向击穿。

5. 集电极最大允许耗散功率 P_{CM}

三极管工作时,管子两端的电压为 U_{CE},集电极流过
的电流为 I_C,因此,损耗的功率为 $P_C = I_C U_{CE}$,当这一功率
超过一定值时,会使三极管温度升高,性能下降,严重时甚
至会因过热而烧毁。这个能使三极管正常工作的最大允
许功率即为 P_{CM}。

I_{CM}、$U_{(BR)CEO}$ 和 P_{CM} 称为三极管的极限参数,这三者共
同确定了三极管的安全工作区,如图 6-1-9 所示。

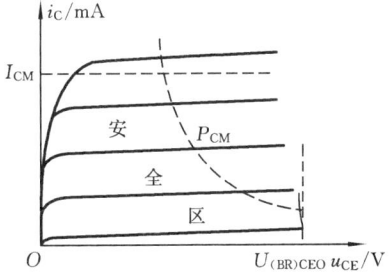

图 6-1-9　三极管的安全工作区

例 6-1　在放大电路中正常工作的三极管,测得其管脚的对地电位为 $U_1 = 4\ \text{V}$,$U_2 =$
$3.4\ \text{V}$,$U_3 = 9\ \text{V}$,试确定三极管的类型及其三个电极。

解　由于 $U_1 - U_2 = 0.6\ \text{V}$,为硅二极管的正向压降,故可确定三极管是硅管,且 1、2 之间

是发射结；这样 3 就为集电极。三极管正常工作的条件是发射结正偏，集电结反偏，现集电极电位最高，故集电区为 N 型，因此，三极管为 NPN 型，由此推出 1 是基极，2 是发射极。

【思考与练习 6.1】

6.1.1　三极管的发射极和集电极是否可以调换使用？为什么？

6.1.2　为了使 PNP 型的三极管具有电流放大作用，试参照图 6-1-2 的形式，画出其放大电路，并说明内部载流子的运动过程及各极电流的实际方向。

◀◀ **6.2　共射放大电路** ▶▶

6.2.1　放大电路的基本概念

放大电路是一种能将电信号的电压或电流等比例提高的电路。如果放大电路的主要功能

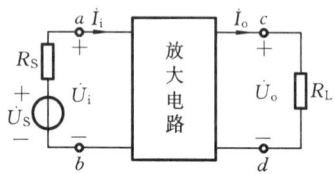

图 6-2-1　放大电路的表示方法

是放大电信号的电压，则这种放大电路称为电压放大器；如果其主要功能是放大电信号的电流，则称为功率放大器。一般的电压放大电路都能使电流得到一定的放大。放大电路的框图如图 6-2-1 所示，图中端口 ab 为输入端，端口 cd 为输出端。

为了描述和衡量放大电路性能的优劣，引入了放大电路的放大倍数、输入电阻、输出电阻、通频带（或截止频率）等技术指标，分别定义如下。

1. 放大倍数

放大倍数也称增益，是衡量放大电路放大能力的最主要的指标。常用的放大倍数有电压放大倍数、电流放大倍数和功率放大倍数，定义如下。

电压放大倍数为

$$\dot{A}_u = \frac{\dot{U}_o}{\dot{U}_i} \tag{6-2-1}$$

电流放大倍数为

$$\dot{A}_i = \frac{\dot{I}_o}{\dot{I}_i} \tag{6-2-2}$$

功率放大倍数为

$$A_p = \frac{P_o}{P_i} = |\dot{A}_u| \cdot |\dot{A}_i| \tag{6-2-3}$$

2. 输入电阻

输入电阻是用来衡量放大电路从信号源获取信号能力的指标。它是从放大电路的输入端看进去的交流等效电阻，定义为输入电压与输入电流之比，即

$$r_i = \frac{\dot{U}_i}{\dot{I}_i} \tag{6-2-4}$$

显然,输入电阻越大,消耗在信号源内阻上的电压就越小,放大电路获取信号的能力就越强。

3. 输出电阻

输出电阻是衡量放大电路带动负载能力的指标。它是从放大电路的输出端看进去的交流等效电阻,定义为:信号源电压为零。输出端负载开路时,在输出端外加测试电压 $\dot{U}_\mathrm{T}$,得到相应的端口电流 $\dot{I}_\mathrm{T}$,两者之比即为输出电阻

$$r_\mathrm{o} = \left.\frac{\dot{U}_\mathrm{T}}{\dot{I}_\mathrm{T}}\right|_{\substack{U_\mathrm{S}=0 \\ R_\mathrm{L}=\infty}} \tag{6-2-5}$$

对负载而言,放大电路相当于一个信号源或电源,这个信号源的内阻就是放大电路的输出电阻 r_o。显然 r_o 越小,放大电路带负载的能力就越强。

引入放大电路的电压放大倍数、输入电阻和输出电阻的概念后,图 6-2-1 所示放大电路就可用图 6-2-2 所示的模型表示,图中 A_uo 是指负载开路时的电压放大倍数。由图 6-2-2,若用 $U_\mathrm{o\infty}$ 表示负载开路时的输出电压,用 U_oL 表示接入负载 R_L 后的输出电压,则

$$r_\mathrm{o} = \left(\frac{U_\mathrm{o\infty}}{U_\mathrm{oL}} - 1\right)R_\mathrm{L} \tag{6-2-6}$$

4. 通频带

对一般的放大电路,放大倍数随频率变化而改变。以交流电压放大倍数 A_u 为例,当频率较低和较高时,A_u 随频率变化的情况就非常明显,将 A_u 与频率 f 的关系曲线称为放大电路的频率特性,如图 6-2-3 所示。在中间一段频率范围内,放大倍数基本不变,因此 A_um 称为中频段电压放大倍数,在低频和高频段,放大倍数下降至 $\frac{1}{\sqrt{2}}A_\mathrm{um}$ 时所对应的频率称为截止频率,f_L 称为下截止频率,f_H 称为上截止频率,$f_\mathrm{H} - f_\mathrm{L}$ 称为放大电路的通频带,用符号 BW 表示,即

$$BW = f_\mathrm{H} - f_\mathrm{L} \tag{6-2-7}$$

通频带是衡量放大电路对不同频率输入信号的响应能力的指标。一般来说,通频带越宽越好。

在本课程范围内,主要研究放大电路的放大倍数、输入电阻和输出电阻三个性能指标。

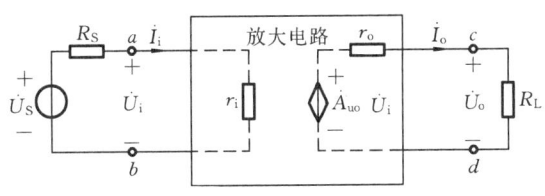

图 6-2-2 电压放大电路的模型

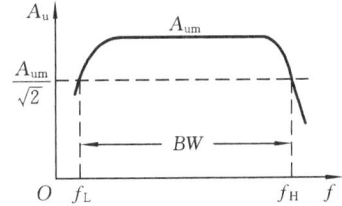

图 6-2-3 放大电路的频率特性

6.2.2 共发射极放大电路的组成与工作原理

共发射极放大电路是最基本的放大电路,电路图如图 6-2-4(a)所示,三极管 T 是电路的核心,起放大作用,电源 E_C 的作用是保证三极管的集电结反向偏置,它与集电极电阻 R_C 配合,使三极管的集电极和发射极之间有一个合适的电压,这个电压称为三极管的管压降;电源 E_B 的使用是保证发射结正向偏置;基极电阻 R_B 与 E_B 配合,为三极管提供合适的静态基极电源,

也称为偏置电流。集电极电阻 R_C 的另一个作用是将放大后的电流转化为电压;电容 C_1、C_2 称为耦合电容,起隔离直流耦合交流的作用;R_L 为电路的负载,u_i 为输入信号,u_o 为输出信号,由于输入信号和输出信号的公共端是发射极,所以此电路称为共发射极放大电路,简称共射放大电路。

实际共射放大电路中常用 E_C 代替 E_B,并采用图 6-2-4(b)所示的简化画法,图中将公共端接地,作为电路中其他各点电位的参考点。由于三极管各极电流和极间电压中既有直流成分,又有交流成分,故用小写字母、大写下标表示。

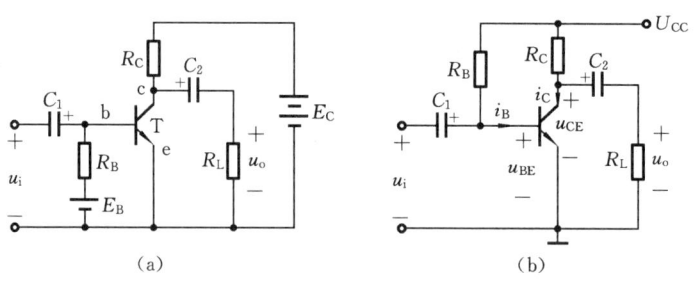

图 6-2-4　共发射极放大电路

共射放大电路的工作原理如下:放大电路的输入端加上时变电压 u_i 后,在三极管的基极产生对应的时变电流 i_b,在集电极产生对应的时变电流 i_c,如果三极管在线性放大区,则有 $i_c = \beta i_b$,i_c 的一部分经过电容 C_2 在 R_L 上产生电压降,这就是输出电压 u_o。由于 β 一般在几十以上,因此,只要电路参数选择合适,输出电压 u_o 将远大于输入电压 u_i,从而实现放大作用。

【思考与练习6.2】

6.2.1　在图 6-2-4(b)所示的放大电路中,电容器 C_1 和 C_2 两端的直流电压和交流电压各应等于多少?并说明其上直流电压的极性。

6.2.2　试参照图 6-2-4(b)的电路,画出由 PNP 型三极管组成的基本交流放大电路,并标出电源的极性。

◀ 6.3　放大电路的基本分析法 ▶

放大电路的工作状态有静态和动态两种,静态是指放大电路没有输入信号时的工作状态,动态是指有输入信号时的工作状态,这样,放大电路的分析相应有静态分析和动态分析两种。

放大电路的静态分析是要确定放大电路在没有输入信号时三极管的基极电流 I_B、集电极电流 I_C、基极与发射极间的电压 U_{BE} 和集电极与发射极间的电压 U_{CE}。I_B、U_{BE}、I_C 和 U_{CE} 确定了放大电路的静态工作点 Q 在输入特性曲线和输出特性曲线中的位置,因此三极管的静态值用 I_{BQ}、U_{BEQ}、I_{CQ} 和 U_{CEQ} 表示。后面将看到静态工作点对放大电路的动态有很大的影响。

放大电路的动态分析主要是确定放大电路的电压放大倍数 A_u、输入电阻 r_i 和输出电阻 r_o,分析放大电路的动态工作范围,输出波形的失真等。下面先介绍放大电路的静态分析。

6.3.1 放大电路的静态分析

1. 静态工作点的近似估算

静态时,放大电路中的电容可视作开路,这样,图 6-2-4(b)所示电路可等效为图 6-3-1 所示电路,这就是放大电路的直流通路。放大电路的静态分析就是利用 KCL 和 KVL 及三极管中的电流关系,对直流通路进行分析,求出 I_{BQ}、U_{BEQ}、I_{CQ} 和 U_{CEQ}。

由 KVL,三极管的基极电流 I_B 和集电极电流 I_C 满足方程

$$R_B I_{BQ} + U_{BEQ} = U_{CC} \tag{6-3-1}$$

$$R_C I_{CQ} + U_{CEQ} = U_{CC} \tag{6-3-2}$$

由式(6-3-1),得

$$I_{BQ} = \frac{U_{CC} - U_{BEQ}}{R_B} \tag{6-3-3}$$

三极管在正常工作状态下,U_{BEQ} 的变化范围很小,可近似认为硅管为 $0.6 \sim 0.8$ V,锗管为 $0.1 \sim 0.3$ V。因此,若给定 U_{CC} 和 R_B 的值,即可由式(6-3-3)计算 I_{BQ}。

另外,由三极管的集电极电流和基极电流的关系

$$I_{CQ} = \bar{\beta} I_{BQ} = \beta I_{BQ} \tag{6-3-4}$$

可确定三极管的集电极电流。最后,由式(6-3-2),可得

$$U_{CEQ} = U_{CC} - R_C I_{CQ} \tag{6-3-5}$$

2. 图解法

从原则上讲,I_{BQ}、U_{BEQ} 可以在输入特性曲线上作图求得。但由于三极管的输入特性曲线不易准确测得,器件手册也通常不给出三极管的输入特性曲线。因此,一般不使用图解法求输入回路的静态工作点,而是采用估算法,认为 U_{BEQ} 是不变的,硅管是 $0.6 \sim 0.8$ V,锗管是 $0.2 \sim 0.3$ V,再由式(6-3-3)求得 I_{BQ}。

输出回路的静态工作点可在输出特性曲线上通过作直流负载线求得。输出特性曲线如图 6-3-2 所示,I_C 和 U_{CE} 的关系式(6-3-5)在 $U_{CE} - I_C$ 平面上表示为一条直线,此直线称为直流负载线,它与横轴的交点为 $M(U_{CC}, 0)$,在纵轴的交点为 $N(0, U_{CC}/R_C)$,直线的斜率为 $-1/R_C$。

直流负载线为 I_C 和 U_{CE} 的变化轨迹,输出特性曲线又给出了不同基极电流时,I_C 和 U_{CE} 的关系曲线,静态工作点 I_{CQ} 和 U_{CEQ} 既要在直流负载上,又要在输出特性曲线上,因此,$I_B = I_{BQ}$ 的一条曲线与直流负载线的交点即为放大电路的静态工作点 Q,如图 6-3-2 所示。

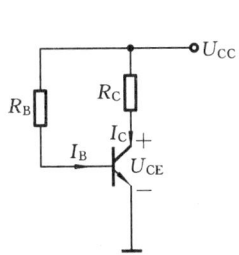

图 6-3-1 共射放大电路的直流通路

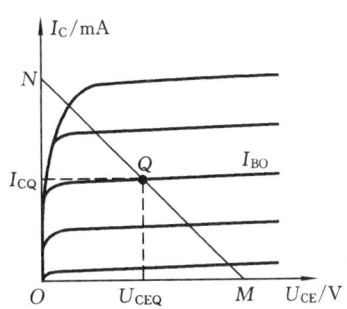

图 6-3-2 输出特性曲线与静态工作点

6.3.2 放大电路的动态分析

放大电路的动态分析方法有微变等效电路法和图解法两种基本方法。放大电路在小信号输入、三极管工作在线性放大区时,采用微变等效电路法分析较方便,这时可利用三极管的微变等效电路求出电路的电压放大倍数、输入电阻和输出电阻等动态指标。而图解法则适用分析放大电路的动态工作范围,输出波形的失真等。

1. 微变等效电路法

当放大电路输入交流信号 u_i 时,设电容 C_1、C_2 足够大,容抗很小,可忽略,则 C_1、C_2 可视作短路。此外,对理想电压源 U_{CC},由于其电压恒定不变,即电压的变化量等于零,故对交流信号相当于短路。这样,图 6-2-4 所示电路可等效为图 6-3-3(a)所示的交流通路,再将三极管用其微变等效电路替代,即得放大电路的微变等效电路,如图 6-3-3(b)所示,图中已将各电压、电流用相量表示。下面由此电路计算电压放大倍数 $\dot{A}_u$、输入电阻 r_i 和输出电阻 r_o。

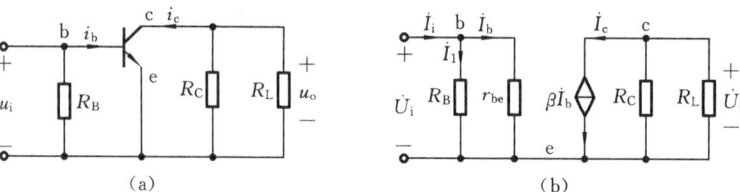

图 6-3-3 共射放大电路的交流通路及其微变等效电路

由等效电路的输入回路可得

$$\dot{U}_i = \dot{I}_b r_{be}$$

由输出回路可得

$$\dot{U}_o = -\dot{I}_C R'_L = -\beta \dot{I}_b R'_L$$

其中 $R'_L = R_C \mathbin{/\mkern-5mu/} R_L$,故

$$\dot{A}_u = \frac{\dot{U}_o}{\dot{U}_i} = \frac{-\beta \dot{I}_b R'_L}{\dot{I}_b r_{be}} = -\beta \frac{R'_L}{r_{be}} \tag{6-3-6}$$

式中,负号表示输出电压与输入电压的相位差为180°。这里要注意参数 β 和 r_{be} 都是在静态工作点的值。

输入电阻的计算可由定义式 $r_i = \dfrac{\dot{U}_i}{\dot{I}_i}$ 直接求得,在输入回路

$$\dot{I}_i = \dot{I}_1 + \dot{I}_b = \frac{\dot{U}_i}{R_B} + \frac{\dot{U}_i}{r_{be}}$$

故

$$\frac{1}{r_i} = \frac{\dot{I}_i}{\dot{U}_i} = \frac{1}{R_B} + \frac{1}{r_{be}}$$

即

$$r_i = R_B \mathbin{/\mkern-5mu/} r_{be} \tag{6-3-7}$$

放大电路的输出电阻可在信号源短路($\dot{U}_S = 0$)和输出端开路($R_L = \infty$)的条件下求得,电路如图 6-3-4 所示。由于 $\dot{U}_S = 0$,故 $\dot{I}_b = 0$,$\dot{I}_C = \beta \dot{I}_b = 0$,受控电流源开路,故有

$$r_o = \frac{\dot{U}_T}{\dot{I}_T}\bigg|_{\substack{R_L = \infty \\ U_S = 0}} = \frac{\dot{I}_T R_C}{\dot{I}_T} = R_C \tag{6-3-8}$$

例 6-2　在图 6-2-4(b) 所示的共射放大电路中，R_B $=300$ kΩ，$R_C=R_L=3$ kΩ，$U_{CC}=12$ V，设三极管为硅管，β 值为 50。

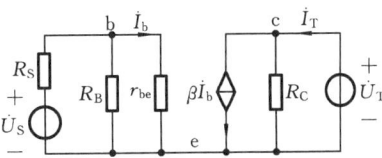

图 6-3-4　计算输出电阻的电路

(1) 计算放大电路的静态工作点；

(2) 计算放大电路的动态指标 $\dot{A}_u$、r_i 和 r_o；

(3) 如果输入信号由内阻为 1 kΩ 的信号源提供，计算源电压放大倍数 $\dot{A}_{us}$。

解　(1) 由式(6-3-3)～式(6-3-5)得

$$I_{BQ} = \frac{U_{CC}-U_{BEQ}}{R_B} = \frac{12-0.7}{300\times10^3} = 3.8\times10^{-5}\ A = 38\ \mu A$$

$$I_{CQ} = \beta I_{BQ} = 50\times3.8\times10^{-5}\ A = 1.9\ mA$$

$$U_{CEQ} = U_{CC}-I_{CQ}R_C = (12-1.9\times3)\ V = 6.3\ V$$

(2) 首先计算 r_{be}，由式(6-1-7)得

$$r_{be} = 300+\beta\frac{26(mV)}{I_C(mA)} = \left(300+50\frac{26}{1.9}\right)\ \Omega = 984\ \Omega$$

由式(6-3-6)～式(6-3-8)得

$$\dot{A}_u = -\beta\frac{R_L'}{r_{be}} = -50\times\frac{3\ /\!/\ 3}{0.984} = -76$$

$$r_i = R_B\ /\!/\ r_{be} = 300\ /\!/\ 0.984\ \Omega = 0.98\ k\Omega$$

$$r_o = R_C = 3\ k\Omega$$

(3) 设信号源的电动势为 u_S，则电压 u_S 的一部分在内阻 R_S 上，一部分作为放大电路的输入电压 u_i，如图 6-2-2 所示，$u_i = \dfrac{r_i}{R_S+r_i}u_S$，故源电压放大倍数 $\dot{A}_{us}$ 为

$$\dot{A}_{us} = \frac{\dot{U}_o}{\dot{U}_S} = \frac{\dot{U}_o}{\dot{U}_i}\frac{\dot{U}_i}{\dot{U}_S} = \dot{A}_u\frac{r_i}{R_S+r_i} = -76\times\frac{0.98}{1+0.98} = -38$$

由此可见，由于放大电路的输入电阻 r_i 小于无穷大，一般情况下，A_{us} 要小于 A_u，信号源内阻 R_S 越大，A_{us} 下降得越多。

例 6-3　计算图 6-3-5 所示射极偏置电路的静态工作点以及 $\dot{A}_u$、r_i 和 r_o。设三极管为硅管，$\beta=40$。

解　为确定电路的静态工作点，先画出直流通路，如图 6-3-6 所示。

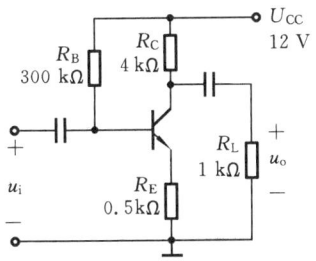

图 6-3-5　射极偏置电路

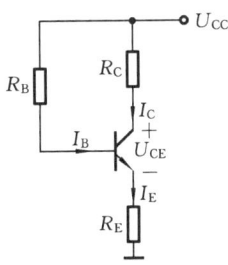

图 6-3-6　直流通路

由于 $I_E=I_B+I_C=(1+\beta)I_B$，故回路电压方程为

$$I_{BQ}R_B+U_{BEQ}+(1+\beta)I_{BQ}\cdot R_E = U_{CC}$$

$$I_{CQ}R_C + U_{CEQ} + I_{EQ} \cdot R_E = U_{CC}$$

由此得

$$I_{BQ} = \frac{U_{CC} - U_{BEQ}}{R_B + (1+\beta)R_E} = \frac{12 - 0.7}{300 + (1+40) \times 0.5} \text{ mA} = 0.035 \text{ mA} = 35 \text{ } \mu\text{A}$$

$$I_{CQ} = \beta I_{BQ} = 40 \times 0.035 \text{ mA} = 1.4 \text{ mA} \approx I_{EQ}$$

$$U_{CEQ} = U_{CC} - I_{CQ}R_C - I_{EQ}R_E = [12 - 1.4(4 + 0.5)] \text{ V} = 5.7 \text{ V}$$

放大电路的交流通路如图 6-3-7(a)所示,三极管的发射极通过发射极电阻 R_E 接地,微变等效电路如图 6-3-7(b)所示。

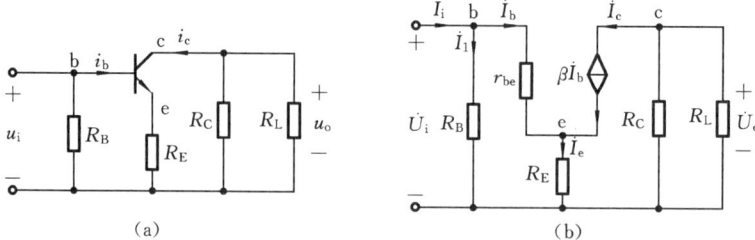

图 6-3-7　射极偏置电路的交流通路及其微变等效电路

对输入回路,有

$$\dot{U}_i = \dot{I}_b r_{be} + \dot{I}_e R_e = [r_{be} + (1+\beta)R_E]\dot{I}_b$$

对输出回路,有

$$\dot{U}_o = -\dot{I}_c R_L$$

故

$$\dot{A}_u = \frac{\dot{U}_o}{\dot{U}_i} = \frac{-\dot{I}_c R_L}{[r_{be} + (1+\beta)R_E]\dot{I}_b} = \frac{-\beta R_L'}{r_{be} + (1+\beta)R_E} \tag{6-3-9}$$

与式(6-3-6)比较,引入发射极电阻后,放大倍数下降了。

由图 6-3-7(b)还可求得放大电路的输入电阻为

$$r_i = R_B \mathbin{/\mkern-5mu/} [r_{be} + (1+\beta)R_E] \tag{6-3-10}$$

与式(6-3-7)比较可看出,引入 R_E 后,输入电阻增大了。

根据输出电阻的定义,不难求得此放大电路的输出电阻为 R_C,保持不变。

2. 图解法

微变等效电路法是在输入信号为小信号三极管工作在线性放大区的前提下使用的方法,不满足这个条件,微变等效电路法是不能使用的,这时一般利用图解法来进行动态分析。

由图 6-3-3(a)所示的交流通路可得

$$u_{ce} = -i_c R_L'$$

因此,u_{CE} 与 i_C 的关系为

$$\begin{aligned} u_{CE} &= U_{CEQ} + u_{ce} = U_{CEQ} - i_c R_L' \\ &= U_{CEQ} - (i_C - I_{CQ})R_L' \\ &= U_{CEQ} + I_{CQ}R_L' - R_L' i_C \end{aligned}$$

在 $u_{CE} - i_C$ 平面上,这是一条斜率为 $-\dfrac{1}{R_L'}$ 的直线,称为交流负载线,它与横轴的交点为 P $(U_{CEQ} + I_{CQ}R_L', 0)$,此点可通过静态工作点的值确定。另外,当输入信号为零时,$i_C = I_{CQ}$,

$u_{CE}=U_{CEQ}$，可见交流负载线经过点 Q。因此，由 P 和 Q 两点即可作出交流负载线，如图 6-3-8 所示。显然，交流负载线表示动态时工作点（i_C、u_{CE}）移动的轨迹。下面结合输入特性曲线对各电流、电压进行定性的图解分析。

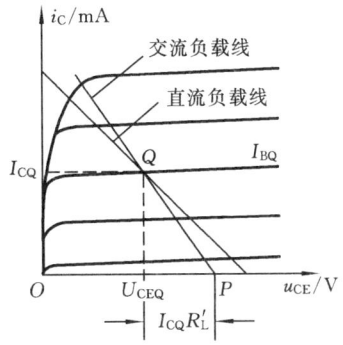

图 6-3-8 交流负载线

假设在放大电路的输入端加上一个正弦电压 u_i，则在 u_i 的作用下，工作点变化轨迹为 $Q \rightarrow Q_1 \rightarrow Q \rightarrow Q_2 \rightarrow Q$，如图 6-3-9 所示。$u_{BE}=U_{BEQ}+u_i$，围绕其静态值按正弦规律变化，在线性区，$i_B$ 围绕其静态值基本上按正弦规律变化。在输出特性曲线中，工作点沿交流负载线从 $Q \rightarrow Q_1 \rightarrow Q \rightarrow Q_2 \rightarrow Q$ 完成一个周期的变化，对应的 u_{CE} 和 i_C 的变化轨迹也近似为一正弦曲线，平均值为静态值，由于电路中电容 C_2 的隔直作用，u_{CE} 中的直流分量不能到达输出端，只有交流分量 u_{ce} 通过 C_2 构成输出电压。从图中可以看到，u_o（即 u_{ce}）的相位与 u_i（即 u_{be}）的相位刚好相差 $180°$，这与用微变等效电路法得出的电压放大倍数中的负号是一致的。

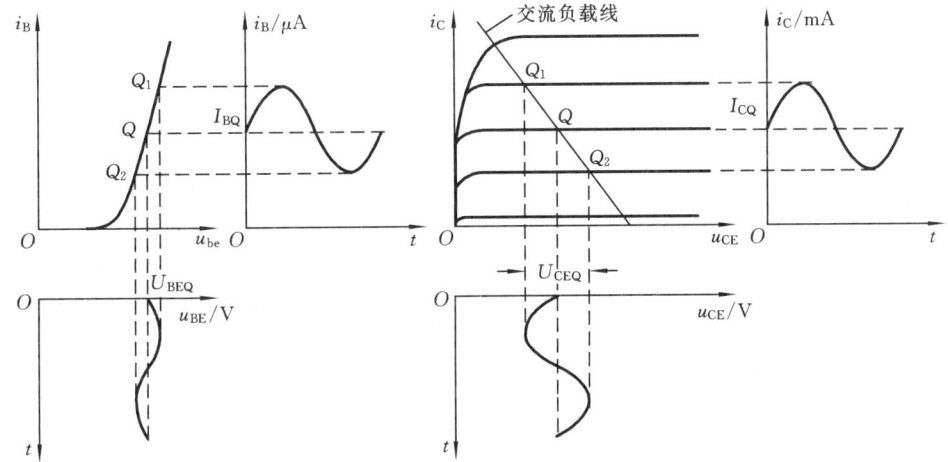

图 6-3-9 放大电路有正弦输入信号时的图解分析

图解法的主要作用是分析放大电路的非线性失真。

在图 6-3-10(a) 中，静态工作点的设置太低，在输入信号的负半周，三极管进入截止区，使 i_B、i_C 等于零，从而使 i_B、i_C 和 u_{CE} 的波形发生失真，这种失真称为截止失真。在图 6-3-10(b) 中，静态工作点设置太高，在输入信号的正半周，三极管进入饱和区，当 i_B 随输入信号增大时，i_C 不能随之增大，因此 i_C 和 u_{CE} 的波形也发生失真，这种失真称为饱和失真。

截止失真和饱和失真都是非线性失真，是由于静态工作点不合适或者输入信号太大，使放大电路的工作范围超出了三极管的线性范围引起的，消除失真的通常做法是调节偏置电阻 R_B。对截止失真，减小 R_B 使点 Q 上移；对饱和失真，增大 R_B，使点 Q 下移。

用图解法也可估算放大电路的最大不失真输出电压，在图 6-3-11 中，AB 为交流负载线，工作点在交流负载线上移动，当工作点向上移动超过点 A 时，三极管将进入饱和区；当工作点向下移动超过点 B 时，三极管将进入截止区，由此可见，输出波形不产生明显失真的动态工作范围由交流负载线上 A、B 两点所限定的范围决定，设 Q 为静态工作点，则电路的不失真输出电压的幅值由 CE 和 DE 的较小者决定。由于 $I_B=0$ 时，$i_C=I_{CEO}\approx0$，所以，交流负载线与横

轴的交点 P 可认为与点 D 是重合的，$DE \approx PE = R'_L I_{CQ}$。另外对硅三极管，$OC$ 近似为 0.7 V，故 $CE = U_{CEQ} - 0.7$。当 $CE = DE$，即点 Q 在 AB 中点时，电路有最大不失真输出电压。

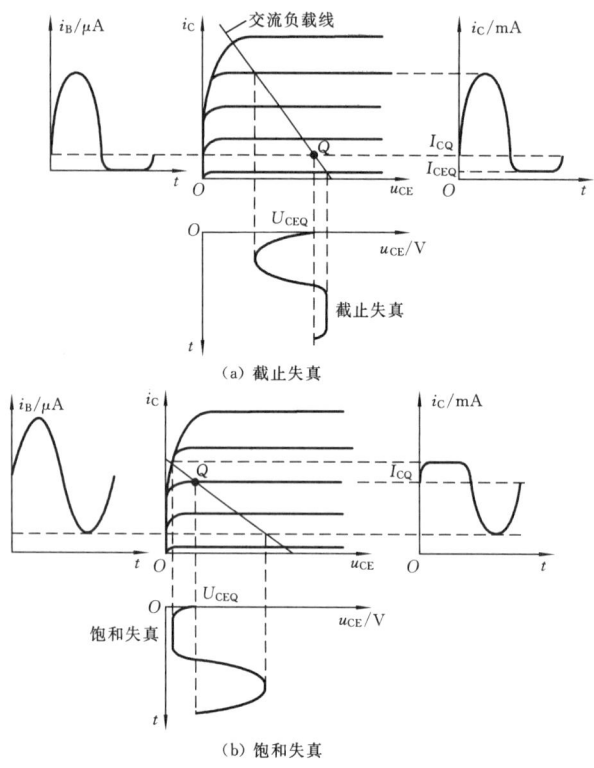

（a）截止失真

（b）饱和失真

图 6-3-10 截止失真和饱和失真

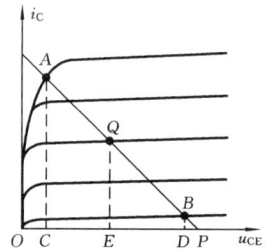

图 6-3-11 用图解法估算最大输出电压

【思考与练习 6.3】

6.3.1 什么是静态工作点？在图 7-3-2 中，如果静态工作点偏高，要想把工作点降低一些，应采取什么措施？

6.3.2 如果输出波形出现失真，是否就一定是静态工作点不合适？

◀ 6.4 静态工作点的稳定 ▶

通过 6.3 节的分析可知，静态工作点在放大电路中是非常重要的，它关系到波形的失真，对电路的放大倍数也有影响，所以在设计或调试放大电路时，必须首先设置一个合适的静态工作点。在前面讨论的共射放大电路中，当电源电压 U_{CC} 和集电极电阻 R_C 确定后，放大电路的静态工作点就由基极电流 I_B 决定，由式(6-3-3)知，I_B 由 R_B 决定；R_B 一经选定，I_B 也就固定下来，因此，这个电路也称为固定偏置电路。固定偏置电路虽然简单和容易调整，但在外部因素的影响下，会引起静态工作点的移动，严重时使放大电路不能正常工作，如当温度大幅上升时，

三极管的 I_{CBO} 和 β 等参数会随之增大,这样,尽管 I_B 不变,但由式(6-1-1)知,I_C 会随温度升高而增大,静态工作点上移,严重时会使放大电路的工作范围进入饱和区,从而引起失真。为此,需要改进电路,使 I_B 能随温度升高而自动减小,从而使工作点基本稳定。例 6-3 给出的射极偏置电路就是能实现这个功能的电路,当温度上升引起 I_C 增大时,I_E 也相应增大,电阻 R_E 上的压降增大,从而使 R_B 上的压降减小,I_B 随之减小。

在例 6-3 中已看到,接入 R_E 后,电路的电压放大倍数下降很多,其原因是接入 R_E 后使 u_{be} $= u_c - R_E i_c$ 下降,使 i_b 的变化范围减小,从而减小放大电路的动态工作范围,降低电路的电压放大倍数。为此在 R_E 上并联电容 C_E,只要 C_E 足够大,对交流信号的容抗就很小,可视作短路,这样,R_E 就对交流信号不产生影响。C_E 称为旁路电容,其值一般为几十微法。

考虑到其他因素,实际常用的电路是图 6-4-1 所示的分压式偏置放大电路,其中 R_{B1} 和 R_{B2} 构成偏置电路。下面对这个电路进行静态分析和动态分析。

1. 静态分析

图 6-4-2 所示电路为放大电路的直流通路,有

$$I_1 = I_2 + I_{BQ}$$

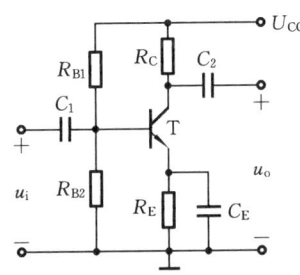

图 6-4-1　分压式偏置放大电路

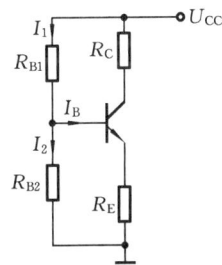

图 6-4-2　分压式偏置电路的直流通路

适当选取 R_{B1} 和 R_{B2},使 $I_1 \gg I_{BQ}$,则

$$I_1 \approx I_2 \approx \frac{U_{CC}}{R_{B1} + R_{B2}}$$

这时,基极电位为

$$U_{BQ} = \frac{R_{B2}}{R_{B1} + R_{B2}} U_{CC} \qquad (6-4-1)$$

与三极管的参数无关,可认为是一个定值,从而

$$I_{CQ} \approx I_{EQ} = \frac{U_{EQ}}{R_E} = \frac{U_{BQ} - U_{BEQ}}{R_E} \qquad (6-4-2)$$

也可认为是一个定值,不受温度影响,三极管的管压降为

$$U_{CRQ} = U_{CC} - I_{CQ}R_C - I_{EQ}R_E \approx U_{CC} - I_{CQ}(R_C + R_E) \qquad (6-4-3)$$

静态基极电流为

$$I_{BQ} = \frac{I_{CQ}}{\beta} \qquad (6-4-4)$$

随温度上升而减小。

2. 动态分析

电路的交流通路和微变等效电路如图 6-4-3 所示,可得

$$\dot{U}_i = \dot{I}_b \dot{r}_{be}$$

$$\dot{U}_o = -\dot{I}_c R'_L = -\beta \dot{I}_b R'_L$$

$$\dot{A}_u = \frac{\dot{U}_o}{\dot{U}_i} = -\beta \frac{R'_L}{r_{be}} \tag{6-4-5}$$

$$r_i = R_{B1} /\!/ R_{B2} /\!/ r_{be} \tag{6-4-6}$$

$$r_o = R_C \tag{6-4-7}$$

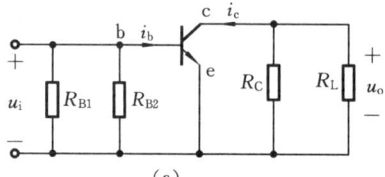 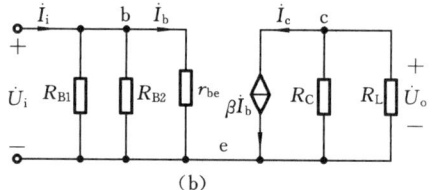

(a)   (b)

图 6-4-3 分压式偏置电路的交流通路及其微变等效电路

例 6-4 在图 6-4-1 所示的分压式偏置放大电路中,$U_{CC} = 12$ V,$R_C = 4$ kΩ,$R_E = 2.4$ kΩ,$R_{B1} = 20$ kΩ,$R_{B2} = 10$ kΩ,$R_L = 10$ kΩ,三极管为硅管,$\beta = 40$,电容 C_1、C_2、C_E 足够大。

(1) 求电路的静态工作点;

(2) 求电路的电压放大倍数 $\dot{A}_u$,输入电阻 r_i 和输出电阻 r_o,并估算最大输出电压;

(3) 如果换上 $\beta = 60$ 的同类型三极管,电路参数不变,则静态工作点有何变化? 最大输出电压有何变化。

解 (1) 用估算法求静态工作点,由式(6-4-1)~式(6-4-4)得

$$U_{BQ} = \frac{R_{B2}}{R_{B1} + R_{B2}} U_{CC} = \frac{10}{20 + 10} \times 12 \text{ V} = 4 \text{ V}$$

$$I_{CQ} \approx I_{EQ} = \frac{U_{BQ} - U_{BEQ}}{R_E} = \frac{4 - 0.7}{2 \times 10^3} \text{ A} = 1.7 \times 10^{-3} \text{ A} = 1.7 \text{ mA}$$

$$U_{CEQ} = U_{CC} - I_C(R_C + R_E) = [12 - 1.7 \times (2.4 + 2)] \text{ V} = 4.5 \text{ V}$$

$$I_{BQ} = \frac{I_{CQ}}{\beta} = \frac{1.7}{40} \text{ mA} = 0.042 \text{ mA} = 42 \text{ μA}$$

静态工作点也可利用戴维南定理精确求出,计算结果与估算法的结果比较相差 10% 左右,10% 的误差在模拟电子电路中是允许的,设计电路时,通常采用估算法,而后通过实验调整电阻值(一般是 R_{B1})使静态工作点合乎要求。

(2) 计算 r_{be} 和 R'_L。

$$r_{be} = 300 + \beta \frac{26}{I_{CQ}} = \left(300 + 40 \times \frac{26}{1.7}\right) \Omega = 912 \text{ Ω} = 0.91 \text{ kΩ}$$

$$R'_L = R_C /\!/ R_L = 2.4 /\!/ 10 \text{ kΩ} = 1.9 \text{ kΩ}$$

由式(6-4-5)~式(6-4-7)得

$$A_u = -\beta \frac{R'_L}{r_{be}} = -40 \times \frac{1.9}{0.91} = -84$$

$$r_i = R_{B1} /\!/ R_{B2} /\!/ r_{be} = \frac{1}{\frac{1}{20} + \frac{1}{10} + \frac{1}{0.91}} \Omega = 0.80 \text{ kΩ}$$

$$r_o = R_C = 2.4 \text{ kΩ}$$

由图 6-3-11 可得,最大不截止失真输出电压幅值为

$$U'_o = I_{CQ}R'_L = 1.7 \times 1.9 \text{ V} = 3.2 \text{ V}$$

最大不饱和失真输出电压幅值为

$$U''_o = U_{CEQ} - 0.7 = (4.5 - 0.7) \text{ V} = 3.8 \text{ V}$$

因此,最大不失真输出电压的幅值为 3.2 V,有效值为 2.3 V。

(3) 换上 $\beta=60$ 的三极管后,U_{BQ}、I_{CQ}、U_{CEQ} 均不变。

$$I_{BQ} = \frac{I_{CQ}}{\beta} = \frac{1.7}{60} \text{ mA} = 0.028 \text{ mA} = 28 \text{ } \mu\text{A}$$

基极电流减小了。

另外,由步骤(2)的计算过程可看出,由于 I_{CQ} 和 U_{CEQ} 不变,最大不截止失真输出电压和最大不饱和失真输出电压均不变,所以电路的最大不失真输出电压也不变,仍为 2.3 V。

【思考与练习 6.4】

6.4.1 分压式偏置放大电路是如何稳定静态工作点的?

6.4.2 射极旁路电容的作用是什么?接射极旁路电容对静态工作点有无影响?

◀ 6.5 共集放大电路 ▶

前面介绍的共射放大电路,尽管具有较高的电压放大倍数,但其输入电阻较小(一般在 1 kΩ 左右),而输出电阻较大(一般为几千欧)。由于输入电阻小,当其接在一个具有较高内阻的信号源上时,信号电压主要在信号源本身的内阻上,放大电路的输入电压就很小,这是很不经济的。另外,由于输出电阻大,当所接负载的阻值较小时,输出电压就会降低很多。共集电极放大电路(简称"共集放大电路")具有较高的输入电阻和较低的输出电阻,它与共射放大电路配合使用,可取得较好的放大效果,电路如图 6-5-1 所示。由于电压由发射极输出,所以共集放大电路又称为射极输出器。

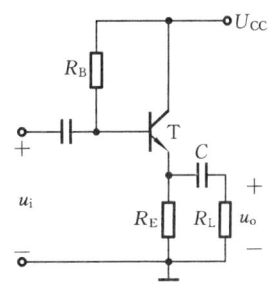

图 6-5-1 共集电极放大电路

1. 静态分析

由共集放大电路的电路图不难得出

$$U_{CC} = I_{BQ}R_B + U_{BEQ} + I_{EQ}R_E$$
$$= I_{BQ}R_B + U_{BEQ} + (1+\beta)I_{BQ}R_E$$

$$I_{BQ} = \frac{U_{CC} - U_{BEQ}}{R_B + (1+\beta)R_{EQ}} \tag{6-5-1}$$

$$I_{CQ} = \beta I_{BQ} \tag{6-5-2}$$

$$U_{CEQ} = U_{CC} - I_{EQ}R_E = U_{CC} - (1+\beta)I_{BQ}R_E \tag{6-5-3}$$

2. 动态分析

共集放大电路的交流通路及其微变等效电路如图 6-5-2 所示。R_S 为信号源的内阻,$\dot{U}_i$ 为

放大电路的输入电压,从图中可以看到三极管的集电极为输入端与输出端的公共端,故此放大电路称为共集放大电路。

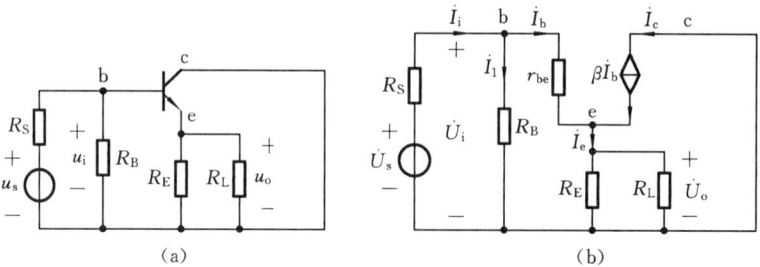

图 6-5-2　共集放大电路的交流通路及其微变等效电路

1) 电压放大倍数

由微变等效电路可得

$$\dot{U}_{\text{o}} = \dot{I}_{\text{e}} R'_{\text{L}} = (1+\beta) \dot{I}_{\text{b}} R'_{\text{L}} \qquad (R'_{\text{L}} = R_{\text{E}} \mathbin{/\mkern-5mu/} R_{\text{L}})$$

$$\dot{U}_{\text{i}} = \dot{I}_{\text{b}} r_{\text{be}} + \dot{U}_{\text{o}} = \dot{I}_{\text{b}} r_{\text{be}} + (1+\beta) \dot{I}_{\text{b}} R'_{\text{L}} \qquad (6\text{-}5\text{-}4)$$

$$\dot{A}_{\text{u}} = \frac{\dot{U}_{\text{o}}}{\dot{U}_{\text{i}}} = \frac{(1+\beta) R'_{\text{L}}}{r_{\text{be}} + (1+\beta) R'_{\text{L}}} \qquad (6\text{-}5\text{-}5)$$

与共射放大电路的放大倍数相比,共集放大电路的电压放大倍数有两个特点:一是电压放大倍数小于 1,且由于一般情况下 $r_{\text{be}} \ll (1+\beta) R'_{\text{L}}$,故 $A_{\text{u}} \approx 1$;二是电压放大倍数大于零,这说明输出电压与输入电压的相位相同,因此 $\dot{U}_{\text{o}} \approx \dot{U}_{\text{i}}$,共集放大电路也称为射极跟随器。

共集放大电路虽然没有电压放大作用,但因 $I_{\text{e}} = (1+\beta) I_{\text{b}}$,当用 R_{E} 直接作负载时,电路具有明显的电流放大作用和功率放大作用。

2) 输入电阻

由式(6-5-4),得

$$\dot{I}_{\text{b}} = \frac{\dot{U}_{\text{i}}}{r_{\text{be}} + (1+\beta) R'_{\text{L}}}$$

$$\dot{I}_{\text{i}} = \dot{I}_{1} + \dot{I}_{\text{b}} = \frac{\dot{U}_{\text{i}}}{R_{\text{B}}} + \frac{\dot{U}_{\text{i}}}{r_{\text{be}} + (1+\beta) R'_{\text{L}}}$$

$$\frac{1}{r_{\text{i}}} = \frac{\dot{I}_{\text{i}}}{\dot{U}_{\text{i}}} = \frac{1}{R_{\text{B}}} + \frac{1}{r_{\text{be}} + (1+\beta) R'_{\text{L}}}$$

即

$$r_{\text{i}} = R_{\text{B}} \mathbin{/\mkern-5mu/} [r_{\text{be}} + (1+\beta) R'_{\text{L}}] \qquad (6\text{-}5\text{-}6)$$

式(6-5-6)中,$(1+\beta) R'_{\text{L}}$ 可以理解为发射极等效电阻 R'_{L} 折算到基极电路中后的折合电阻,由于 $\dot{U}_{R'_{\text{L}}} = (1+\beta) \dot{I}_{\text{b}} R'_{\text{L}}$,所以如果以基极电流 $\dot{I}_{\text{b}}$ 流过发射极等效电阻,则为保持 $\dot{U}_{R'_{\text{L}}}$ 不变,发射极等效电阻应折算为 $(1+\beta) R'_{\text{L}}$。由于 R_{B} 一般为几十至几百千欧,$(1+\beta) R'_{\text{L}}$ 也要几十至几百千欧,所以共集放大电路的输入电阻要高达几十至几百千欧,远远大于 r_{be}。

3) 输出电阻

输出电阻的定义为除去 R_{L} 后,从输出端看入,电路除去电源后的等效电阻。求输出电阻的等效电路如图 6-5-3 所示。

由 KVL 得

$$\dot{I}_b(R_S /\!/ R_B) + \dot{I}_b r_{be} + \dot{U}_T = 0$$

$$\dot{I}_b = -\frac{\dot{U}_T}{r_{be} + R'_S} \quad (R'_S = R_S /\!/ R_B)$$

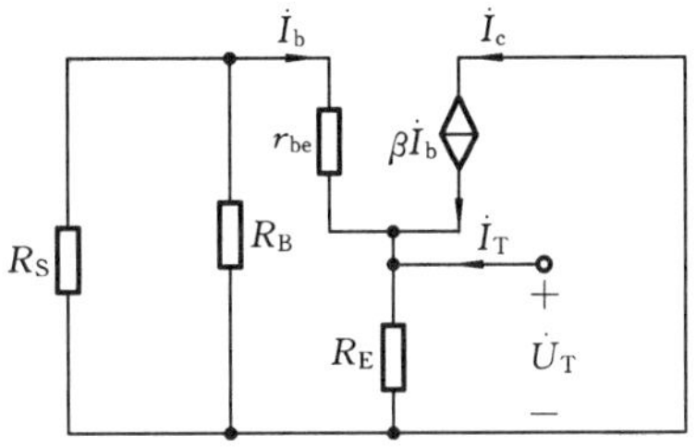

由 KCL 得

$$\dot{I}_{R_E} = \dot{I}_b + \beta \dot{I}_b + \dot{I}_T$$

而

$$\dot{I}_{R_E} R_E = \dot{U}_T$$

故

$$\dot{I}_T = \dot{I}_{R_E} - (1+\beta)\dot{I}_b = \frac{\dot{U}_T}{R_E} - (1+\beta)\dot{I}_b = \frac{\dot{U}_T}{R_E} + \frac{(1+\beta)\dot{U}_T}{r_{be} + R_S}$$

所以

$$\frac{1}{r_o} = \frac{\dot{I}_T}{\dot{U}_T} = \frac{1}{R_E} + \frac{1}{\dfrac{r_{be} + R'_S}{1+\beta}}$$

即

$$r_o = R_E /\!/ \frac{r_{be} + R'_S}{1+\beta} \tag{6-5-7}$$

图 6-5-3　求共集放大电路输出
电阻的等效电路

式中，$\dfrac{b_{be} + R'_S}{1+\beta}$ 相当于将基极电路中的等效电阻 $r_{be} + R'_S$ 折算到发射极电路中后的折合电阻。

通常 r_{be} 为 $1\text{ k}\Omega$ 左右，R_S 为几十至几百欧姆，由于一般 $R_E \gg \dfrac{r_{be} + R_S}{1+\beta}$，故有

$$r_o \approx \frac{r_{be} + R'_S}{1+\beta} \tag{6-5-8}$$

由此可见，共集放大电路的输出电阻一般只有几十欧姆，远远小于共射放大电路的输出电阻。

综上所述，共集放大电路的输入电阻很大，输出电阻很小，电压放大倍数接近 1，且输出电压与输入电压同相，这些特点，使它在电子电路中常用作输入级、输出级和起阻抗变换作用的中间级。

【思考与练习 6.5】

6.5.1　共集放大电路有哪些主要特点？

6.5.2　一个放大器的输入电阻相当于信号源的负载电阻，在信号源内阻 R_S 一定的情况下，放大器的输入电阻大有何好处？

◀ 6.6　功率放大电路 ▶

在一个实用的放大电路中，一般包括电压放大电路和功率放大电路，电压放大电路的主要作用是不失真地提高输出信号的幅度，功率放大电路的作用则是在信号不失真或轻度失真的前提下，提高输出功率，以推动负载工作，如使扬声器发声、使电动机旋转等。通常放大电路的末级是功率放大电路。

6.6.1 功率放大电路的基本要求与工作状态

1. 功率放大电路的基本要求

由于功率放大电路通常是在大信号状态下工作,因此对功率放大电路有以下三点基本要求。

(1) 输出功率尽可能大。即要求输出电压和输出电流有足够大的幅度,因此,需要三极管在接近极限状态下工作。

(2) 效率要高。由于输出功率大,因此直流电源消耗的功率也大,这就存在一个效率问题。定义放大电路的效率为

$$\eta = \frac{负载得到的功率}{直流电源的输出功率}$$

效率越低,则消耗在三极管上的功率就越大,一是缩短三极管的寿命,二是浪费电能。因此要设法降低三极管功耗,提高电路的效率。

(3) 非线性失真要小。由于三极管工作在极限状态,容易进入非线性区,产生非线性失真,因此要根据负载的要求,将失真限定在允许范围内。

2. 功率放大电路的分析方法

由于三极管工作在大信号状态下,微变等效电路法显然已不能运用,故通常采用图解法,由三极管的输出特性曲线研究放大电路的输出电压和效率。

3. 功率放大电路的工作状态

低频放大电路一般有三种工作状态:甲类、乙类和甲乙类。

图 6-6-1(a)中,静态工作点 Q 大致在交流负载线的中点,在信号的整个周期内,都有集电极电流流过三极管,放大电路的这种工作状态称为甲类状态。当没有输入信号时,直流电源的输出功率 $P_U = I_{CQ}U_{CC}$,全部消耗在三极管和电阻上,以集电极损耗为主;当有输入信号时,$i_C = I_{CQ} + I_{om}\sin\omega t$,集电极电流 i_C 以 I_{CQ} 为基准按正弦规律变化。因此,直流电源输出功率 $P_U = U_{CC}i_C$ 的平均值仍是 $I_{CQ}U_{CC}$,这个功率中的一部分转化为有用的输出功率 P。信号越大,输出功率也越大。

由效率的表示式知,提高效率有两条途径,一是增大放大电路的动态工作范围以增加输出功率,二是减小电源的输出功率。第一条途径很容易,但在甲类工作状态下,可以证明,最高效率是 50%。第二条途径就是在 U_{CC} 一定的前提下,使静态工作电流减小,即使静态工作点 Q 下移。当点 Q 移至 $I_C = 0$ 处时,如图 6-6-1(b)所示,静态管耗接近于零,放大电路的这种工作状态称为乙类状态。显然,在乙类工作状态,放大电路的效率最高,但由于在信号的正半周才有集电极电流,输出信号只有半个波形。介于甲类和乙类之间的工作状态称为甲乙类状态,此时,在信号的半个多周期内有集电极电流,如图 6-6-1(c)所示,显然,它的效率介于甲类和乙类之间,输出信号也有严重的截止失真。

放大电路在乙类和甲乙类状态下,效率虽有提高,但出现了严重的波形失真,因此,既要使静态管耗减小,又要使失真不严重,需要在电路结构上采取措施。

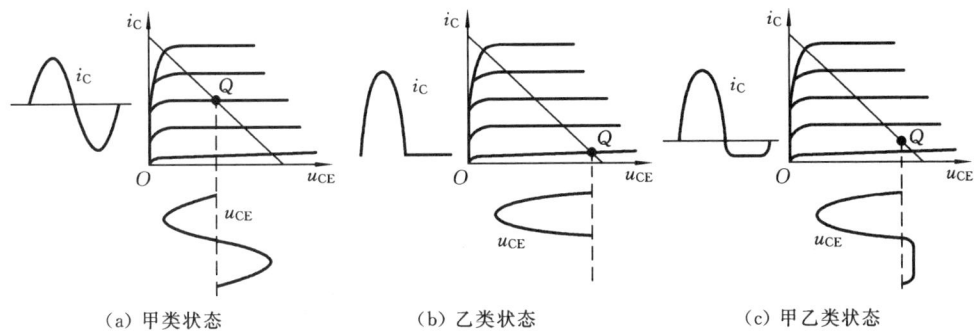

(a) 甲类状态   (b) 乙类状态   (c) 甲乙类状态

图 6-6-1   放大电路的三种工作状态

6.6.2   互补对称放大电路

1. OCL 互补对称放大电路

图 6-6-2(a) 为简单的 OCL(output capacitorless,无输出电容器) 互补对称放大电路,T_1 (NPN 型) 和 T_2(PNP 型) 是两个不同类型的三极管,两管特性基本相同。

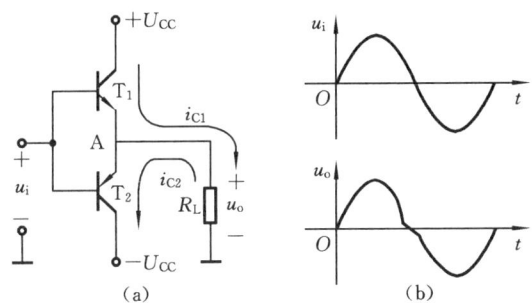

图 6-6-2   简单的 OCL 互补对称放大电路及交越失真图

静态时,由对称性知,$U_A=0$,故 $I_C=0$,电路在乙类工作状态。在输入信号的正半周,$u_i>0$,T_1 导通,T_2 截止,$u_o>0$;在输入信号的负半周,$u_i<0$,T_1 截止,T_2 导通,$u_o<0$。这样,在一个周期内,T_1、T_2 交替导通,i_{C1} 和 i_{C2} 以不同方向流过负载,合成一个正弦波。考虑到三极管有 0.5 V 左右的死区电压,在 u_i 的正负半周的交界处,u_i 很小,不能克服死区电压,三极管基本截止,$i_C=0$,$u_o=0$,这种失真称为交越失真,如图 6-6-2(b) 所示。

下面讨论电路的效率。设电路工作在极限和乙类工作状态,输出电压的最大值为 U_{om},不考虑交越失真,则 $u_o=U_{om}\sin\omega t$,输出电压的有效值为 $\dfrac{U_{om}}{\sqrt{2}}$。电路的输出功率为

$$P_o = \left(\frac{U_{om}}{\sqrt{2}}\right)^2 \bigg/ R_L = \frac{U_{om}^2}{2R_L} \qquad (6\text{-}6\text{-}1)$$

直流电源提供的功率为

$$p_U = U_{CC}i_C = U_{CC} \cdot \frac{u_o}{R_L} = \frac{U_{CC}U_{om}}{R_L}\sin\omega t$$

两个电源各供电半个周期,故电源的平均功率为

$$P_{\mathrm{U}} = 2 \cdot \frac{1}{\pi} \int_0^\pi p_{\mathrm{U}} \mathrm{d}\omega t = \frac{2}{\pi} \frac{U_{\mathrm{CC}} U_{\mathrm{om}}}{R_{\mathrm{L}}} \qquad (6\text{-}6\text{-}2)$$

因此电路的效率为

$$\eta = \frac{P_{\mathrm{o}}}{P_{\mathrm{U}}} = \frac{\pi}{4} \frac{U_{\mathrm{om}}}{U_{\mathrm{CC}}} \qquad (6\text{-}6\text{-}3)$$

在极限和理想情况下,$U_{\mathrm{om}} = U_{\mathrm{CC}}$,$P_{\mathrm{om}} = \dfrac{U_{\mathrm{CC}}^2}{2R_{\mathrm{L}}}$,$\eta = \dfrac{\pi}{4} = 78.5\%$。

电源提供的功率与输出功率之差基本上等于三极管的管耗功率,不难证明,平均每只三极管的最大管耗为

$$P_{\mathrm{T1m}} = \frac{1}{\pi^2} \frac{U_{\mathrm{CC}}^2}{R_{\mathrm{L}}} = \frac{2}{\pi^2} \cdot P_{\mathrm{om}} = 0.2 P_{\mathrm{om}} \qquad (6\text{-}6\text{-}4)$$

式(6-6-4)常用来作为选择互补对称放大电路大功率三极管的依据,它表明,如果要求 10 W 的输出功率,则需要两只额定管耗功率不小于 2 W 的大功率三极管即可。

由于图 6-6-2(a)所示电路的输出电压有明显的交越失真,实用的 OCL 互补对称放大电路如图 6-6-3 所示,D_1、D_2 为与三极管同材料的二极管。静态时,D_1、D_2 导通,使 T_1、T_2 的发射极处于微导通,当 $u_i > 0$ 时,T_1 立即完全导通,同时,T_2 截止;当 $u_i < 0$ 时,T_2 立即完全导通,同时 T_1 截止,这样就克服了交越失真。这时,由于三极管 T_1、T_2 的静态工作点稍高于截止点,因此电路工作在甲乙类状态。

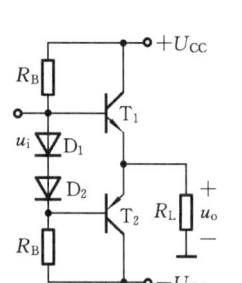

图 6-6-3　OCL 互补对称放大电路

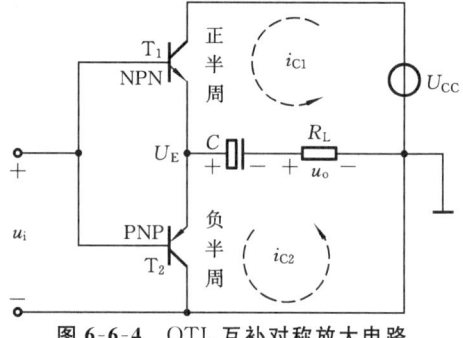

图 6-6-4　OTL 互补对称放大电路

2. OTL 互补对称放大电路

在 OCL 互补对称电路中使用了两个电源,如只有一个电源,则可使用 OTL(output transfomerless,无输出变压器)互补对称放大电路进行功率放大,电路如图 6-6-4 所示。

当有信号输入时,在 u_i 的正半周,T_1 导通,T_2 截止,电源通过 T_1 对 C 充电,电流 i_{C} 流过 R_{L},$u_{\mathrm{o}} > 0$。

在 u_i 的负半周,T_2 导通,T_1 截止,电容 C 通过 T_2 放电,$u_{\mathrm{o}} < 0$,这时电容 C 起着图 6-6-3 中 $-U_{\mathrm{CC}}$ 的作用。

这样在一个周期内,T_1、T_2 交替导通,i_{C1} 和 i_{C2} 以不同方向交替流过负载,在 R_{L} 合成一个正弦波。为使输出波形对称,要求电容 C 上的电压保持基本不变,因此,C 必须采用大电容,一般要求在 $500~\mu\mathrm{F}$ 以上。

在 OTL 互补对称放大电路中,$V_{\mathrm{A}} = \dfrac{1}{2} U_{\mathrm{CC}}$ 时,每个管子的工作电压是 $\dfrac{1}{2} U_{\mathrm{CC}}$,因此,输出电

压的最大值也是 $\frac{1}{2}U_{CC}$，在 OCL 电路中导出的计算 P_o、P_V 和 η 的公式，必须加以修正才能使用，修正的方法是用 $\frac{1}{2}U_{CC}$ 代替式(6-6-1)～式(6-6-3)中的 U_{CC}。

3. 复合管

在上述互补对称放大电路中，T_1、T_2 是一对特性相同的 NPN 和 PNP 型功率管。当 T_1、T_2 是小功率管时较好选配，但当 T_1、T_2 是大功率管时，就很难配对了。T_1、T_2 不对称，将影响到波形的失真和电路的效率，这个问题一般通过复合管解决。

在图 6-6-5(a)中，有

$$i_c = i_{c1} + i_{c2} = \beta_1 i_b + \beta_2 i_{e1}$$
$$= \beta_1 i_b + \beta_2(1+\beta_1)i_{b1} = (\beta_1 + \beta_2 + \beta_1\beta_2)i_{b1}$$
$$\approx \beta_1\beta_2 i_b$$

复合管的电流放大系数为

$$\beta = \frac{i_c}{i_b} \approx \beta_1\beta_2$$

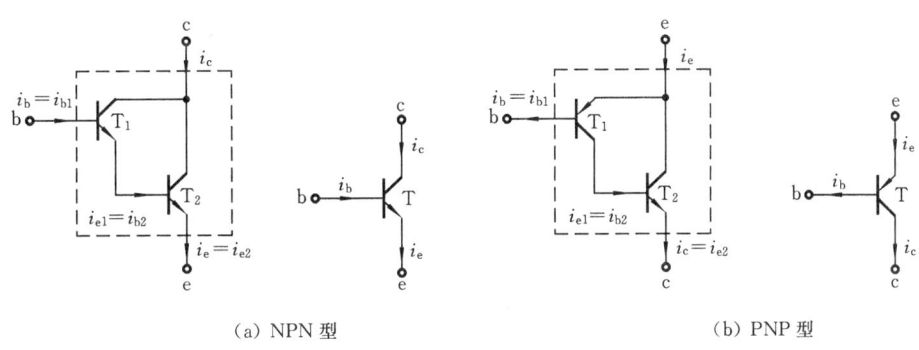

(a) NPN 型　　　　　　　　　　　　　(b) PNP 型

图 6-6-5　复合管

在图 6-6-5(b)中，有

$$i_c = i_{e2} = (1+\beta_2)i_{b2} = (1+\beta_2)i_{c1}$$
$$= (1+\beta_2)\beta_1 i_{b1} \approx \beta_1\beta_2 i_b$$

从图 6-6-5 中可看出，复合管的类型与第一只三极管的类型相同。而与第二只三极管无关，这样，如果 T_1 是两只不同类型但特性相同的小功率管，T_2 是两只相同的大功率管，由 T_1 和 T_2 组成的复合管即可作为一对特性相同的 NPN 型和 PNP 型管使用。

6.6.3　集成功率放大器

随着集成电路技术的发展，各种类型的集成功率放大器(简称"集成功放")相继问世，功率从零点几瓦到一百瓦以上。由于集成功放具有体积小、重量轻、可靠性好、价格低、温度系数好、功耗低、非线性失真小等优点，目前已得到广泛的应用。使用集成功放很方便，只需外接少量的阻容元件，图 6-6-6所示为 TDA2003 型集成功放的引脚图和典型应用电路。TDA2003 属中功率音频集成功放，最大输出功率为 6 W(负载为 4 Ω)，电源电压范围为 6～20 V，其输出级采用前述 OTL 互补对称放大电路。图 6-6-6(b)所示的典型应用电路中，电容 C_2 是电源滤波电容,用以消除电源电压中的干扰信号,C_5和 1 Ω 电阻组成相位补偿电路,以消除可能的自激振荡,并可减小输出信号中的高频干扰信号,C_3和 20 Ω、2 Ω 电阻组成负反馈电路,用以改善输出信号的失真(参阅项目 7)。

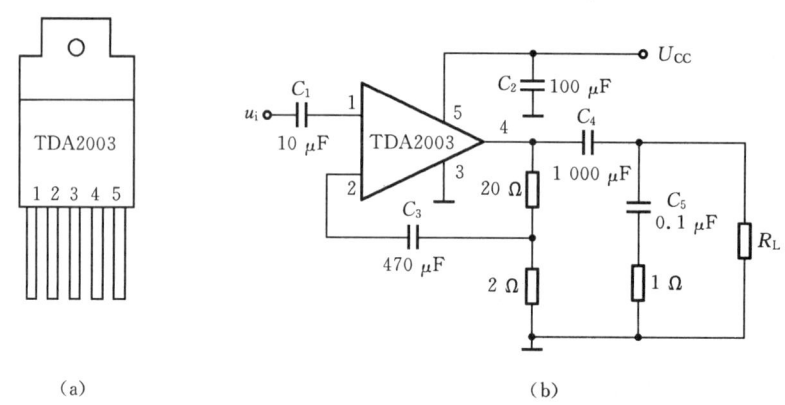

图 6-6-6 TDA2003 型集成功放引脚图和典型应用电路
1—同相输入;2—反相输入;3—地;4—输;5—电源电压

【思考与练习6.6】

6.6.1 功率放大器的作用是什么?它与电压放大器有何区别?对功率放大器有何要求?

6.6.2 什么是甲类、乙类和甲乙类工作状态?产生交越失真的原因什么?如何消除这种失真?

◀ 6.7 多级放大电路 ▶

一般情况下,放大电路的输入信号都很微弱,大多为毫伏级甚至微伏级,而单级放大电路的电压放大倍数一般只有几十倍,往往不能满足要求。为了推动负载工作,必须把若干个单级放大电路连接起来组成多级放大电路,对微弱信号进行连续放大,才能在输出端获得足够的电压幅值或功率。

6.7.1 多级放大电路的耦合

在多级放大电路中,每两个单级放大电路之间的连接方式称为耦合方式。耦合方式有四种:阻容耦合、直接耦合、变压器耦合和光电耦合。

1. 阻容耦合

阻容耦合是各级电路之间通过电阻和电容元件相连接,图 6-7-1 所示为一个简单的阻容耦合的两级放大电路。

阻容耦合方式的优点在于耦合电容的隔直作用,使各级的直流通路互不相通,从而使各级的静态工作点相对独立,电路的分析、设计和调试都比较方便。只要耦合电容足够大,前一级的输出信号几乎没有衰减地加到后一级的输入端,使信号得到充分利用。

　　阻容耦合方式的局限性也源于耦合电容。首先,由于电容的隔直作用,它不能传送直流信号;其次,也不适合传送频率很低的缓变信号,因为这类信号在通过电容时受到很大的衰减;最后,也是最重要的,由于在集成电路中很难制造大容量电容,阻容耦合方式在集成电路中无法采用。

2. 直接耦合

　　直接耦合就是把后级的输入端直接接到前级的输出端,如图 6-7-2 所示。

　　直接耦合方式的优点是,既能放大交流信号,也能放大直流信号和缓变信号,而且便于集成化,集成运算放大器一般都是直接耦合的多级放大电路。

　　直接耦合看似很简单,其实它会带来两个很麻烦的问题,一是前后级静态工作点相互影响,使电路的分析设计和调试很复杂,二是零点漂移问题。

　　产生零点漂移的主要原因是三极管受温度影响、参数发生变化,导致放大电路的静态工作点不稳定,经逐级放大,致使输出电压产生偏差。解决零点漂移问题的常用方法是采用差动式放大电路,这在下一节介绍。

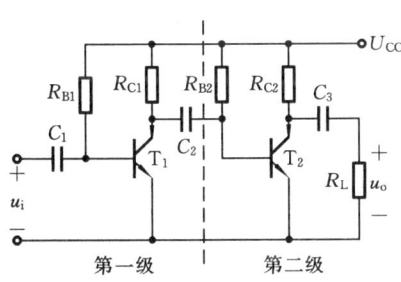

图 6-7-1　阻容耦合的两级放大电路

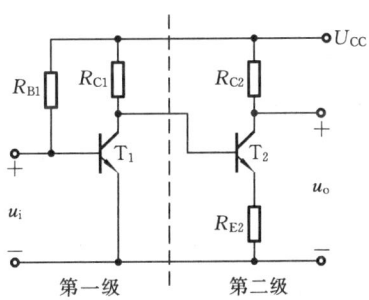

图 6-7-2　直接耦合的多级放大电路

3. 变压器耦合

　　由于变压器能够通过磁路的耦合将原边线圈中交流信号传送到副边线圈,所以也可以作为多级放大电路的耦合元件。

　　变压器耦合的优点是可以通过阻抗变换,将较小的负载或输入电阻变换成比较合适的阻值,以便得到尽可能大的输出电压。变压器耦合的另一个优点是多级工作点互相独立,设计、调试较方便。其主要缺点是变压器比较笨重,更无法集成,而且缓变信号和直流信号也不能通过变压器。目前,变压器耦合在放大电路中已很少采用。

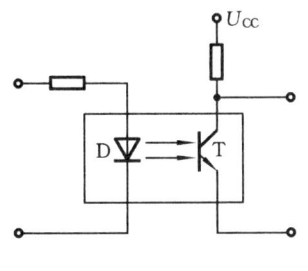

图 6-7-3　光电耦合

4. 光电耦合

　　级与级之间通过发光器件和光敏器件的耦合称为光电耦合,如图 6-7-3 所示,D 为发光二极管,T 为光敏三极管,前级的输出以电流的形式驱动发光二极管发光,将电信号转换成光信号,光照到光敏三极管的基极上,又转换成电信号,并从集电极输出。光电耦合的优点是各级放大电路是相互独立的,由于噪声信号产生的微弱电流不足以使发光二极管发光,因此,光电耦合可以有效地抑制噪声信号的传输。

6.7.2 多级放大电路的动态分析

1. 电压放大倍数

在多级放大电路中,由于各级是互相串联起来的,前一级的输出就是后一级的输入,所以总的电压放大倍数为

$$\dot{A}_{u} = \frac{\dot{U}_{o}}{\dot{U}_{i}} = \frac{\dot{U}_{o1}}{\dot{U}_{i}} \cdot \frac{\dot{U}_{o2}}{\dot{U}_{o1}} \cdots \frac{\dot{U}_{o}}{\dot{U}_{o(n-1)}}$$

$$= \dot{A}_{u1}\dot{A}_{u2}\cdots\dot{A}_{un} \tag{6-7-1}$$

式中,n 为放大电路的级数。

这里要注意,在计算每一级的电压放大倍数时,必须考虑前后级之间的相互影响,一般是将后级的输入电阻作为前级的负载,即 $R_{L_k} = r_{i_{k+1}}$。

2. 输入电阻和输出电阻

一般来说,多级放大电路的输入电阻就是输入级的输入电阻,而输出电阻就是输出级的输出电阻。但若用射极输出器作为输入级或输出级时,则多级放大电路的输入电阻或输出电阻就与后级或前级的参数有关。

在选择多级放大电路的形式和参数时,输入级和输出级主要考虑输入电阻和输出电阻的要求,中间级主要考虑电压放大倍数的要求。

例 6-5 图 6-7-4 所示的多级放大电路中,设三极管的 $\beta = 100$,$U_{BE} = 0.7$ V。

(1) 求电压放大倍数,输入电阻和输出电阻;(2) 若去掉由 T_2、R_{B2}、R_{E2} 组成的缓冲级,电路的电压放大倍数变为多少?

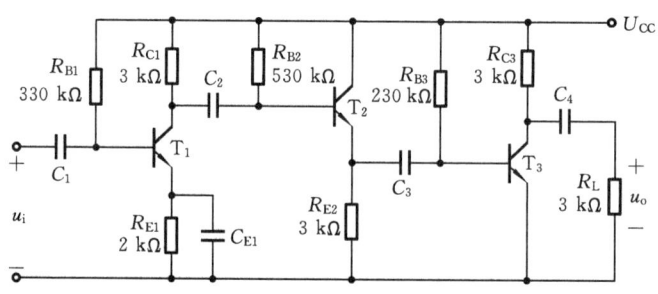

图 6-7-4 例 6-5 图

解 (1) 先求出三极管的集电极电流,即

$$I_{BQ1}R_{B1} + (1+\beta)I_{BQ1}R_{E1} = U_{CC} - U_{BEQ}$$

$$I_{BQ1} = \frac{6 - 0.7}{330 + 101 \times 2} \text{ mA} = \frac{5.3}{532} \text{ mA} = 10 \text{ } \mu\text{A}$$

$$I_{CQ1} = \beta I_{BQ1} = 1 \text{ mA}$$

同理可求得

$$I_{CQ2} = I_{CQ3} = 1 \text{ mA}$$

所以

$$r_{be1} = r_{be2} = r_{be3} = 300 + \beta \frac{26}{I_{CQ}}$$

$$= \left(300 + 100 \times \frac{26}{1}\right) \Omega = 2.9 \text{ k}\Omega$$

$$r_{i3} = R_{B3} \; /\!/ \; r_{be3} = 530 \; /\!/ \; 2.9 \text{ k}\Omega = 2.9 \text{ k}\Omega$$

$$R'_{L2} = R_{E2} \; /\!/ \; r_{i3} = 3 \; /\!/ \; 2.9 \text{ k}\Omega = 1.47 \text{ k}\Omega$$

$$r_{i2} = R_{B2} \; /\!/ \; [r'_{be2} + (1+\beta)R'_{L2}]$$

$$= 230 \; /\!/ \; (2.9 + 101 \times 1.47) \text{ k}\Omega = 91.2 \text{ k}\Omega$$

第一级电压放大倍数为

$$\dot{A}_{u1} = -\beta \frac{R_{C1} \; /\!/ \; r_{i2}}{r_{be1}} = -100 \times \frac{3 \; /\!/ \; 91.2}{2.9} = -100$$

第二级电压放大倍数为

$$\dot{A}_{u2} = \frac{(1+\beta)R_{E2} \; /\!/ \; r_{i3}}{r_{be} + (1+\beta)R_{E2} \; /\!/ \; r_{i3}} = \frac{101 \times 3 \; /\!/ \; 2.9}{2.9 + 101 \times 3 \; /\!/ \; 2.9} = 0.98$$

第三级电压放大倍数为

$$\dot{A}_{u3} = -\beta \frac{R_{C3} \; /\!/ \; R_L}{r_{be3}} = -100 \frac{3 \; /\!/ \; 3}{2.9} = -51.7$$

总电压放大倍数为

$$\dot{A}_u = \dot{A}_{u1} \cdot \dot{A}_{u2} \cdot \dot{A}_{u3} = -100 \times 0.98 \times (-51.7) = 5\,072$$

输入电阻为

$$r_i = r_{i1} = R_{B1} \; /\!/ \; r_{be} = 330 \; /\!/ \; 2.9 \text{ k}\Omega = 2.9 \text{ k}\Omega$$

输出电阻为

$$r_o = r_{o3} = R_{C3} = 3 \text{ k}\Omega$$

（2）去掉中间缓冲级后，I_{CQ} 不变，故 r_{be} 不变，输出级的电压放大倍数不变，仍为 51.7，而第一级的电压放大倍数变为

$$\dot{A}_{u1} = -\beta \frac{R_{C1} \; /\!/ \; r_{i3}}{r_{be}} = -100 \times \frac{3 \; /\!/ \; 2.9}{2.9} = -50.7$$

总的电压放大倍数为

$$\dot{A}_u = -50.7 \times (-51.7) = 2\,621$$

由此可见，中间的射极输出器，虽然没有直接的电压放大作用，但对整个电路的电压放大仍有贡献。

6.8　差动放大电路

在直接耦合放大电路中，抑制零点漂移最有效的电路是差动放大电路。因此，多级直接耦合放大电路的前置级广泛采用这种电路。

6.8.1　差动放大电路的工作原理

图 6-8-1 是由两只特性完全相同的三极管构成的最基本的差动放大电路，信号从两管的基极输入，从两管的集电极输出，下面讨论这个电路的特点。

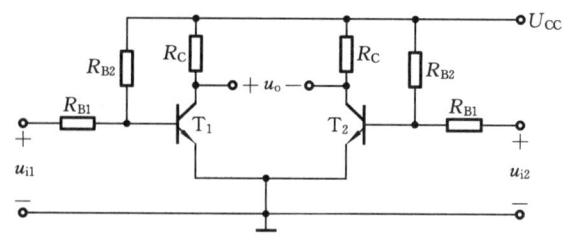

图 6-8-1 基本差动放大电路

1. 零点漂移的抑制

零点漂移是直流放大电路的输入信号为零时,输出信号不为零,而是无规则的波动。产生零点漂移的原因有很多,最主要的原因是温度的影响。温度变化时,半导体内少数载流子的数量随之变化,各项参数也随之改变,造成静态工作点的漂移,因为是直接耦合,前级产生的微小的漂移经过多级放大后送至末级,造成输出端产生较大的电压波动。

在图 6-8-1 所示电路中,由于 T_1、T_2 是两只特性完全相同的三极管,电路参数也完全对称,因此,当 $u_{i1} = u_{i2} = 0$ 时,$V_{C1} = V_{C2}$,$u_o = V_{C1} - V_{C2} = 0$。温度或电源电压变化时,$V_{C1}$ 和 V_{C2} 同时变化,且变化的数值相等,输出电压保持为零,从而抑制了零点漂移。

2. 输出电压与信号输入方式的关系

当有信号输入时,差动放大电路的工作情况可分为以下几种类型来分析。

1)共模输入

两个输入电压大小相等,极性相同,即 $u_{i1} = u_{i2}$,这样的输入形式称为共模输入。共模输入时,差动放大电路的两半电路中的电流和电压变化完全相同,因此,输出电压为零,即差动放大电路的共模放大倍数为零。

2)差模输入

两个输入电压大小相等,极性相反,即 $u_{i2} = -u_{i1}$,这样的输入形式称为差模输入。差模输入时,设 $u_{i1} > 0$,$u_{i2} < 0$,则 u_{i1} 使 T_1 的集电极电流变化 Δi_{C1}(正值),集电极电位变化 Δu_{C1}(负值),u_{i2} 使 T_2 的集电极电流变化 Δi_{C2}(负值),集电极电位变化 Δu_{C2}(正值),由于 $|u_{i1}| = |u_{i2}|$,故 $|\Delta u_{C2}| = |\Delta u_{C1}|$,因此,$u_o = \Delta u_{C1} - \Delta u_{C2} = 2\Delta u_{C1} = 2A_u u_{i1}$,$A_u$ 为单管电压放大倍数,其定义为 $A_u = \dfrac{\Delta u_{C1}}{u_{i1}}$。

3)比较输入

两个输入电压,既非共模,又非差模,它们的大小和极性是任意的,这种输入形式称为比较输入。

令

$$u_{ic} = \frac{1}{2}(u_{i1} + u_{i2})$$

$$u_{id} = \frac{1}{2}(u_{i1} - u_{i2})$$

则

$$u_{i1} = u_{ic} + u_{id}$$

$$u_{i2} = u_{ic} - u_{id}$$

u_{i1} 和 u_{i2} 可以看成是 u_{ic} 与 $\pm u_{id}$ 的叠加,因此,u_{ic} 称为输入信号的共模分量,u_{id} 称为差模分量。根据上面的分析,电路对共模分量没有放大作用,只对差模分量有放大作用,且 $u_o =$

$2A_u u_{id} = A_u(u_{i1} - u_{i2})$。这表明,输出电压仅与输入电压的差值有关。

6.8.2 典型差动放大电路

1. 电路的结构

前面介绍的基本差动放大电路是依靠电路和三极管的对称来抑制零点漂移的,然而尽管电阻可以选取得近乎完全相同,但三极管却做不到,即使是同一批次生产出来的三极管,也有一定的差异。因此,这种电路的对称性是有限的。另外,对每个三极管而言,集电极电位的漂移并未受到抑制,当采用单端输出时,漂移根本无法抑制。为此,实际采用的差动放大电路为图 6-8-2 所示的长尾式差动放大电路。与基本差动放大电路相比,长尾式差动放大电路多了 R_E、U_{EE} 和 R_W,少了 R_{B2}。R_E 的作用是稳定电路的静态工作点,限制每个管子的漂移,同时,对共模输入信号而言,R_E 的引入大大减小了其单管电压放大倍数,对差模信号而言,由于两个三极管集电极电流产生异向变化,两管电流一增一减,通过 R_E 的电流就几乎不变,即 R_E 对差模信号可看成短路,这样 R_E 的引入不影响差模信号的单管电压放大倍数,因此 R_E 称为共模反馈电阻。R_E 越大,电路抑制零点漂移的能力就越强,但 U_{CC} 一定时,R_E 会使集电极电流减小,影响静态工作点和最大输出电压。为此接入负电源 U_{EE} 来补偿 R_E 两端的直流压降,从而获得合适的静态工作点。电位器 R_W 是微调电路对称的,对差模电压放大倍数有影响,因此取值较小,一般取 100 Ω 左右即可。此外,引入 U_{EE} 后,基本差动放大电路中的基极偏置电阻 R_{B2} 可省却,由 R_{B1} 作偏置电阻。

2. 静态分析

图 6-8-3 所示为差放电路中单管的直流通路,由于 R_W 的值与 R_E 相比很小,故在图中略去。

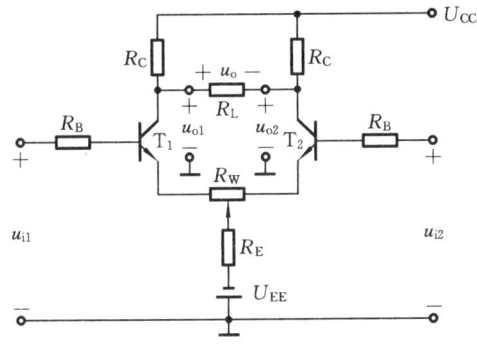

图 6-8-2　长尾式差动放大电路

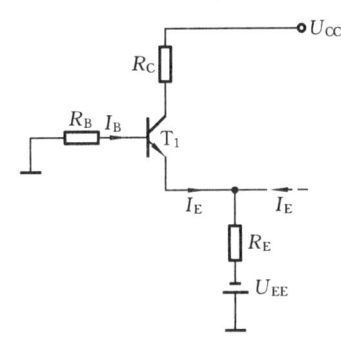

图 6-8-3　差动放大电路的直流分析

设三极管的发射极电流是 I_E,则流过电阻 R_E 的电流是 $2I_E$,由基极回路得

$$R_B I_{BQ} + U_{BEQ} + 2R_E I_{EQ} - U_{EE} = 0$$

$$I_{BQ} = \frac{U_{EE} - U_{BEQ}}{R_B + 2(1+\beta)R_E} \tag{6-8-1}$$

通常 $U_{EE} \gg U_{BE}$,$R_B \ll 2(1+\beta)R_E$,这样,由式(6-8-1)得

$$I_{BQ} = \frac{U_{EE}}{2(1+\beta)R_E} \tag{6-8-2}$$

$$I_{CQ} \approx I_{EQ} = \beta I_{BQ} = \frac{U_{EE}}{2R_E} \tag{6-8-3}$$

$$U_{CEQ} = U_{CC} + U_{EE} - R_C I_{CQ} - 2R_E I_{EQ} = U_{CC} - \frac{R_C}{2R_E} U_{EE} \qquad (6\text{-}8\text{-}4)$$

3. 动态分析

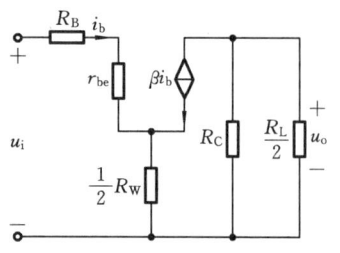

图 6-8-4 单管微变等效电路

当输入差模信号时，$u_{i1} = -u_{i2} = \frac{1}{2} u_i$，$R_E$ 对差模信号不起作用，可看成短路，由电路的对称性可知，负载 R_L 的中点为交流零电位点。这样，单管的微变等效电路如图 6-8-4 所示。由于 $u_i = u_{i1} - u_{i2} = 2u_{i1}$，$u_o = u_{o1} - u_{o2} = 2u_{o1}$，故差模电压放大倍数为

$$A_d = \frac{u_o}{u_i} = \frac{u_{o1}}{u_{i1}} = \frac{-\left(R_C \,/\!/\, \frac{1}{2}R_L\right)\beta i_b}{(R_B + r_{be})i_b + (1+\beta)\frac{1}{2}R_w i_b}$$

$$= -\frac{\beta\left(R_C \,/\!/\, \frac{1}{2}R_L\right)}{R_B + r_{be} + (1+\beta)\dfrac{R_w}{2}} \qquad (6\text{-}8\text{-}5)$$

当输入共模信号时，$u_{i1} = u_{i2}$，因此，$u_{o1} = u_{o2}$，$u_o = 0$，共模电压放大倍数 $A_c = 0$，但如果负载不是接在两管的集电极之间，即所谓的双端输出，而是接在单管的集电极和地之间，即单端输出时，共模放大倍数将不为零，而是

$$A_c = -\frac{\beta R_C \,/\!/\, R_L}{R_B + r_{be} + (1+\beta)\left(\dfrac{1}{2}R_w + 2R_E\right)} \approx -\frac{R_C \,/\!/\, R_L}{2R_E} \qquad (6\text{-}8\text{-}6)$$

为了衡量差动放大电路放大差模信号，抑制共模信号的能力，引入共模抑制比这个指标，其定义为

$$K_{CMRR} = \left|\frac{A_d}{A_c}\right| \qquad (6\text{-}8\text{-}7)$$

或用对数表示，记为

$$K_{CMR} = 20\lg\left|\frac{A_d}{A_c}\right| (\text{dB}) \qquad (6\text{-}8\text{-}8)$$

双端输出时，在理想情况下，差动放大电路的共模抑制比为无穷大，实际电路的共模抑制比在 80 dB 左右。共模抑制比高，说明电路抑制零点漂移的能力强。

◀ 6.9 场效应晶体管及其放大电路 ▶

场效应晶体管是一种利用电场效应进行工作的半导体器件，它与双极型三极管的主要区别是，双极型三极管是电流控制器件，其输出电流受基极电流控制，而场效晶体管是电压控制器件，它的输出电流取决于输入端电压的大小，基本上不需要输入电流。所以由场效应晶体管组成的放大电路可以有很高的输入电阻，达 $10^9 \sim 10^{14}$ Ω 的数量级，远远高于双极型三极管 $10^2 \sim 10^4$ Ω 的数量级。另外，场效应晶体管还有热稳定性好，抗辐射能力强和制造工艺简单等优点，现已广泛应用于放大电路和数字集成电路中。

场效应晶体管按其结构的不同,分为结型场效应晶体管和绝缘栅场效应晶体管。结型场效应晶体管是利用半导体内的电场效应工作的,绝缘栅场效应晶体管是利用半导体表面的电场效应工作的;目前应用较广泛的是 MOS(金属氧化物半导体)型绝缘栅场效应晶体管。限于篇幅,本书只介绍这一种场效应晶体管及其放大电路。

6.9.1 绝缘栅场效应晶体管

绝缘栅场效应晶体管按其工作状态可分为增强型和耗尽型两类,每一类又有 N 型沟道和 P 型沟道之分,下面首先讨论 N 型沟道增强型 MOS 管,然后指出耗尽型管的特点。

用一块掺杂浓度较低的 P 型硅片作衬底,在其上用扩散的方法形成两个高掺杂的 N^+ 区,然后在 P 型硅表面生长一层很薄的二氧化硅绝缘层,再在二氧化硅的表面及 N^+ 型区的表面上分别安置三个电极栅极 G(gate)、源极 S(source)和漏极 D(drain),就构成了 N 沟道型场效应晶体管,如图 6-9-1 所示。由于栅极 G 与其他部分由绝缘氧化层隔离,故名绝缘栅场效应晶体管。

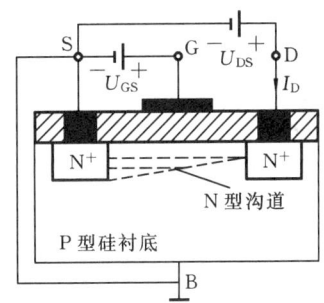

图 6-9-1 N 沟道增强型绝缘栅场效应管

当栅极和源极之间加上电压 U_{GS} 后,在电极附近就产生垂直于电极的电场,由于绝缘氧化层很薄,即使 U_{GS} 只有几伏,电场强度也很高,P 型衬底中的电子受电场力的吸引到达表层,填补空穴。当电压达到一定数值时,吸引到表层附近的电子便形成一个带负电荷的薄层,称为反型层,这个反型层就是沟通源区和漏区的导电通道,称为沟道。由于它是带负荷的,故称为 N 型沟道,形成导电沟道时的栅源电压值称为开启电压,用 U_T 表示,当 U_{GS} 超过 U_T 后,U_{GS} 越大,沟道就越宽,导电能力就越强。导电沟道形成后,在漏极和源极之间加上电压 U_{DS},就产生漏极电流 I_D,显然,对相同的 U_{DS},U_{GS} 越大,I_D 就越大,I_D 与 U_{GS} 的关系称为转移特性,相当于双极型三极管的输入特性。N 沟道增强型 MOS 管的转移特性如图 6-9-2(a)所示,其解析式为

$$I_D = I_{DO}\left(\frac{U_{GS}}{U_T} - 1\right)^2 \quad (U_{GS} > U_T) \tag{6-9-1}$$

式中,U_T 称为开启电压,I_{DO} 为 $U_{GS} = 2U_T$ 时的漏极电流。

当 $U_{GS} > U_T$ 后,外加较小的 U_{DS},漏极电流 I_D 随 U_{DS} 的增加迅速增大,并达到饱和。对不同的 U_{GS},I_D 的饱和值是不同的。I_D 与 U_{DS} 之间的关系称为场效应晶体管的输出特性,如图 6-9-2(b)所示。特性曲线分三个区:可变电阻区、饱和放大区和击穿区,在放大电路中,场效应晶体管一般工作在放大区。

与双极型三极管相似,绝缘栅场效应晶体管除了 I_{DO}、U_T 等参数外,还有一个表示其放大能力的参数,称为跨导,用符号 g_m 表示,其定义为 $g_m = \dfrac{\Delta I_D}{\Delta U_{GS}}\bigg|_{U_{DS}}$。跨导反映了栅源电压对漏极电流的控制能力,从转移特性曲线上看,跨导是工作点处的斜率,即

$$g_m = \frac{dI_D}{dU_{GS}}\bigg|_{U_{DS}} \tag{6-9-2}$$

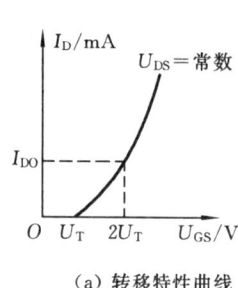

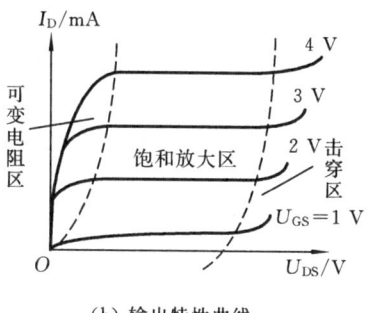

（a）转移特性曲线　　　　　　　　（b）输出特性曲线

图 6-9-2　N 沟道增强型 MOS 管的转移特性曲线和输出特性曲线

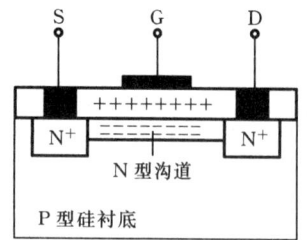

图 6-9-3　耗尽型 MOS 管的结构

上面讨论了 N 沟道增强型 MOS 管的结构和工作原理。耗尽型 MOS 管的结构与增强型基本相同，不同点在于耗尽型 MOS 管的二氧化硅绝缘层中掺有大量的正离子，因而在两个 N$^+$ 区之间感应出较多的电子，形成原始的导电沟道，如图 6-9-3 所示。这样，只要 $U_{DS}>0$，即使 $U_{GS}=0$，I_D 也不为零。只有当 U_{GS} 达到一定的负值时，绝缘层中的正离子产生的电场被栅极削弱到不能感应足够的电子形成导电通道，这时，I_D 才等于零，这时的栅源电压值称为夹断电压，用 U_P 表示，U_P 是一个负值。

实验表明，当 U_{GS} 在 $0\sim U_P$ 之间时，耗尽型 MOS 管的转移特性为

$$I_D = I_{DSS}\left(1 - \frac{U_{GS}}{U_P}\right)^2 \quad (-U_P \leqslant U_{GS} \leqslant 0) \tag{6-9-3}$$

曲线如图 6-9-4(a) 所示，其中 I_{DSS} 是 $U_{GS}=0$ 时漏极电流。输出特性曲线与增强型 MOS 管相似，如图 6-9-4(b) 所示。

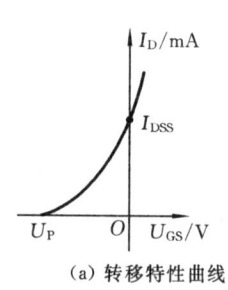

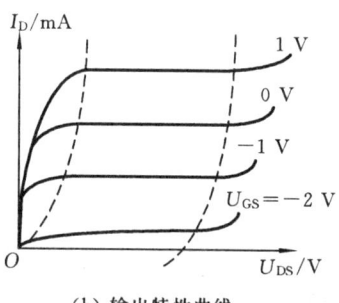

（a）转移特性曲线　　　　　　　　（b）输出特性曲线

图 6-9-4　耗尽型 MOS 管的转移特性曲线和输出特性曲线

N 沟道 MOS 场效应晶体管的符号如图 6-9-5(a)、(b) 所示，增强型 MOS 管的 D、S 之间是一条虚线，表示加了栅源电压后才形成导电沟道，而耗尽型 MOS 管的 D、S 间是一条实线，表示不加栅源电压也有导电沟道。

P 沟道 MOS 场效应晶体管的工作原理与 N 沟道相似，只是要调换电源的极性，电流的方向也相反，因此它们的符号相似，但衬底 B 上箭头的方向相反，如图 6-9-5(c)、(d) 所示。

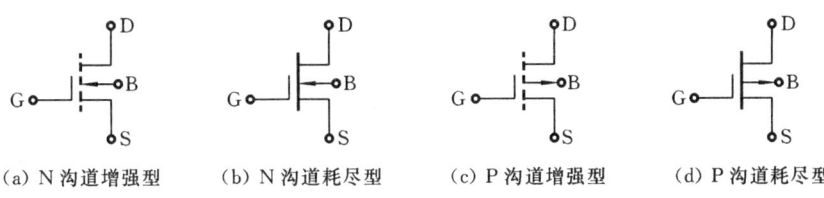

(a) N 沟道增强型　　　(b) N 沟道耗尽型　　　(c) P 沟道增强型　　　(d) P 沟道耗尽型

图 6-9-5　MOS 场效应管的符号

6.9.2　场效应晶体管的主要参数及微变等效电路

1. 场效应晶体管的主要参数

1）饱和漏极电流 I_{DSS}

I_{DSS} 是耗尽型场效应晶体管的一个重要参数,是栅源电压 U_{GS} 等于零,而漏源电压 U_{DS} 大于夹断电压 U_P 时的漏极电流。

2）夹断电压 U_P

U_P 也是耗尽型场效应晶体管的一个重要参数。其定义是当 U_{DS} 一定时,使 I_D 减小到某一个微小电流时所需的 U_{GS} 值。

3）开启电压 U_T

U_T 是增强型场效应晶体管的一个重要参数。其定义是当 U_{DS} 一定时,I_D 从零开始增大时所对应的 U_{GS} 值。

4）直流输入电阻 R_{GS}

R_{GS} 是在 $U_{DS} = 0$ 时,U_{GS} 与栅极电流 I_G 之比。由于场效应晶体管的栅极电流几乎为零,所以 R_{GS} 很高,MOS 管的 R_{GS} 值一般在 $10^9\ \Omega$ 以上。

5）跨导 g_m

g_m 是衡量场效应晶体管放大能力的重要参数,相当于三极管的 β。对耗尽型 MOS 管,由式(6-9-2)和式(6-9-3)可得

$$g_m = -2\frac{I_{DSS}}{U_P}\left(1 - \frac{U_{GS}}{U_P}\right) \tag{6-9-4}$$

由此可见,在不同的工作点,g_m 的值是不同的。

6）耗散功率 P_{DM}

场效应晶体管的耗散功率等于漏极电流与漏源电压的乘积,即 $P_D = I_D U_{DS}$。这个功率将变为热能,使管子升温,P_{DM} 取决于场效应晶体管的最高工作温度。

7）最大漏源电压 $U_{(BR)DS}$

$U_{(BR)DS}$ 是指发生雪崩击穿,I_D 开始急剧上升时的 U_{DS} 值。从场效应的输出特性中可看到,$U_{(BR)DS}$ 随 U_{GS} 减小而减小。

8）最大栅源电压 $U_{(BR)GS}$

$U_{(BR)GS}$ 是指栅极电流开始急剧上升时的 U_{GS} 值。

2. 场效应晶体管的微变等效电路

由场效应晶体管的转移特性和输出特性可知,场效应晶体管是一个非线性元件,与三极管类似,在输入小信号时,可以用一个线性电路即微变等效电路来等效它。

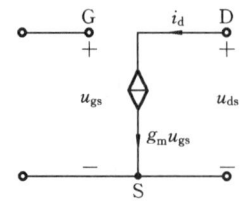

图 6-9-6 场效应管的微变等效电路

先看输入回路,由于栅极电流几乎为零,可以认为场效应晶体管的输入回路等效成开路。再看输出特性曲线,当场效应晶体管工作在放大区时,漏极电流 I_D 与 U_{DS} 几乎无关,只由 U_{GS} 决定。小信号输入时,由跨导 g_m 的定义式可得 $i_d = g_m u_{gs}$,即漏极电流的时变量可用受控源 $g_m u_{gs}$ 等效,这样,场效应晶体管的微变等效电路如图 6-9-6 所示。

6.9.3 场效应晶体管放大电路

以 N 沟道耗尽型 MOS 管为例,介绍由场效应晶体管组成的共源及共漏放大电路及其分析方法。

1. 共源放大电路

图 6-9-7 所示为典型的共源放大电路。静态时,栅极电压由 U_{DD} 经电阻 R_{G1}、R_{G2} 分压后提供,静态漏极电流流过电阻 R_S,产生一个自偏压,场效应晶体管的静态偏置电压 U_{GSQ} 由分压和自偏压共同决定,因此这个电路称为分压自偏压共源放大电路。引入源极电阻 R_S,有利于稳定静态工作点,旁路电容 C_S 的作用是消除 R_S 对交流电压放大倍数的影响,栅极电阻 R_G 的接入是为了提高放大电路的输入电阻,下面对电路进行具体分析。

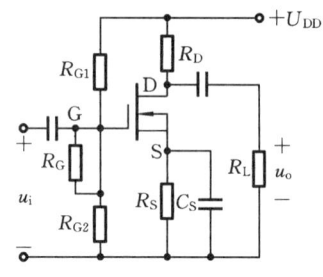

图 6-9-7 分压式自偏共源放大电路

1)静态分析

静态分析就是要确定场效应晶体管的静态工作点 U_{GSQ}、I_{DQ} 和 U_{DSQ}。

由场效应晶体管的转移特性得

$$I_{DQ} = I_{DSS}\left(1 - \frac{U_{GSQ}}{U_P}\right)^2 \tag{6-9-5}$$

由场效应晶体管的输入回路得

$$U_{GSQ} = U_{GQ} - I_{SQ}R_S = \frac{R_{G2}}{R_{G1} + R_{G2}}U_{DD} - I_{DQ}R_S \tag{6-9-6}$$

解联立方程,即可得到 U_{GSQ} 和 I_{DQ},然后根据输出回路,即可求得

$$U_{DSQ} = U_{DD} - I_{DQ}R_D - I_{SQ}R_S = U_{DD} - I_{DQ}(R_D + R_S) \tag{6-9-7}$$

2)动态分析

先画出电路的交流通路及微变等效电路,如图 6-9-8 所示。由式(6-9-4)得

$$g_m = -2\frac{I_{DSS}}{U_P}\left(1 - \frac{U_{GSQ}}{U_P}\right) = \frac{-2\sqrt{I_{DQ}I_{DSS}}}{U_P} \tag{6-9-8}$$

由于

$$\dot{U}_i = \dot{U}_{gs}$$

$$\dot{U}_o = -\dot{I}_d R'_L \quad (R'_L = R_L /\!/ R_D)$$

所以电压放大倍数为

$$\dot{A}_u = \frac{\dot{U}_o}{\dot{U}_i} = \frac{-\dot{I}_d R'_L}{\dot{U}_{gs}} = -g_m R'_L \tag{6-9-9}$$

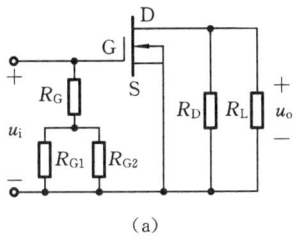
(a)

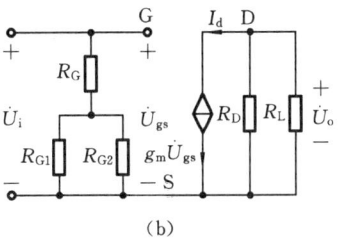
(b)

图 6-9-8 分压式自偏共源放大电路的交流通路和微变等效电路

输入、输出电阻分别为

$$r_i = R_G + R_{G1} \mathbin{/\mkern-5mu/} R_{G2} \tag{6-9-10}$$

$$r_o = R_D \tag{6-9-11}$$

从式(6-9-10)中可看出,引入 R_G 可大大提高放大电路的输入电阻,同时对静态工作点和电压放大倍数没有影响。

例 6-6 在图 6-9-7 所示电路中,设场效应晶体管的 $I_{DSS} = 4$ mA,$U_P = -4$ V,电路参数如下:$R_{G1} = 100$ kΩ,$R_{G2} = 20$ kΩ,$R_G = 5.1$ MΩ,$R_D = R_S = 4$ kΩ,$R_L = 4$ kΩ,$U_{DD} = 12$ V,电容 C_1、C_2、C_S 足够大,容抗可忽略。求:(1)电路的静态工作点;(2)电压放大倍数 A_u,输入、输出电阻 r_i、r_o;(3)若源极旁路电容 C_S 断开,再求 $\dot{A}_u$、r_i、r_o。

解 (1) $$U_{GQ} = \frac{R_{G2}}{R_{G1} + R_{G2}} U_{DD} = \frac{20}{100 + 20} \times 12 \text{ V} = 2 \text{ V}$$

由式(6-9-5)和式(6-9-6)得

$$I_{DQ} = 4 \left(1 + \frac{1}{4} U_{GSQ} \right)^2$$

$$U_{GSQ} = 2 - 4 I_{DQ}$$

解联立方程,得

$$I_{DQ1} = 1 \text{ mA}, \qquad U_{GSQ1} = -2 \text{ V}$$

$$I_{DQ2} = 2.25 \text{ mA}, \qquad U_{GSQ2} = -7 \text{ V}$$

由于 $U_P = -4$ V,故 I_{DQ2}、U_{GSQ2} 不合题意,舍去,所以 $I_{DQ} = 1$ mA,$U_{GSQ} = -2$ V。

$$U_{DSQ} = U_{DD} - I_{DQ}(R_D + R_S) = [12 - 1 \times (4 + 4)] \text{ V} = 4 \text{ V}$$

(2) 场效应晶体管的跨导为

$$g_m = -2 \frac{\sqrt{I_{DQ} I_{DSS}}}{U_P} = -2 \frac{\sqrt{1 \times 4}}{-4} \text{ mS} = 1 \text{ mS}$$

电压放大倍数为

$$\dot{A}_u = -g_m R_L' = -1 \times 4 \mathbin{/\mkern-5mu/} 4 = -2$$

输入、输出电阻为

$$r_i = R_G + R_{G1} \mathbin{/\mkern-5mu/} R_{G2} \approx R_G = 5.1 \text{ MΩ}$$

$$r_o = R_D = 4 \text{ kΩ}$$

(3) 如 C_S 断开,则工作点不变,$g_m = 1$ mS 不变,微变等效电路如图 6-9-9 所示。

$$\dot{U}_{gs} = \dot{U}_i - \dot{I}_d R_S = \dot{U}_i - g_m \dot{U}_{gs} R_S$$

$$\dot{U}_i = (1 + g_m R_S)\dot{U}_{gs}$$

$$\dot{U}_o = -\dot{I}_d R'_L$$

$$\dot{A}_u = \frac{\dot{U}_o}{\dot{U}_i} = \frac{-\dot{I}_d R_L}{(1 + g_m R_S)\dot{U}_{gs}} = -\frac{g_m R'_L}{1 + R_S g_m} =$$

$$-\frac{1 \times 2}{1 + 4 \times 1} = -0.4$$

$$r_i = R_G + R_{G1} /\!/ R_{G2} \approx R_G = 5.1\ \text{M}\Omega \quad (\text{不变})$$

$$r_o = R_D = 4\ \text{k}\Omega \quad (\text{不变})$$

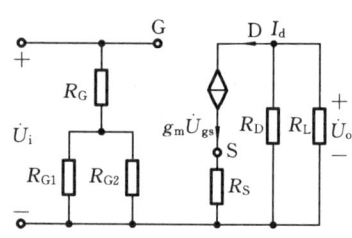

图 6-9-9 C_S 断开时的微变等效电路

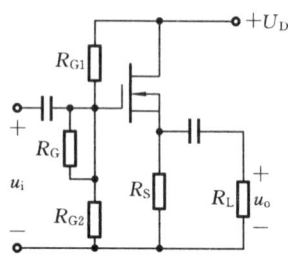

图 6-9-10 共漏极放大电路

2. 共漏极放大电路

共漏极放大电路又称为源极输出器,它与三极管组成的射极输出器具有相似的特点:输入电阻大,输出电阻小,电压放大倍数小于1而接近于1,电路如图 6-9-10 所示。共漏极放大电路的静态分析与分压式自偏共源放大电路相似,只需令 $R_D = 0$ 即可,此处不再重复,下面作动态分析。

先画出放大电路的微变等效电路,如图 6-9-11 所示。

由图可知

$$\dot{U}_o = \dot{I}_D R'_L = g_m \dot{U}_{gs} R'_L \quad (R'_L = R_L /\!/ R_S)$$

$$\dot{U}_i = \dot{U}_{gs} + \dot{U}_o$$

故

$$\dot{A}_u = \frac{\dot{U}_o}{\dot{U}_i} = \frac{g_m \dot{U}_{gs} R'_L}{\dot{U}_{gs} + g_m \dot{U}_{gs} R'_L} = \frac{g_m R'_L}{1 + g_m R'_L} \tag{6-9-12}$$

由此可见,源极输出器的电压放大倍数小于1,当 $g_m R'_L \gg 1$ 时,$\dot{A}_u \approx 1$。

输入电阻为

$$r_i = R_G + R_{G1} /\!/ R_{G2} \tag{6-9-13}$$

求输出电阻时,根据输出电阻的定义,令 $\dot{U}_i = 0$,R_L 开路,在输出端外加测试电压 $\dot{U}_T$,电路如图 6-9-12 所示,由图可知

$$\dot{I}_T = \frac{\dot{U}_T}{R_S} - g_m \dot{U}_{gs}$$

$$\dot{U}_{gs} = \dot{U}_{dS} = -\dot{U}_T$$

$$r_o = \frac{\dot{U}_T}{\dot{I}_T} = \frac{\dot{U}_T}{\dfrac{\dot{U}_T}{R_S} - g_m(-\dot{U}_T)} = \frac{1}{\dfrac{1}{R_S} + g_m} = R_S /\!/ \frac{1}{g_m} \tag{6-9-14}$$

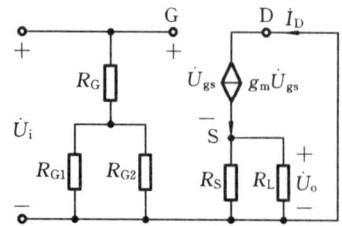

图 6-9-11 共漏极放大电路的微变等效电路

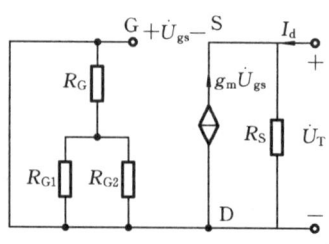

图 6-9-12 共漏放大电路输出电阻的等效电路

【思考与练习 6.9】

6.9.1 场效应晶体管与双极型三极管比较有何特点？

6.9.2 说明场效应晶体管的开启电压 U_T 和夹断电压 U_P 的意义。

习题6

6.1 在一放大电路中，测得某正常工作的三极管电流 $I_E=2$ mA，$I_C=1.98$ mA，若通过调节电阻，使 $I_B=40$ μA，求此时的 I_C。

6.2 在一放大电路中，有三个正常工作的三极管，测得三个电极的电位 U_1、U_2、U_3 分别为：(1) $U_1=6$ V，$U_2=3$ V，$U_3=2.3$ V；(2) $U_1=3$ V，$U_2=10.3$ V，$U_3=10$ V；(3) $U_1=-6$ V，$U_2=-2.3$ V，$U_3=-2$ V。

试确定三极管的各电极，并说明三极管是硅管还是锗管？是 NPN 型还是 PNP 型？

6.3 已知某三极管的极限参数为 $P_{CM}=100$ mW，$I_{CM}=20$ mA，$U_{(BR)CEO}=15$ V。试问在下列几种情况下，哪种是正常工作？(1) $U_{CE}=3$ V，$I_C=10$ mA；(2) $U_{CE}=2$ V，$I_C=40$ mA；(3) $U_{CE}=10$ V，$I_C=20$ mA。

6.4 已知某放大电路的输出电阻为 2 kΩ，负载开路时的输出电压为 4 V，求放大电路接上 3 kΩ 的负载时的输出电压值。

6.5 将一电压放大倍数为 300，输入电阻为 4 kΩ 的放大电路与信号源相连接，设信号源的内阻为 1 kΩ，求信号源电动势为 10 mV 时，放大电路的输出电压值。

6.6 单管共射放大电路如图 6-1 所示，已知三极管的电流放大倍数 $\beta=50$。(1) 估算电路的静态工作点；(2) 计算三极管的输入电阻 r_{be}；(3) 画出微变等效电路，计算电压放大倍数；(4) 计算电路的输入电阻和输出电阻。

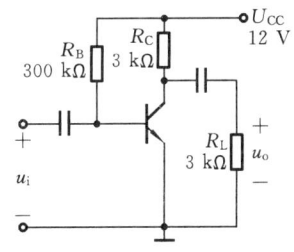

6.7 试判断图 6-2 中各电路能不能放大交流信号，并说明原因。

图 6-1 习题 6.6 图

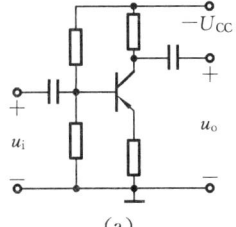
(a)

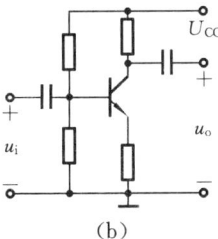
(b)

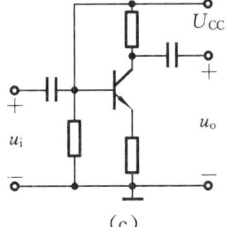
(c)

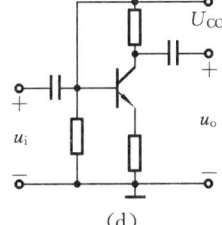
(d)

图 6-2 习题 6.7 图

6.8 单管共射放大电路和三极管的输出特性曲线如图 6-3 所示。(1) 试作出直流负载线和交流负载线；(2) 估算最大不失真电压的有效值；(3) 当 u_i 足够大时，输出电压首先出现何种失真，如何消除？

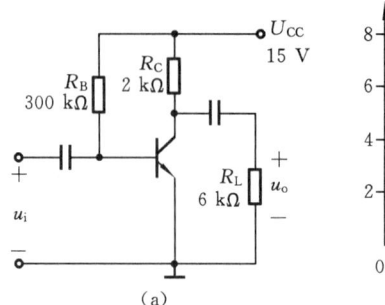 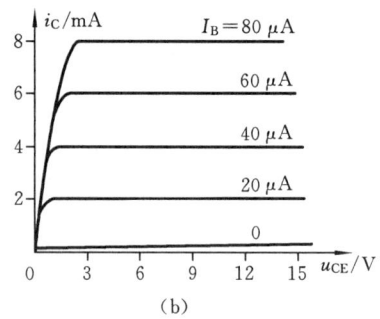

图 6-3　习题 6.8 图

6.9　在图 6-4 所示的分压式偏置电路中，三极管为硅管，$\beta=40$，$U_{BE}=0.7$ V。

（1）估算电路的静态工作点；（2）若接入 5 kΩ 的负载电阻，求电压放大倍数，输入电阻和输出电阻。

6.10　图 6-5 所示电路为共基极放大电路。

（1）画出直流通路，估算电路的静态工作点；（2）画出交流通路和微变等效电路，导出电压放大倍数、输入电阻和输出电阻的计算公式。

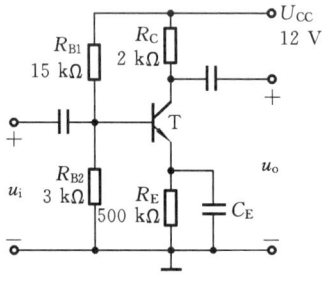 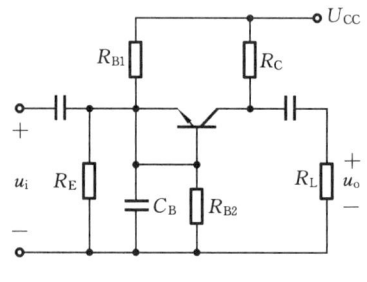

图 6-4　习题 6.9 图　　　　　　　　　图 6-5　习题 6.10 图

6.11　求图 6-6 所示两级放大电路的电压放大倍数、输入电阻和输出电阻。设 $\beta_1=\beta_2=50$。

6.12　在图 6-7 所示的两级放大电路中，设 $\beta_1=\beta_2=100$，$r_{be1}=6$ kΩ，$r_{be2}=1.5$ kΩ，求电压放大倍数、输入电阻、输出电阻。

6.13　一个甲乙类 OCL 互补对称放大电路，$U_{CC}=12$ V，$R_L=8$ Ω，设三极管的饱和压降 $U_{CES}\approx0$。

求：（1）电路的最大不失真输出功率；（2）直流电源提供的功率；（3）功率管的最小额定功率。

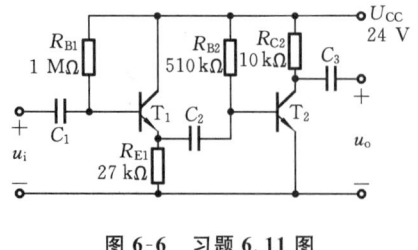 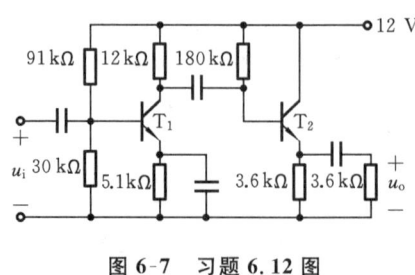

图 6-6　习题 6.11 图　　　　　　　　图 6-7　习题 6.12 图

6.14　一额定功率为 4 W，阻值为 8 Ω 的负载，如用 OTL 互补对称放大电路驱动，忽略三极管的饱和压降,电源电压应不低于多少?

6.15 已知某耗尽型 MOS 管的夹断电压 $U_P = -2.5$ V,饱和漏极电流 $I_{DSS} = 0.5$ mA,求 $U_{GS} = -1$ V 时的漏极电流 I_D 和跨导 g_m。

6.16 图 6-8 所示电路为耗尽型场效应晶体管的自给偏压放大电路,设场效应晶体管的夹断电压 $U_P = -2$ V,饱和漏极电流 $I_{DSS} = 2$ mA,各电容的容抗均可忽略。

(1) 求静态工作点和跨导;(2) 画出微变等效电路,并求电压放大倍数、输入电阻和输出电阻。

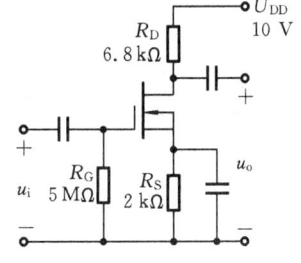

图 6-8 习题 6.16 图

项目 7

集成运算放大电路及其应用

······································

> **知识目标**

（1）了解集成运算放大器的基本组成和主要参数；

（2）掌握负反馈的基本概念及其对放大电路性能的影响；

（3）掌握集成运算放大电路在信号运算与处理方面的应用，以及集成运算放大电路在信号发生电路中的应用。

> **能力目标**

（1）能对集成运算放大电路进行选择、分析与应用；

（2）养成自主学习、协作学习、探究学习的意识。

> **素质目标**

（1）培养学生追求卓越、勇于拼搏的奋斗精神；

（2）培养学生虚心好学、持之以恒的品质。

◀ 7.1 集成运算放大电路 ▶

集成电路是 20 世纪 60 年代初期发展起来的一种半导体器件,它是在半导体制造工艺的基础上,在一块微小的硅基片上制造出来的能实现特定功能的电子电路。相对于由单个元件连接起来的分立电路而言,它具有体积小、重量轻、功耗低、可靠性高和价格便宜等特点。它的问世,是继晶体管后电子技术发展的又一次飞跃。

就集成度而言,集成电路有小规模集成电路(SSI)、中规模集成电路(MSI)、大规模集成电路(LSI)和超大规模集成电路(VLSI)之分。目前的超大规模集成电路,每块芯片上可制有上亿个元件。按导电类型分,集成电路可分为双极型(双极型晶体管)、单极型(场效应晶体管)及二者兼容型。按功能分,集成电路又可分为模拟集成电路、数字集成电路及模数混合电路。

集成运算放大电路(以下简称"集成运放")是一种高电压放大倍数、高输入阻抗、低输出阻抗的直接耦合的多级放大电路。集成运放现已发展到第四代,第一代至第三代集成运放属于中小规模的模拟集成电路,第四代属于大规模集成电路。早期的集成运放主要用来完成对信号的加法、减法、积分、微分等运算,故称运算放大器,现在,它的应用已远远超出这一范围。

7.1.1 集成运放的组成

集成运放通常由输入级、电压放大级、输出级和偏置电路四部分组成,如图 7-1-1 所示。

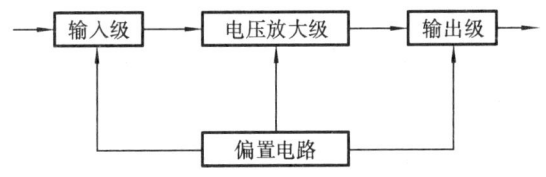

图 7-1-1 集成运放的组成

输入级一般都采用差动放大电路,要求其输入电阻高,零点漂移小,能抑制干扰信号,输入级是提高集成运放质量的关键部分。

集成运放一般有两个输入端,一个称为同相输入端,另一个称为反相输入端。信号从同相输入端输入时,输出电压与输入电压同相;信号从反相输入端输入时,输出电压与输入电压反相。

电压放大级的主要作用是提高电压增益,一般由一级或多级的共发射极放大电路组成。

输出级与负载相连接,要求其输出电阻低、带负载能力强,能够输出足够大的电压和电流,一般由互补对称放大电路或射极输出器组成。

偏置电路为各级电路提供稳定和合适的偏置,决定各级的静态工作点,一般由各种恒流源电路组成。

图 7-1-2 所示为 CF741 型集成运放的简化电路图,图中将偏置电流源和有源负载电路分别用电流源符号表示,部分作为提高电路性能的电路和保护电路没有画出。CF741 型集成运放属于第二代产品,是目前仍被广泛应用的通用型集成运放。

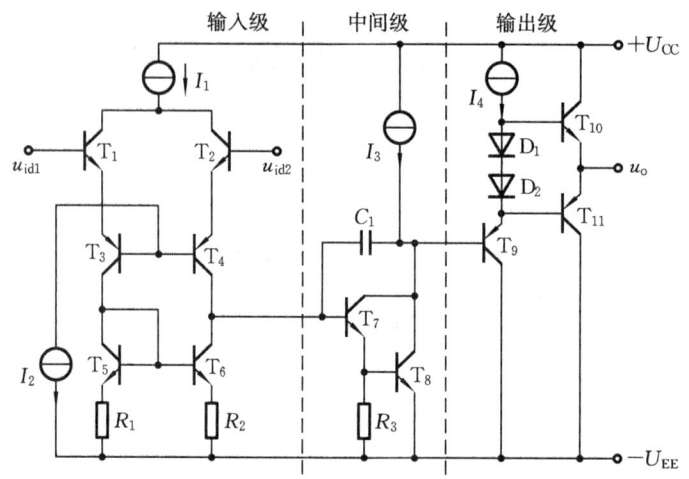

图 7-1-2　CF741 型集成运放的简化电路

7.1.2　集成运放的主要参数与分类

1. 集成运放的主要参数

集成运放的性能可用一些参数来表示,为了合理选用和正确使用集成运放,必须了解其主要参数的含义。

1) 最大输出电压 U_{opp}

与输入电压保持不失真关系的最大输出电压,称为集成运放的最大输出电压 U_{opp}。电源电压为 ± 15 V 时,U_{opp} 一般在 ± 13 V 左右。

2) 开环差模电压放大倍数 A_{od}

开环差模电压放大倍数 A_{od} 是指集成运放在无外加反馈、工作在线性区时的直流差模电压增益,一般用对数表示,单位为 dB,即

$$A_{od} = 20 \lg \left| \frac{U_o}{U_{id}} \right| \ \mathrm{dB}$$

实际集成运放的 A_{od} 一般在 100 dB 左右。

3) 输入失调电压 U_{io} 和输入失调电压温漂 α_{Uio}

输入失调电压 U_{io} 是输出电压为零时,在输入端所加的补偿电压,其大小反映了输入级差动管的对称程度。一般集成运放的 U_{io} 值在 $1 \sim 10$ mV。U_{io} 随温度而变化,其变化率称为输入失调电压温漂,即 $\alpha_{Uio} = \dfrac{\mathrm{d}U_{io}}{\mathrm{d}T}$。

4) 输入失调电流 I_{io} 和输入失调电流温漂 α_{Iio}

输入失调电流是当输出电压为零时,两个输入端偏置电流之差 $I_{io} = |I_{b1} - I_{b2}|$,其大小反映了差动管输入电流的不对称情况。一般集成运放的 I_{io} 值为几十纳安至一百纳安。I_{io} 随温度的变化率称为输入失调电流温漂,即 $\alpha_{Iio} = \dfrac{\mathrm{d}I_{io}}{\mathrm{d}T}$。

5）输入偏置电流 I_{ib}

I_{ib} 是输出电压等于零时,两个输入端偏置电流的平均值,$I_{ib} = \frac{1}{2}(I_{b1} + I_{b2})$,$I_{ib}$ 是衡量差动放大电路输入电流大小的指标。双极型晶体管输入级的集成运放,其输入偏置电流为几十纳安至一微安,场效应晶体管输入级的集成运放,输入偏置电流在 1 nA 以下。

6）最大共模输入电压 U_{icm}

U_{icm} 是指集成运放所能承受的最大共模输入电压,超过此值,集成运放的共模抑制能力将显著下降。一般指集成运放在作电压跟随器时,使输出电压产生 1‰ 跟随误差的共模输入电压。

7）最大差模输入电压 U_{idm}

U_{idm} 是指集成运放反相输入端和同相输入端之间能够承受的最大电压,若超过此值,输入级差动放大电路中的一个三极管的发射结可能被反向击穿。

8）最大输出电流 I_{om}

I_{om} 是指集成运放所能输出的正向或反向的峰值电流,输出电流超过此值,集成运放很容易损坏。

9）－3 dB 带宽 $BW(f_H)$

－3 dB 带宽 BW 又称开环带宽 BW,是指开环差模电压增益下降为直流电压增益的 $\frac{1}{\sqrt{2}}$ 倍时对应的频率 f_H,此时若电压增益用分贝表示,则电压增益变化量为 $20\lg\frac{1}{\sqrt{2}} = -3$ dB,故称为－3 dB 带宽。CF741 型集成运放的 f_H 约为 7 Hz。

10）单位增益带宽 $BW_G(f_T)$

BW_G 是指开环差模电压放大倍数下降到 $A_{od} = 1$ 时的频率 f_T。它是集成运放的重要参数。CF741 型集成运放的 f_T 的典型值为 1.2 MHz。

11）转换速率 S_R

转换速率是指集成运放在闭环状态下,输入为大幅度阶跃信号时,输出电压对时间的最大变化率,即 $S_R = \frac{dU_o}{dT}$。这个指标描述集成运放对高速变化的输入信号的适应能力,实际工作中,输入信号的时间变化率一般不能大于集成运放的 S_R 值,否则会产生失真。

除了以上介绍的几项参数指标外,还有输入电阻 r_i、输出电阻 r_o、共模抑制比 K_{CMR}、静态功耗 P_W 等,这些参数的含义在前面已介绍过,这里不再赘述。

2. 集成运放的分类

集成运放分为通用型和专用型两大类。通用型集成运放的各项参数都比较适中,无突出的指标,应用范围最广泛。除现在普遍使用的第二代、第三代产品外,已有第四代产品,第四代产品具有低失调电压、低失调电流、低温漂、高开环增益、高共模抑制比、高输入阻抗的特点。专用型集成运放是指某些单项指标达到比较高要求的集成运放,有高精度型、高速型、高阻型、高压型、大功率型、低功耗型和宽带型等集成运放。

1）高精度型集成运放

高精度型集成运放的主要特点是漂移和噪声很低,而开环增益和共模抑制比很高,主要应用于精密放大电路中。

2）高速型集成运放

转换速率 S_R 大于 30 V/μs 的集成运放称为高速型集成运放，主要应用于模/数和数/模转换器、有源滤波器及高速采样-保持电路中。

3）高阻型集成运放

差模输入阻抗大于 100 MΩ 的集成运放称为高阻型集成运放，其输入偏置电流 I_{ib} 为几至几十皮安，主要应用于精密放大电路、有源滤波器、采样-保持电路及模/数和数/模转换电路中。

4）高压型集成运放

电源电压和最大输出电压在±30 V 的集成运放称为高压型集成运放。

5）大功率型集成运放

兼有高输出电压和高输出电流的集成运放称为大功率型集成运放。

6）低功耗型集成运放

电源电压为±15 V 时，最大功耗不大于 6 mW 或工作在低电源电压时，具有低静态功耗并保持良好性能指标的集成运放称为低功耗型集成运放。

7）宽带型集成运放

单位增益带宽 BW_G 大于 10 MHz 的集成运放称为宽带型集成运放，主要应用于滤波电路中。

7.1.3 理想集成运放及特点

在实际电路中，为分析方便，通常将集成运放视为理想器件。理想集成运放的条件是：① 开环差模电压放大倍数 $A_{od} \to \infty$；② 差模输入电阻 $r_{id} \to \infty$；③ 输出电阻 $r_{od} \to 0$；④ −3 dB 带宽 $BW\ f_H \to \infty$；⑤ 共模抑制比 $K_{CMR} \to \infty$。

由于实际集成运放的上述参数除−3 dB 带宽 BW 外，与理想集成运放的条件接近，因此，在分析时用理想集成运放代替实际集成运放所引起的计算误差很小，但分析过程大大简化。因此，后面讨论的集成运放都是理想集成运放。集成运放的电路符号如图 7-1-3 所示，它有两个输入端和一个输出端，"＋"端表示同相输入端，"－"端表示反相输入端，信号从同相输入端输入时，输出信号电压与输入信号电压同相，信号从反相输入端输入时，输出信号电压与输入信号电压反相。为了简化电路符号，图中没有画出电源及其他外接元件的连接端，实际应用时，要按器件手册的管脚图连接电路。

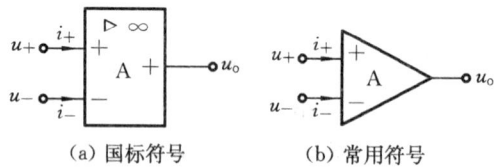

（a）国标符号　　　　（b）常用符号

图 7-1-3　集成运放的电路符号

集成运放的工作区分为线性区和非线性区。当集成运放工作在线性区时，u_o 与 $(u_+ - u_-)$ 是线性关系，即

$$u_o = A_{od}(u_+ - u_-)$$

（7-1-1）

由式(7-1-1),结合理想集成运放的条件,可得出集成运放工作在线性区时的两条重要结论。

1)$u_+ = u_-$

由于$A_{od} \to \infty$,而输出电压u_o为有限值,所以$u_+ - u_- = \dfrac{u_o}{A_{od}} \to 0$,即$u_+ = u_-$。这表明两输入端的电位几乎相等,这种情况称为"虚短"。

2)$i_+ = i_- = 0$

由于$r_{id} \to \infty$,而u_+和u_-均为有限值,故可认为两个输入端的输入电流为零,这种情况称为"虚断"。

"虚短"和"虚断"是理想集成运放工作在线性区时的两个重要结论,也是后面分析集成运放应用电路的出发点。

当集成运放工作在饱和区时,根据理想条件也可得出两条结论。

(1)输出电压u_o等于集成运放的最大输出电压U_{opp}。

当$u_+ > u_-$时,$u_o = +U_{opp}$;当$u_+ < u_-$时,$u_o = -U_{opp}$。

(2)由于$r_{id} \to \infty$,虽然u_{id}不等于零,但仍有$i_+ = i_- = 0$。

综上所述,理想集成运放工作在线性区和非线性区时,各有不同的特点,因此,在分析含集成运放的电路时,必须首先判断集成运放工作在线性区还是非线性区。

【思考与练习7.1】

7.1.1 集成运放是有源器件还是无源器件?使用时应注意什么?

7.1.2 什么是理想运算放大器?理想运算放大器工作在线性区和非线性区时各有何特点?

◀ 7.2 放大电路中的负反馈 ▶

反馈是电子技术和自动控制中的一个重要概念,负反馈可以改善放大电路多方面的性能,在实际的放大电路中,几乎都采用了负反馈。本节首先介绍反馈的一些基本概念、反馈的类型及判别方法,分析四种常用反馈组态,在此基础上,导出反馈放大电路的基本方程,讨论负反馈对放大电路性能的影响。

7.2.1 反馈的基本概念和分类

1. 反馈的基本概念

所谓反馈,就是将放大电路的输出信号(电压或电流)的部分或全部,通过一定的方式,回送到电路的输入端。具有反馈的放大电路是一个闭合系统,基本组成如图7-2-1所示。由图可见,信号有两条传输途径,一条是正向传输途径,信号$\dot{x}_d$经放大电路A由输入端传向输出端,A称为基本放大电路。另一条是反向传输途径,输出信号$\dot{x}_o$经过电路F由输出端传向输入端,电路F称为反馈网络。反馈到输入端的信号$\dot{x}_f$称为反馈信号,反馈网络中的元件称为反馈元件。这时应注意,信号$\dot{x}_i$也可通过F传输到输出端,但由于F无放大作用,这种正向传输对输出的影响可忽略不计。

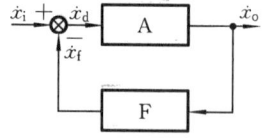

图 7-2-1 反馈放大电路的方框图

在图 7-2-1 中,净输入信号 $\dot{x}_d = \dot{x}_i - \dot{x}_f$,若 $x_d > x_i$,即引入反馈后,基本放大电路的输入信号增大,从而使输出信号增大,整个电路的放大倍数提高,这样的反馈称为正反馈;相反,若 $x_d < x_i$,反馈使基本放大电路的输入信号减小,从而降低整个放大电路的放大倍数,这样的反馈称为负反馈。

反馈的正、负称为反馈极性,反馈极性的判断一般采用瞬时极性法,即先假定输入信号在某一瞬时的极性,然后逐级推出放大电路中有关各点的瞬时极性,最后判断反馈到输入端的信号是增强了还是削弱了基本放大电路的输入信号。图 7-2-2(a)所示电路中,联系输入回路和输出回路的元件是电阻 R_E,R_E 的存在使晶体管发射极的交流电位不为零,设输入信号 u_i 的瞬时极性为⊕,于是晶体管基极和发射极对地电压的瞬时极性也为⊕,引入 R_E 后,晶体管的净输入电压 u_{be} 减小了,因此,这个电路引入的反馈是负反馈。而在图 7-2-2(b)所示电路中,由于输入信号在反相输入端,因此,输入端瞬时极性为⊕时,输出端的瞬时极性为⊖,运放同相输入端的瞬时极性也为⊖,因此,引入反馈电阻 R_1 和 R_2 后,运放的净输入信号 u_d 增大了,引入的反馈是正反馈。

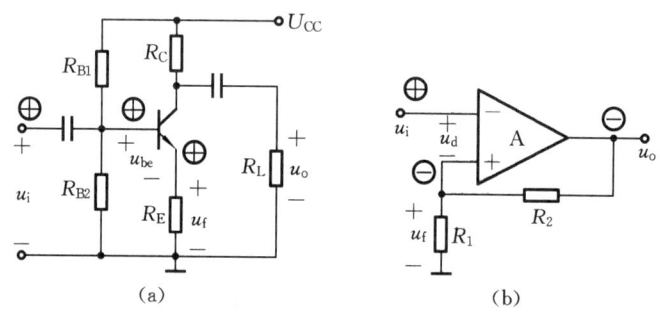

图 7-2-2 瞬时极性法判断正反馈和负反馈

2. 反馈的分类

1) 直流反馈和交流反馈

根据反馈信号的交直流性质,反馈可分为直流反馈和交流反馈。如反馈信号中只有直流成分,则称为直流反馈;如反馈信号中只有交流成分,则称为交流反馈。

在一个实用放大电路中,往往同时存在直流负反馈和交流负反馈,直流负反馈的作用是稳定工作点,对动态性能无影响;交流负反馈的作用是改善电路的动态性能。下面将看到不同类型的交流负反馈对放大电路的动态性能的影响是不同的。本节主要讨论交流负反馈。

2) 电压反馈和电流反馈

根据反馈信号在输出端采样方式的不同,反馈可分为电压反馈和电流反馈。

如反馈信号取自输出电压,则称为电压反馈;如反馈信号取自输出电流,则称为电流反馈。这里要注意的是,电压反馈和电流反馈并非由反馈信号是电压还是电流来决定,而是由反馈信号的来源决定的。判断电压反馈和电流反馈的方法是:将输出电压置零(即设输出电压等于零),若反馈信号也为零,则为电压反馈;若反馈信号不为零,则为电流反馈。如在图 7-2-2(a)所示电路中,输出电压 u_o 为零时,反馈元件 R_E 上的交流压降 $u_f = R_E i_c$ 仍存在,即反馈信号不为零,故是电流反馈;而在图 7-2-2(b)所示电路中,当输出电压为零时,同相输入端的对地电压也为零,反馈消失,故是电压反馈。

在放大电路中,引入电压负反馈,将使输出电压保持稳定,引入电流负反馈,将使输出电流保持稳定。

3) 串联反馈和并联反馈

根据反馈信号与输入信号在输入端的连接形式的不同,反馈可分为串联反馈和并联反馈。

如反馈信号与输入信号在输入端串联,则为串联反馈;若并联,则为并联反馈。由于不同的电压信号不能并联,只能串联,而不同的电流信号不能串联,只能并联,所以,对串联反馈,反馈信号是电压,对并联反馈,反馈信号是电流。

在图 7-2-2 所示的两个电路中,反馈信号与输入信号在输入回路串联,净输入信号 u_{be} 和 u_d 等于 $u_i + (-u_f)$,故为串联反馈。在图 7-2-3 所示电路中,联系输入、输出回路的反馈元件是 R_F 和 R_{E2},由于 R_F 和 R_{E2} 的存在,使 i_f 不等于零,从而改变了晶体管的净输入电流 i_b,由于 i_f 和 i_i 是以并联形式叠加的,$i_b = i_i + (-i_f)$,所以是并联反馈(对级间反馈而言)。

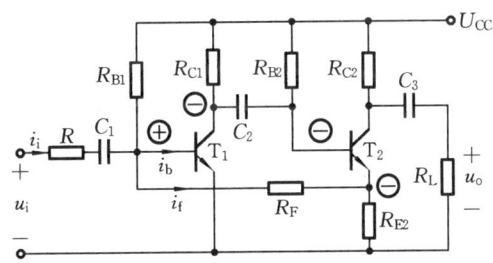

图 7-2-3　电流并联反馈电路

3. 负反馈的四种组态

根据反馈信号在输出端的采样方式以及在输入端与输入信号的连接形式,负反馈有四种组态,即电压串联负反馈、电压并联负反馈、电流串联负反馈和电流并联负反馈,其典型电路如图 7-2-4 所示。

在图 7-2-4(a)和(b)所示电路中,若将输出电压置零,则反馈消失,因此是电压反馈,而在图 7-2-4(c)和(d)所示电路中,$u_o = 0$ 时,反馈不消失,故是电流反馈。在图 7-2-4(a)和(c)所示电路中,反馈信号以电压形式与输入信号串联,净输入电压 u_d 小于总输入电压 u_i,故是串联负反馈。在图 7-2-4(b)和(d)所示电路中,反馈信号以电流形式与输入信号并联,净输入电流 i_d 小于总输入电流 i_i,故是并联负反馈。

7.2.2　负反馈对放大电路性能的影响

1. 降低放大倍数

在图 7-2-1 所示电路中,定义基本放大电路 A 的放大倍数为 $\dot{A} = \dfrac{\dot{x}_o}{\dot{x}_d}$,反馈网络 F 的反馈系数为 $\dot{F} = \dfrac{\dot{x}_f}{\dot{x}_o}$,$\dot{A}$、$\dot{F}$ 一般为复数。$\dot{A}$ 又称为开环放大倍数。定义反馈放大电路的闭环放大倍数为 $\dot{A}_f = \dfrac{\dot{x}_o}{\dot{x}_i}$,则由图 7-2-1 可得:$\dot{x}_d = \dot{x}_i - \dot{x}_f$,$\dot{x}_f = \dot{F}\dot{x}_o$,$\dot{x}_o = \dot{A}\dot{F}\dot{x}_d$,$\dot{x}_i = \dot{x}_d + \dot{x}_f = (1 + \dot{A}\dot{F})\dot{x}_d$,故

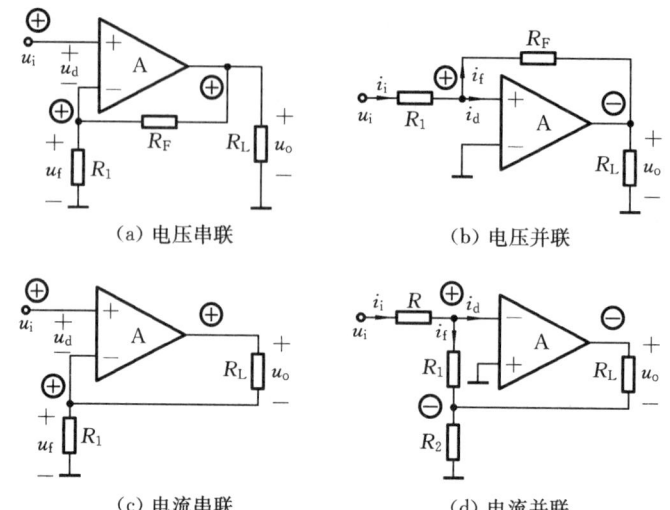

(a) 电压串联   (b) 电压并联

(c) 电流串联   (d) 电流并联

图 7-2-4 负反馈的四种组态

$$\dot{A}_f = \frac{\dot{x}_o}{\dot{x}_i} = \frac{\dot{A}\dot{x}_d}{\dot{x}_d + \dot{x}_f} = \frac{\dot{A}}{1+\dot{A}\dot{F}} \tag{7-2-1}$$

式(7-2-1)称为反馈放大电路的基本方程,式中 $\dot{A}$ 和 $\dot{A}_f$ 均为广义放大倍数,对不同的反馈组态,其意义各不相同,对电压串联反馈,$\dot{x}_o$ 和 $\dot{x}_i$ 均为电压,$\dot{A}_f = \dfrac{\dot{U}_o}{\dot{U}_i} = A_{uf}$ 是电压放大倍数;对电压并联反馈,$\dot{x}_o$ 是电压,而 $\dot{x}_i$ 是电流,$\dot{A}_f = \dfrac{\dot{U}_o}{\dot{I}_i} = \dot{A}_{Rf}$ 是互阻增益;对电流串联反馈,$\dot{x}_o$ 是电流,$\dot{x}_i$ 是电压,$\dot{A}_f = \dfrac{\dot{I}_o}{\dot{U}_i} = \dot{A}_{Gf}$ 是互导增益;对电流并联反馈,$\dot{x}_o$ 和 $\dot{x}_i$ 均是电流,$\dot{A}_f = \dfrac{\dot{I}_o}{\dot{I}_i} = \dot{A}_{if}$ 是电流放大倍数。

式(7-2-1)中,$\dot{A}\dot{F}$ 称为环路放大倍数,表示信号沿着基本放大电路和反馈网络组成的环路绕行一周后所得到的放大倍数。$|1+\dot{A}\dot{F}|$ 称为反馈深度,表示引入反馈后放大电路的放大倍数与无反馈时相比减小的倍数,后面将看到,引入负反馈后,放大电路各项性能的改善程度都与反馈深度有关。

由式(7-2-1)还可以得到有关反馈放大电路的几点结论。

(1) 当反馈深度 $|1+\dot{A}\dot{F}|>1$ 时,$|\dot{A}_f|<|\dot{A}|$,放大倍数下降,引入的反馈为负反馈;当 $|1+\dot{A}\dot{F}|<1$ 时,$|\dot{A}_f|>|\dot{A}|$,放大倍数增大,引入的反馈为正反馈。

(2) 在负反馈的情况下,如果反馈深度 $|1+\dot{A}\dot{F}|\gg1$,则称为深度负反馈,此时有 $1+\dot{A}\dot{F} \approx \dot{A}\dot{F}$。

$$\dot{A}_f = \frac{\dot{A}}{1+\dot{A}\dot{F}} \approx \frac{1}{\dot{F}} \tag{7-2-2}$$

式(7-2-2)表明,在深度负反馈条件下,闭环放大倍数等于反馈系数的倒数,与基本放大电路的放大倍数无关,由于实际的反馈网络通常是由电阻构成,因此,反馈系数基本上不受温度等因素的影响,稳定性很高,因此深度负反馈放大电路的闭环放大倍数非常稳定。

(3) 当 $1+\dot{A}\dot{F}=0$ 时,即 $\dot{A}\dot{F}=-1$ 时,$\dot{A}_f \to \infty$,这说明电路在无输入信号时,仍会有输出信号,这种情况称为自激振荡。产生自激振荡的条件是 $AF=1$ 和 $\varphi_A + \varphi_l = (2n+1)\pi$。在放

大电路中,自激振荡是要设法避免或消除的,消除的方法主要是破坏它的相位条件。但在信号发生电路中,要有意识地在电路中引入正反馈,并使之满足自激振荡的条件,从而无中生有地产生正弦波。

在放大电路中引入负反馈后,电路的放大倍数下降了 $\dfrac{1}{1+AF}$,但电路的其他性能指标得到了改善,如提高了放大倍数的稳定性,减小了非线性失真等,同时可根据需要灵活地改变放大电路的输入电阻和输出电阻,下面进行具体分析。

2. 提高放大倍数的稳定性

提高放大倍数的稳定性是引入负反馈的目的之一。设未引入负反馈时,电路受温度、负载改变、电源电压波动引起的放大倍数的相对变化量为 $\dfrac{\mathrm{d}A}{A}$,引入负反馈后,放大倍数引起的相对变化量为 $\dfrac{\mathrm{d}A_\mathrm{f}}{A_\mathrm{f}}$,当 $\dot{A}$、$\dot{F}$ 均为实数时,由式(7-2-1)得

$$A_\mathrm{f} = \frac{A}{1+AF}$$

对上式微分得

$$\mathrm{d}A_\mathrm{f} = \frac{\mathrm{d}A}{1+AF} - \frac{AF\,\mathrm{d}A}{(1+AF)^2} = \frac{\mathrm{d}A}{(1+AF)^2}$$

上式两边同除以 A_f,得

$$\frac{\mathrm{d}A_\mathrm{f}}{A_\mathrm{f}} = \frac{1}{1+AF}\frac{\mathrm{d}A}{A} \tag{7-2-3}$$

式(7-2-3)说明,引入负反馈后,在外界条件有相同的变化时,放大倍数的相对变化量减小了 $\dfrac{1}{1+AF}$。例如,当 $1+AF=100$ 时,A_f 的相对变化量只有 A 的相对变化量的 1%,假如由于某种原因使 A 变化了 10%,那么 A_f 的变化就减小到 0.1%。反馈深度越大,放大倍数的稳定性就越强。

3. 减小非线性失真和抑制干扰

由于晶体管的输入特性和输出特性是非线性的,在输入较大信号时,很容易引起输出波形的非线性失真。引入负反馈可以减小放大电路的非线性失真。如图 7-2-5 所示,设正弦波输入信号 x_i 经基本放大电路放大后产生的失真为正半周大、负半周小,则引入反馈后,若反馈网络为纯电阻网络,则反馈信号 x_f 也是正半周大、负半周小。输入信号 x_i 和反馈信号 x_f 相减后得到的净输入信号 x_d 的波形为正半周小、负半周大,这个失真的净输入信号经基本放大电路失真放大后,输出信号正、负半周的大小趋于一致,从而改善了输出波形。可以证明,当非线性失真不太严重时,在基波成分保持不变的情况下,负反馈使输出波形的非线性失真减小了 $\dfrac{1}{1+AF}$。

这里要注意的是,负反馈可以减小由电路内部原因引起的非线性失真,但对输入信号本身的失真则无法减小。负反馈是利用失真的波形来改善波形失真,因此,负反馈不能消除失真。

负反馈也可以抑制放大电路内的噪声和干扰。引入负反馈后,有用信号与噪声信号同时受到抑制,若在信号源处将有用信号提高 $1+AF$ 倍,则当输出信号中有用信号保持不变时,噪

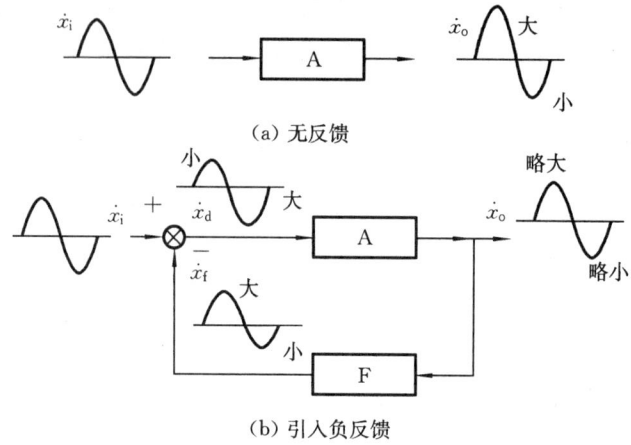

（a）无反馈

（b）引入负反馈

图 7-2-5 负反馈减小非线性失真

声与干扰信号减小了 $\dfrac{1}{1+AF}$。

4. 展宽频带

负反馈使放大电路的放大倍数降低,但可展宽放大电路的通频带。

对于一般的阻容耦合放大电路,通常有 $f_H \gg f_L$,而对于直接耦合放大电路,$f_L = 0$,所以电路的通频带可以近似地用上限截止频率表示

$$BW = f_H - f_L \approx f_H$$

引入负反馈后的通频带为

$$BW_f = f_{Hf} - f_{Lf} \approx f_{Hf} = (1 + A_m F)f_H = (1 + A_m F)BW$$

即引入负反馈后,通频带展宽了 $1 + A_m F$ 倍。

由于引入负反馈后,电路的中频放大倍数降低了 $\dfrac{1}{1+A_m F}$,所以,中频放大倍数与通频带的乘积(简称增益带宽积)保持不变,即

$$A_{mf} BW_f = A_m BW \tag{7-2-4}$$

5. 对输入电阻和输出电阻的影响

负反馈对输入、输出电阻的影响与反馈组态有关,输入电阻与输入回路有关,从负反馈与输入回路的联系看,可把负反馈分为串联型和并联型两类考虑;输出电阻与输出回路有关,从负反馈与输出回路的联系看,可把负反馈分为电压型和电流型两类考虑。可以证明:串联型负反馈使输入电阻增大 $1 + \dot{A}F$ 倍,并联负反馈使输入电阻减小 $\dfrac{1}{1+\dot{A}F}$;电压负反馈使输出电阻减小 $\dfrac{1}{1+\dot{A}F}$,电流负反馈使输出电阻增大 $1 + \dot{A}F$ 倍。

【思考与练习7.2】

7.2.1 什么是负反馈?如何判断正反馈和负反馈?

7.2.2 什么是电压负反馈?什么是电流负反馈?如何判断电压负反馈和电流负反馈?

7.2.3 如何判断串联负反馈和并联负反馈?

◀ 7.3 集成运放在信号运算方面的应用 ▶

集成运放的最早应用是模拟信号的运算,并由此得名。现在,除信号运算电路外,信号处理电路、信号发生电路也普遍采用集成运放。

在对含集成运放的电路进行分析时,集成运放一般可视作理想运放,因此,当运放工作在线性区时,有 $u_+ = u_-$ 和 $i_+ = i_- = 0$,即运放的两个输入端为"虚短"和"虚断";当运放工作在非线性区时,如 $u_+ > u_-$,则 $u_o = +U_{opp}$,如 $u_+ < u_-$,则 $u_o = -U_{opp}$,并仍然有 $i_+ = i_- = 0$。这是分析含集成运放电路的基本出发点。

7.3.1 比例运算电路

输出信号电压与输入信号电压存在比例关系的电路称为比例运算电路。比例运算电路是最基本的运算电路,是其他运算电路的基础。按输入方式的不同,比例运算电路分为反相比例运算电路和同相比例运算电路两种。

1. 反相比例运算电路

图 7-3-1 所示电路为反相比例运算电路,信号从反相端输入,同相端通过一电阻接地,反馈电阻 R_f 跨接在输入端和输出端之间,形成深度电压并联负反馈,因此运放工作在线性区。

由于运放的两个输入端实际上是运放输入级差分对管的基极,为使差动放大电路的参数保持对称,应使差分对管基极对地的电阻尽量一致。因此 R' 的取值为 $R' = R // R_F$,R' 称为平衡电阻。由于运放工作在线性区,由"虚断"和"虚短"可得 $u_- = u_+ = -R'i_+ = 0$,这种现象称为"虚地"。由"虚断"可得 $i_i = i_F$。

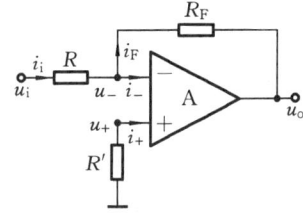

图 7-3-1 反相比例运算电路

即

$$\frac{u_i - u_-}{R} = \frac{u_- - u_o}{R_F}$$

将 $u_- = 0$ 代入上式,得

$$u_o = -\frac{R_F}{R}u_i \qquad\qquad (7\text{-}3\text{-}1)$$

输出电压与输入电压成反相比例关系,电压放大倍数为

$$A_{uf} = \frac{u_o}{u_i} = -\frac{R_F}{R} \qquad\qquad (7\text{-}3\text{-}2)$$

电路的输入电阻为

$$r_i = \frac{u_i}{i_i} = R$$

由式(7-3-1)可知,R 不能太大,因此,尽管集成运放的输入电阻很高,但反相比例运算电路的输入电阻不高,这是由负反馈的性质决定的,并联负反馈会降低输入电阻。另一方面,由于是电压负反馈,因此,电路的输出电阻很小,带负载能力很强。

2. 同相比例运算电路

图 7-3-2 为同相比例运算电路,信号从同相端输入,反馈电阻仍接在反相端和输出端之间,形成串联电压负反馈,平衡电阻 R' 的取值为 $R' = R /\!/ R_F$,由"虚短"和"虚断"可得

$$u_- = u_+ = u_i$$

$$\frac{u_o - u_-}{R_F} = \frac{u_-}{R}$$

解得

$$u_o = \left(1 + \frac{R_F}{R}\right)u_i \qquad (7\text{-}3\text{-}3)$$

输出电压与输入电压成同相比例关系,电压放大倍数为

$$A_{uf} = \frac{u_o}{u_i} = 1 + \frac{R_F}{R} \qquad (7\text{-}3\text{-}4)$$

由于流入运放输入端的电流近似为零(虚断),因此输入电阻 $r_i = \dfrac{u_i}{i_i} \rightarrow \infty$,同样,由于是电压负反馈,输出电阻很小。

当 $R_F = 0$ 或 $R = \infty$ 时,$u_o = u_i$,输出电压与输入电压大小相等,相位相同,两者之间是一种跟随关系,所以电路又称为电压跟随器,如图 7-3-3 所示。由于其有输入电阻高,输出电阻低的特点,常作阻抗变换和缓冲级。

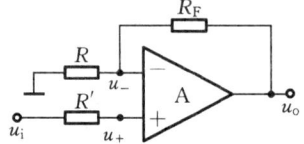

图 7-3-2　同相比例运算电路

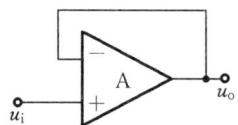

图 7-3-3　电压跟随器

7.3.2　加法运算电路

在同一输入端增加若干输入电路,则构成加法运算电路。加法电路也有同相输入和反相输入两种,这里只介绍反相加法运算电路。

图 7-3-4 为具有三个输入端的反相加法运算电路,信号从反相端输入,平衡电阻 R' 的取值为

$$R' = R_1 /\!/ R_2 /\!/ R_3 /\!/ R_F$$

由"虚断"和"虚短"得

$$u_- = u_+ = 0$$

$$i_F = i_1 + i_2 + i_3$$

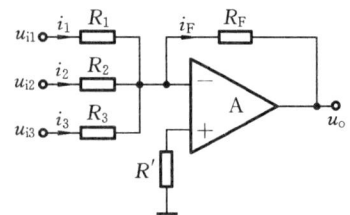

图 7-3-4　反相加法运算电路

即

$$\frac{-u_o}{R_F} = \frac{u_{i1}}{R_1} + \frac{u_{i2}}{R_2} + \frac{u_{i3}}{R_3}$$

$$u_o = -\left(\frac{R_F}{R_1}u_{i1} + \frac{R_F}{R_2}u_{i2} + \frac{R_F}{R_3}u_{i3}\right) \qquad (7\text{-}3\text{-}5)$$

输出电压反映了输入电压以一定形式相加的结果。

在比例运算和加法运算电路中,信号从反相端输入时,运放的两个输入端"虚地",无共模信号;信号从同相端输入时,运放两输入端有共模信号,要使运算精确,对运放的共模放大倍数

就有较高的要求。因此,反相运算电路的应用要比同相运算电路广泛。

7.3.3 减法运算电路

图 7-3-5 为由单运放组成的两个信号的减法运算电路。实际上就是差动输入电路,由"虚断"和叠加定理可得

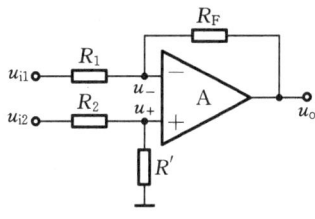

$$u_- = \frac{R_F}{R_1 + R_F} u_{i1} + \frac{R_1}{R_1 + R_F} u_o$$

$$u_+ = \frac{R'}{R_2 + R'} u_{i2}$$

图 7-3-5 减法运算电路

由"虚短"$u_- = u_+$,得

$$\frac{R_F}{R_1 + R_F} u_{i1} + \frac{R_1}{R_1 + R_F} u_o = \frac{R'}{R_2 + R'} u_{i2}$$

电阻的平衡关系式为 $R_1 /\!/ R_F = R_2 /\!/ R'$,即 $\dfrac{R_1 R_F}{R_1 + R_F} = \dfrac{R_2 R'}{R_2 + R'}$,对上式进行化简,得

$$u_o = -\frac{R_F}{R_1} u_{i1} + \frac{R_F}{R_2} u_{i2} \tag{7-3-6}$$

当 $R_1 = R_2 = R$ 时,有

$$u_o = \frac{R_F}{R}(u_{i2} - u_{i1}) \tag{7-3-7}$$

从而实现了信号的减法运算,并且可以通过改变两个输入信号的相对大小,控制输出信号的极性。

差动输入电路作减法电路时有两个不足之处:一是电路的输入电阻不高;二是有共模输入电压,要使运算精确,必须要求运放有较高的共模抑制比。

7.3.4 积分和微分运算电路

1. 积分电路

将反相比例运算电路中的反馈电阻 R_F 换成电容即构成积分电路,如图 7-3-6 所示。平衡电阻 $R' = R$。

由"虚地"和"虚断",得

$$i_i = \frac{u_i}{R} = i_C = C\frac{\mathrm{d}u_C}{\mathrm{d}t}$$

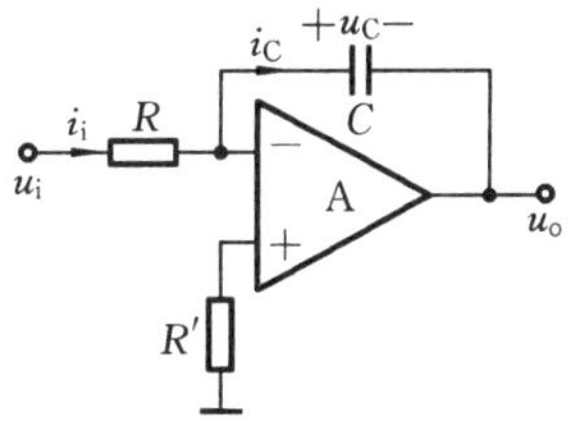

而 $u_C = -u_o$,故

$$-C\frac{\mathrm{d}u_o}{\mathrm{d}t} = \frac{u_i}{R}$$

图 7-3-6 积分电路

$$u_o = -\frac{1}{RC}\int u_i \mathrm{d}t \tag{7-3-8}$$

或

$$u_o(t) = -\frac{1}{RC}\int_{t_0}^{t} u_i \mathrm{d}t + u_o(t_o) \tag{7-3-9}$$

式(7-3-9)表明,输出电压是输入电压对时间的积分,故名积分电路。

当输入电压为正弦波时,设 $u_i = U_m \sin\omega t$,则

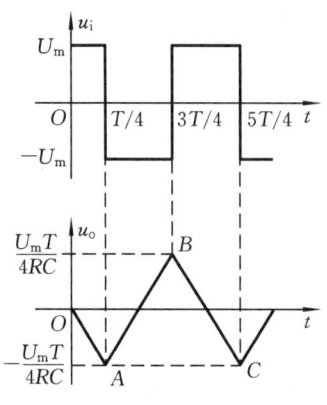

图 7-3-7 积分电路对方波的波形变换

$$u_o = -\frac{1}{RC}\int U_m \sin\omega t\, dt = \frac{U_m}{\omega RC}\cos\omega t$$

输出电压也是一个正弦波,但相位比输入电压超前 $90°$,此时,积分电路的作用是移相。

当输入电压为方波时,设 u_i 的波形如图 7-3-7 所示,且 $u_o(0)=0$,则

在 $0\sim T/4$ 时间内,$u_i=U_m$。

$$u_o(t) = -\frac{1}{RC}\int_0^t U_i\, dt = -\frac{U_m}{RC}t$$

这是一条直线,$u_o\left(\dfrac{1}{4}T\right) = -\dfrac{U_m T}{4RC}$,输出电压为直线 OA。

在 $T/4\sim 3T/4$ 时间内,$u_i=-U_m$。

$$u_o(t) = \frac{1}{RC}\int_{T/4}^t U_m\, dt + u_o\left(\frac{T}{4}\right)$$
$$= \frac{U_m}{RC}\left(t - \frac{T}{4}\right) - \frac{U_m T}{4RC}$$
$$= \frac{U_m}{RC}t - \frac{U_m}{2RC}T$$

这也是一条直线,$t=3T/4$ 时,$u_o\left(\dfrac{3}{4}T\right)=\dfrac{U_m T}{4RC}$,输出电压为直线 AB,同理,$3T/4\sim 5T/4$ 时间内的输出电压为直线 BC。由此可见,积分电路将方波变换成三角波。由于积分电路的输出电压受运放饱和输出电压的限制,因此,在选择积分电路参数时,要综合考虑输入信号的幅值、周期及所用运放的饱和输出电压值。

2. 微分电路

微分是积分的逆运算,将积分电路中 R 和 C 的位置互换,即可组成微分电路,如图7-3-8所示。

由"虚地"和"虚断"得:$u_C=u_i$,$i_C=i_R$。

故
$$i_R = -\frac{u_o}{R} = i_C = C\frac{du_C}{dt} = C\frac{du_i}{dt}$$

即
$$u_o = -RC\frac{du_i}{dt} \tag{7-3-10}$$

输出电压正比于输入电压的微分。微分电路可以实现波形的变换,如图7-3-9所示。输入信号为矩形脉冲时,输出信号为一负一正两个尖脉冲。对上升沿,即 $t=0$ 时刻,由于 $\dfrac{du_i}{dt}>0$,故 $u_o=-RC\dfrac{du_i}{dt}<0$;对下降沿,即 $t=t_1$ 时刻,由于 $\dfrac{du_i}{dt}<0$,故 $u_o>0$。而在其他时间内,u_i 为恒定值,$u_o=-RC\dfrac{du_i}{dt}=0$,因此,上升沿对应的输出电压是一个负的尖脉冲,下降沿对应的输出电压是一个正的尖脉冲。

如果输入信号是正弦电压 $u_i=U_m\sin\omega t$,则输出电压为 $u_o=RC\omega U_m\cos\omega t$,这表明 u_o 的幅值随频率的增加而线性增加。由于对电路的干扰往往是一些迅速变化的高频信号,因此,微分电路的抗干扰能力较差,输出信号的信噪比较低,实用的微分电路是在输入端串接一个小电

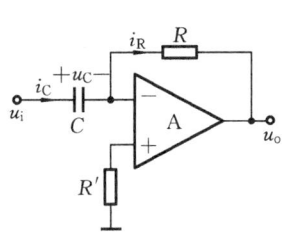

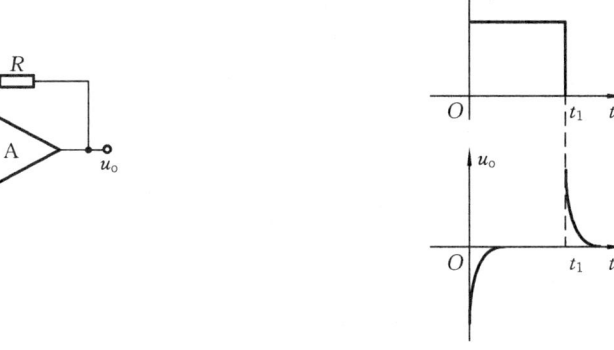

图 7-3-8 微分电路   图 7-3-9 微分电路的输入/输出波形

阻,以抑制高频干扰。

【思考与练习7.3】

7.3.1 在运算电路中,集成运放应工作在线性区还是非线性区?为什么?

7.3.2 什么是"虚地"?"虚地"能否发生在同相比例或同相加法电路中?为什么?

习题7

7.1 已知 CF741 型集成运放的电源电压为 ±15 V,开环电压放大倍数为 2×10^5,最大输出电压为 ±14 V,求下列三种情况下集成运放的输出电压:(1) $u_+ = 15\ \mu\text{V}$,$u_- = 5\ \mu\text{V}$;(2) $u_+ = -10\ \mu\text{V}$,$u_- = 20\ \mu\text{V}$;(3) $u_+ = 0$,$u_- = 2\ \text{mV}$。

7.2 试判断图 7-1 所示各电路中反馈的极性和组态。

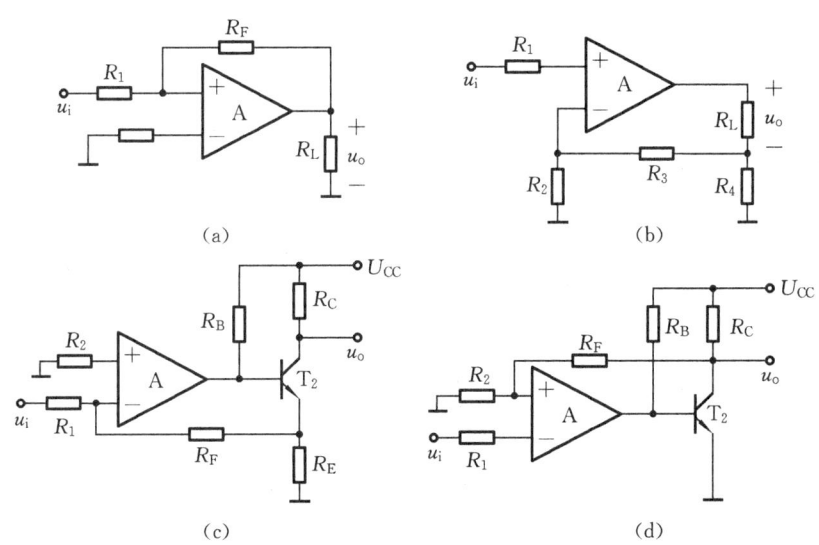

(a)   (b)

(c)   (d)

图 7-1 习题 7.2 图

7.3 如果要求当负反馈放大电路的开环放大倍数变化 25% 时,其闭环放大倍数变化不超过 1%,又要求闭环放大倍数为 100,问开环放大倍数和反馈系数应选什么值? 如果引入的反馈为电压并联负反馈,则输入电阻和输出电阻如何变化? 变化了多少?

7.4 求图 7-2 所示电路中的 u_{o1}、u_{o2} 和 u_o。

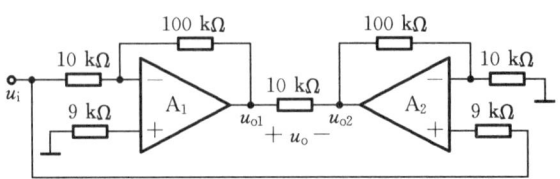

图 7-2 习题 7.4 图

7.5 试证明图 7-3 所示电路的输出电压 $u_o = \left(1 + \dfrac{R_1}{R_2}\right)(u_{i2} - u_{i1})$。

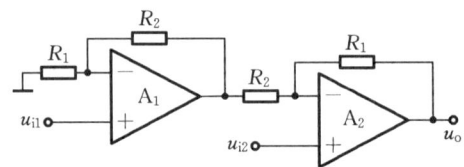

图 7-3 习题 7.5 图

7.6 求图 7-4 所示运算电路的输入/输出关系。

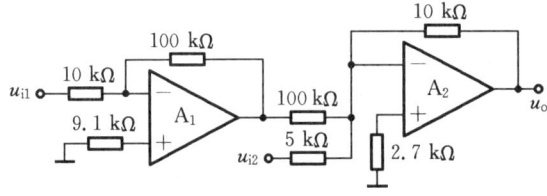

图 7-4 习题 7.6 图

7.7 求图 7-5 所示运算电路的输出电压。设 $R_1 = R_2 = 10\ \text{k}\Omega$,$R_3 = R_F = 20\ \text{k}\Omega$。

7.8 求图 7-6 所示运算电路的输出电压。设 $R_1 = R_2 = 10\ \text{k}\Omega$,$R_3 = R_4 = 20\ \text{k}\Omega$。

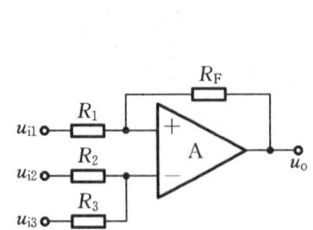

图 7-5 习题 7.7 图

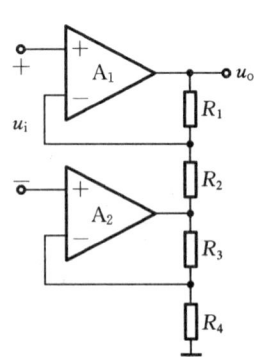

图 7-6 习题 7.8 图

7.9 求图 7-7 所示电路输出电压与输入电压的关系式。

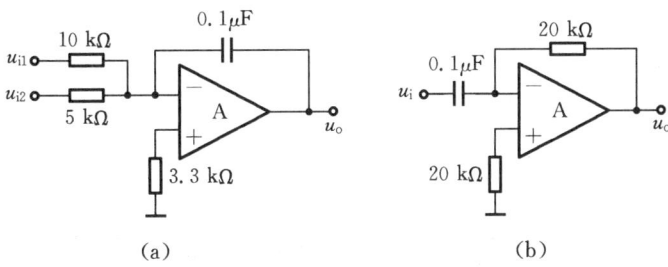

(a)   (b)

图 7-7 习题 7.9 图

7.10 图 7-8 所示电路为一波形转换电路,输入信号为矩形波,设电容的初始电压为零,试计算 $t=0$、10 s、20 s 时,u_{o1} 和 u_o 的值,并画出 u_{o1} 和 u_o 的波形。

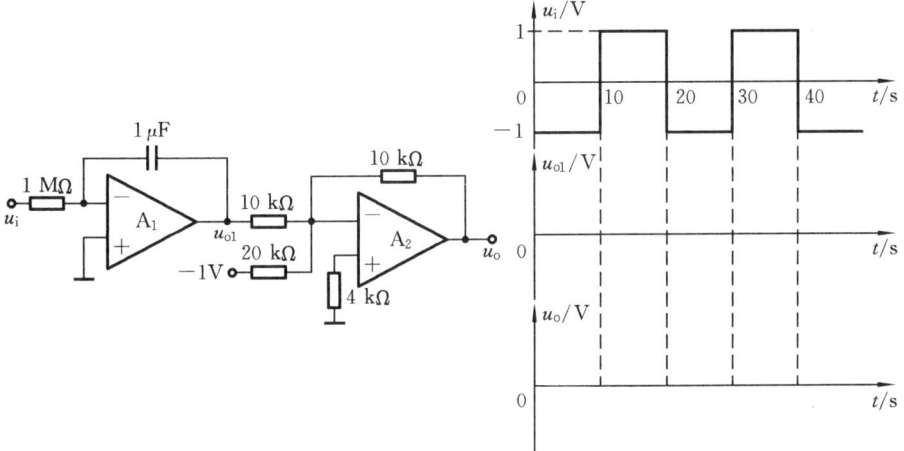

图 7-8 习题 7.10 图

项目 8

门电路与组合逻辑电路

8.1　逻　辑　代　数

逻辑代数又称布尔代数,它是分析与设计逻辑电路的数学工具。它虽然和普通代数一样也用字母(A、B、C……)表示变量,但变量得取值只有 1 和 0 两种,所谓逻辑 1 和逻辑 0。它们不表示数量大小,而是代表两种相反的逻辑状态。逻辑代数所表示的是逻辑关系,不是数量关系,这是它与普通代数本质上的区别。

8.1.1　逻辑代数的基本运算规则和定律

逻辑代数中有三种基本的逻辑关系:与、或和非。因此就有三种基本的逻辑运算:逻辑乘、逻辑加和逻辑非。这三种基本运算可分别由与其对应的与门、或门和非门三种电路来实现。逻辑代数中的其他运算是由这三种基本逻辑运算推导出来的。

1. 基本运算规则

1) 逻辑乘(与运算)　　　　　　　　　$Y = A \cdot B$

$$A \cdot 0 = 0, \qquad A \cdot 1 = A, \qquad A \cdot A = A, \qquad A \cdot \overline{A} = 0$$

2) 逻辑加(或运算)　　　　　　　　　$Y = A + B$

$$A + 0 = A, \qquad A + 1 = 1, \qquad A + A = A, \qquad A + \overline{A} = 1$$

3) 逻辑非(非运算)　　　　　　　　　$Y = \overline{A}$

$$\overline{0} = 1, \qquad \overline{1} = 0, \qquad \overline{\overline{A}} = A$$

2. 基本定律

1) 交换律

$$A + B = B + A, \qquad AB = BA$$

2) 结合律

$$A + B + C = (A + B) + C = A + (B + C), \qquad (AB)C = A(BC)$$

3) 分配律

$$A(B + C) = AB + AC, \qquad A + BC = (A + B)(A + C)$$

证明　　$(A + B)(A + C) = A + AC + AB + BC = A(1 + C + B) + BC = A + BC$

4) 吸收律

$$A + AB = A, \qquad A(A + B) = A$$
$$A + \overline{A}B = A + B, \qquad A(\overline{A} + B) = AB$$
$$AB + A\overline{B} = A, \qquad (A + B)(A + \overline{B}) = A$$

证明　　　$A + \overline{A}B = A + AB + \overline{A}B = A + (A + \overline{A})B = A + B$

证明　　　$(A + B)(A + \overline{B}) = A + A\overline{B} + AB = A(1 + \overline{B} + B) = A$

5) 包含律

$$AB + \overline{A}C + BC = AB + \overline{A}C$$

证明　　$AB + \overline{A}C + BC = AB + \overline{A}C + (A + \overline{A})BC = AB + \overline{A}C + ABC + \overline{A}BC$
$$= AB(1 + C) + \overline{A}C(1 + B) = AB + \overline{A}C$$

6）反演律（摩根定律）

$$\overline{A+B}=\overline{A}\cdot\overline{B}, \qquad \overline{A\cdot B}=\overline{A}+\overline{B}$$

反演律的证明如表 8-1-1 所示。

表 8-1-1 反演律的证明

A B	$\overline{A+B}$	$\overline{A}\cdot\overline{B}$	$\overline{A\cdot B}$	$\overline{A}+\overline{B}$
0 0	$\overline{0+0}=1$	$\overline{0}\cdot\overline{0}=1$	$\overline{0\cdot0}=1$	$\overline{0}+\overline{0}=1$
0 1	$\overline{0+1}=0$	$\overline{0}\cdot\overline{1}=0$	$\overline{0\cdot1}=1$	$\overline{0}+\overline{1}=1$
1 0	$\overline{1+0}=0$	$\overline{1}\cdot\overline{0}=0$	$\overline{1\cdot0}=1$	$\overline{1}+\overline{0}=1$
1 1	$\overline{1+1}=0$	$\overline{1}\cdot\overline{1}=0$	$\overline{1\cdot1}=0$	$\overline{1}+\overline{1}=0$

例 8-1 证明：$\overline{A\oplus B}=AB+\overline{A}\,\overline{B}$。

证明
$$\overline{A\oplus B}=\overline{\overline{A}\,\overline{B}+A\overline{B}}=\overline{A\,\overline{B}}\cdot\overline{\overline{A}B}$$
$$=(A+B)(\overline{A}+\overline{B})=AB+\overline{A}\,\overline{B}$$

例 8-2 证明：$AB\overline{C}+\overline{A}BC+ABC=AB+BC$

证明
$$AB\overline{C}+\overline{A}BC+ABC=(AB\overline{C}+ABC)+(\overline{A}BC+ABC)$$
$$=AB(\overline{C}+C)+BC(\overline{A}+A)=AB+BC$$

8.1.2 逻辑函数的表示方法

逻辑函数用来描述逻辑电路输出与输入的逻辑关系，逻辑代数中函数的定义与普通代数中函数的定义极为相似。但与普通代数中函数的概念相比，逻辑函数具有它自身的特点：

（1）逻辑变量和逻辑函数的取值只有 **0** 和 **1** 两种可能；

（2）函数和变量之间的关系是由与、或、非三种基本运算决定的。

逻辑电路与逻辑函数之间存在着严格的对应关系，任何一个逻辑电路的全部属性和功能都可由相应的逻辑函数完全描述，这能够将一个具体的逻辑电路转换为抽象的代数表达式，从而很方便地对它加以分析研究。

描述逻辑函数的方法有真值表、逻辑表达式、逻辑图、卡诺图等。

1. 真值表（逻辑状态表）

将 n 个输入变量的 2^n 个状态及其对应的输出函数值列成一个表格称为真值表（或逻辑状态表）。

例如，设计一个三人（A、B、C）表决使用的逻辑电路，当多数人赞成（输入为 **1**）、表决结果（Y）有效（输出为 **1**），否则 Y 为 **0**。根据上述要求，输入有 $2^3=8$ 个不同状态，把 8 种输入状态下对应的输出状态值列成表格，就得到真值表，如表 8-1-2 所示。

真值表是一种十分有用的逻辑工具，在逻辑问题的分析和设计中，将经常用到这一工具。

2. 逻辑表达式

逻辑式是用与、或、非等运算来表达逻辑函数的表达式。

真值表所示的逻辑函数也可以用逻辑表达式来表示,通常采用的是与或表达式,即将真值表中输出等于 **1** 的各状态表示成全部输入变量(包括原变量和反变量)的与项(例如,表 8-1-2 中,当 A、B、C=**011** 时,Y=**1** 可写成 Y=$\overline{A}BC$),总的输出表示成这些与项的或函数。对应表 8-1-2,共有四项 Y=**1**,故写出逻辑函数的与或表达式为

$$Y = BC + AC + AB + ABC$$

式中,每个与项都是全部输入变量的原变量或反变量的乘积。

3. 逻辑图

按照逻辑表达式用对应的逻辑门符号连接起来就是逻辑图,如三人(A、B、C)表决使用的逻辑函数式 Y= BC+AC+AB +ABC 对应的逻辑图如图 8-1-1 所示。

表 8-1-2 表决器真值表

A	B	C	Y
0	0	0	0
0	0	1	0
0	1	0	0
0	1	1	1
1	0	0	0
1	0	1	1
1	1	0	1
1	1	1	1

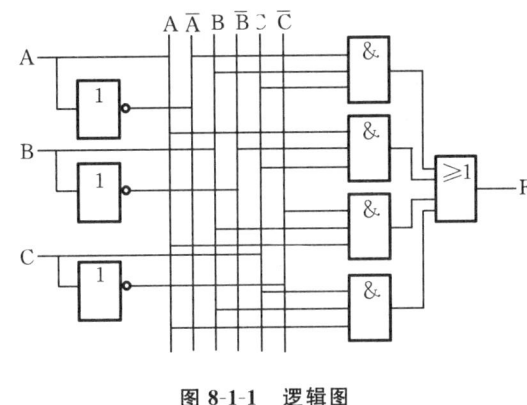

图 8-1-1 逻辑图

4. 卡诺图(阵列图)

逻辑函数也可以用卡诺图表示。卡诺图是由许多方格组成的阵列图,方格又称单元,单元的个数等于逻辑函数输入变量的状态数。每个单元表示输入变量的一种状态,该状态写在方格的左方和上方,而对应的输出变量状态填入单元中。如表 8-1-2 表示的逻辑函数,可用图 8-1-2 所示的卡诺图表示。

方格左方和上方输入变量状态的取值要遵循下述原则:两个位置相邻的单元其输入变量的取值只允许有一位不同,图 8-1-3 和图 8-1-4 分别给出二输入变量和四输入变量取值的卡诺图。有时,为方便起见,可以用十进制数对各单元编号,图 8-1-3 和图 8-1-4 中各单元的编号填写在各自的方格中。

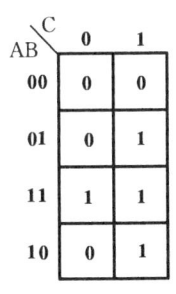

图 8-1-2 卡诺图

图 8-1-3 二输入变量卡诺图

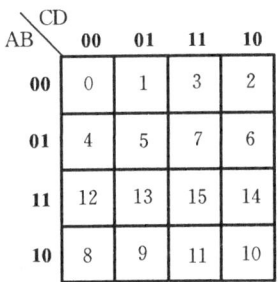

图 8-1-4 四输入变量卡诺图

卡诺图中的"相邻"概念,可以从立体上去理解,如同世界地图一样是一个封闭球体切割展开而得。所以,图中不仅任意上、下两行是相邻的,而且最上行和最下行也是相邻的。同理,不

仅任意左右两列是相邻的,而且最左列和最右列也是相邻的。由此,四个角的单元也是相邻的。

上述表示逻辑函数的几种方法各有特点,适用于不同场合,但针对某个具体问题而言,它们仅仅是同一问题的不同描述形式,它们之间可以很方便地相互变换。

8.1.3 逻辑函数的化简

同一个逻辑函数的逻辑表达式可以有多种形式,只有化简为最简形式,在用门电路实现时才能得到最简单的逻辑电路。所谓化简逻辑函数,是使逻辑函数的与或表达式中所含的或项数最少,每个与项的变量数也最少。

1. 代数化简法

代数化简法是应用逻辑代数的定律和恒等式进行化简的方法,故又称为公式化简法。常用的方法如下。

1) 并项法

利用公式 $AB + A\overline{B} = A$,将两个与项合并,消去一个变量。例如

$$Y = A\overline{B}C + A\overline{B}\,\overline{C} = A\overline{B}(C + \overline{C}) = A\overline{B}$$

2) 吸收法

利用公式 $A + AB = A$,吸收掉多余的项。例如

$$Y = \overline{C} + A\overline{C}D = \overline{C}(1 + AD) = \overline{C}$$

3) 消去法

利用公式 $A + \overline{A}B = A + B$,消去多余变量。例如

$$Y = AB + \overline{A}C + \overline{B}C = AB + (\overline{A} + \overline{B})C = AB + \overline{AB}C = AB + C$$

4) 配项法

利用公式 $A = A(B + \overline{B})$,将 $(B + \overline{B})$ 与某乘积项相乘,而后展开、合并化简。例如

$$Y = \overline{A}\,\overline{B}C + AB\overline{C} + BC$$
$$= \overline{A}\,\overline{B}C + AB\overline{C} + (\overline{A}BC + ABC) \quad (\text{配项})$$
$$= \overline{A}C(\overline{B} + B) + AB(\overline{C} + C)$$
$$= \overline{A}C + AB$$

上面介绍的是几种常用的方法,举出的例子都比较简单。而实际应用中遇到的逻辑函数往往比较复杂,化简时应灵活使用所学的定律,综合运用各种方法。

例 8-3 化简 $Y = \overline{\overline{(AB)} + \overline{A}\,\overline{B} \cdot \overline{(BC + \overline{B}\,\overline{C})}}$

解
$$Y = \overline{\overline{(AB)} + \overline{A}\,\overline{B} \cdot \overline{(BC + \overline{B}\,\overline{C})}}$$
$$= \overline{\overline{AB} + \overline{A}\,\overline{B}} + \overline{\overline{BC + \overline{B}\,\overline{C}}} \qquad\qquad (\text{反演律})$$
$$= AB + \overline{A}\,\overline{B} + BC + \overline{B}\,\overline{C} \qquad\qquad (\text{还原律})$$
$$= AB + \overline{A}\,\overline{B}(C + \overline{C}) + BC(A + \overline{A}) + \overline{B}\,\overline{C} \qquad (\text{配项})$$
$$= AB + \overline{A}\,\overline{B}C + \overline{A}\,\overline{B}\,\overline{C} + ABC + \overline{A}BC + \overline{B}\,\overline{C} \qquad (\text{分配律})$$
$$= AB + \overline{A}\,\overline{B}C + \overline{B}\,\overline{C} + \overline{A}BC \qquad\qquad (\text{吸收律})$$
$$= AB + \overline{A}C(\overline{B} + B) + \overline{B}\,\overline{C} \qquad\qquad (\text{并项})$$
$$= AB + \overline{A}C + \overline{B}\,\overline{C}$$

2. 卡诺图化简法

卡诺图法在变量较少(变量≤4)时,具有直观、迅速的优点。卡诺图化简法是吸收律 AB
+$\overline{A}$B=B 的直接应用。利用卡诺图的相邻性(即任意二个相邻单元对应的输入变量仅有一个
变量取反),当相邻单元内都标 1 时,应用该公式即可将它们对应的输入变量合并。重复应用
此公式,可逐步将逻辑函数化简。

应用卡诺图化简逻辑函数时,先将逻辑式中的最小项(或逻辑状态表中取值为 **1** 的最小
项)分别用 **1** 填入相应的小方格内,如果逻辑式中的最小项不全,则填写 **0** 或空着不填。如果
逻辑式不是由最小项构成,一般应先化为最小项(或列其逻辑状态表)。

应用卡诺图化简逻辑函数时,应了解下列几点。

(1) 将卡诺图中 2^n($n=1、2、3……$)个相邻为 **1** 的单元圈起来,形成矩形或方形的集合(边
沿相邻、四角相邻不要遗漏)。

(2) 集合的单元数应尽可能多,即集合要尽量大,越大可以消去的变量数就越多。

(3) 集合的数目应尽量少,必要时可重复使用某些单元,但每画一个集合至少要包含一个
未被圈过的新单元。集合数越少化简后的函数项数就越少。

(4) 当所有 1 的单元都被圈过后,化简过程完成。化简结果为各个集合项的逻辑和。

最小圈可只含一个小方格,不能化简。

例 8-4 用卡诺图法将函数 Y=$\overline{A}$B+$\overline{A}$C+$\overline{B}\,\overline{C}$+AD 化简为最简与或表达式。

解 (1) 由逻辑式 Y 画出卡诺图,如图 8-1-5 所示。

(2) 画卡诺圈,写出每个卡诺圈对应的与项。

(3) 写出逻辑函数的最简与或式为 Y=$\overline{A}$+$\overline{B}\,\overline{C}$+D。

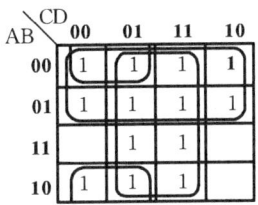

图 8-1-5 例 8-4 卡诺图

例 8-5 用卡诺图法将函数 Y=A$\overline{B}$+$\overline{A}$CD+B+$\overline{C}$+$\overline{D}$ 化简为最简与或表达式。

解 (1) 由逻辑式 Y 画出卡诺图,如图 8-1-6 所示。

(2) 画卡诺圈,写出每个卡诺圈对应的与项。

(3) 写出逻辑函数的最简与或式为 Y=1。

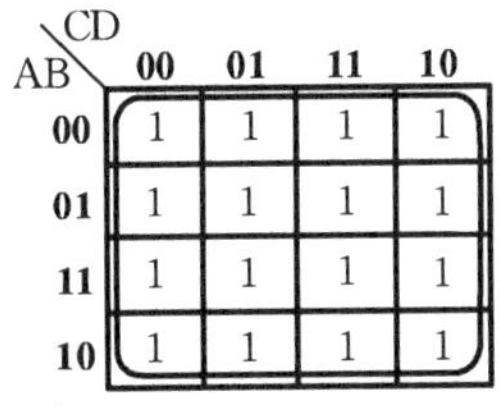

AB＼CD	00	01	11	10
00	1	1	1	1
01	1	1	1	1
11	1	1	1	1
10	1	1	1	1

图 8-1-6 例 8-5 卡诺图

【思考与练习8.1】

8.1.1 如果 $Y = A\overline{BC}$,求 $\overline{Y} = ?$ 如果 $Y = A + B + C$,求 $\overline{Y} = ?$

8.1.2 如果已知 $A + B = A + C$,那么 $B = C$。正确吗?为什么?如果已知 $AB = AC$,那么 $B = C$。正确吗?为什么?

◀ 8.2 基本门电路及其组合 ▶

门电路是具有一定逻辑关系的开关电路。当它的输入信号满足某种条件时,才有信号输出,否则就没有信号输出。如果把输入信号看成"条件",把输出信号看成"结果",那么当"条件"具备时,"结果"就会发生。也就是说,在门电路的输入和输出信号之间存在着一定的因果关系,即逻辑关系。

基本逻辑关系有三种,分别是与逻辑、或逻辑和非逻辑。实现这些逻辑关系的电路分别称为与门、或门或非门。以及由它们复合而成的与非门、或非门、与或非门、异或门等。门电路是数字电路的基本逻辑单元。

从生产工艺上看,门电路又可分为两大类:分立元件门电路和应用集成电路工艺制成的集成门电路。在学习这些逻辑电路时,不必考虑它的内部结构原理,而要着重掌握它们的逻辑功能。

8.2.1 逻辑状态的表示

逻辑是指事物的因果关系所遵循的规律。世间万物大多存在着对立统一的正反两种逻辑状态,如事物的真或假、电位(也称电平)的高或低、开关的通或断等。若将其中一种状态规定为逻辑真,则另一种状态便为逻辑假。通常将逻辑量在形式上数字化,即用 **1** 表示逻辑真,用 **0** 表示逻辑假。这时的 **0** 和 **1** 不再有数的意义,而是两个符号,表示两种对立的逻辑状态。

数字电路中,电路的工作状态最终体现于电平的高或低,什么样的电信号是高电平或低电平呢?这取决于电路元件参数和电源电压的大小。在广泛使用的 TTL 集成电路和计算机系统中,电源电压采用 5 V,它的标准高电平值是 2.4 V,标准低电平值是 0.4 V,只要实际的电平值不小于 2.4 V,即认为是高电平,实际的电平值不大于 0.4 V,即认为是低电平。

若规定高电平为 **1**,低电平为 **0**,称为正逻辑系统。若规定低电平为 **1**,高电平为 **0**,则称为负逻辑系统。本书中采用的都是正逻辑系统。

8.2.2 基本逻辑门电路

1. 与门

在逻辑问题中,当决定某一事件的全部条件同时具备时,结果才会发生。这种因果关系称为与逻辑。

例如,在图 8-2-1 所示电路中,开关 A 和 B 串联控制灯 Y。显然,只有当开关 A、B 全部闭合时(全部条件同时具备),灯 Y 才亮(事件发生);否则,灯灭。

实现与逻辑关系的电路称为与门电路,如图 8-2-2 所示的是最简单的二极管与门电路。A、B 是它的两个输入端,Y 是输出端。也可以认为 A、B 是它的两个输入变量,Y 是输出变量。假设输入信号低电平为 0 V,高电平为 3 V,按输入信号的不同可有下述几种情况(忽略二极管正向压降)。

(1) 输入端全为高电平,D_A、D_B 均导通,则输出 $V_Y = 3$ V。

(2) 输入端有一个或两个为低电平。例如 $V_A = 0$ V,$V_B = 3$ V 时,D_A 先导通,这时 D_B 承受反向电压而截止,输出 $V_Y = 0$ V。

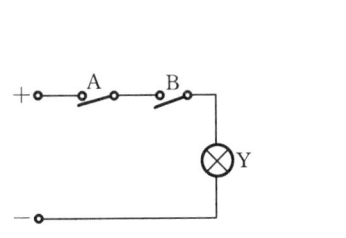

图 8-2-1 与逻辑电路

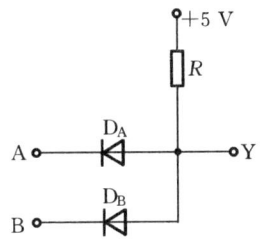

图 8-2-2 二极管与门电路

可见,只有当输入端 A、B 全为高电平 **1** 时,才输出高电平 **1**,否则输出端均为低电平 **0**,这合乎与门的要求。

将逻辑电路所有可能的输入变量和输出变量间的逻辑关系列成表格,如表 8-2-1 所示,称为真值表。其中开关断开、灯不亮用 **0** 表示,反之用 **1** 表示。

上述逻辑关系可用逻辑表达式描述为

表 8-2-1 与门真值表

A	B	Y
0	0	0
0	1	0
1	0	0
1	1	1

$$Y = A \cdot B \tag{8-2-1}$$

式中,小圆点"·"表示 A、B 的与运算,也表示逻辑乘。在不致引起混淆的前提下,"·"常被省略。在某些文献中,有的也用符号"∧"表示与运算。图 8-2-3 所示为两输入端的与门逻辑符号。与门也可有两个以上的输入端。

与门电路的逻辑关系也可以用波形图来描述,如图 8-2-4 所示。

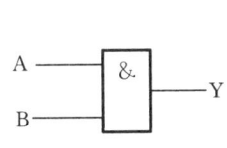

图 8-2-3 与门逻辑符号

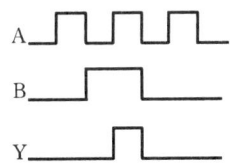

图 8-2-4 与门波形图

图 8-2-5 所示为三输入(A、B、C)与门的波形图,从图中可以看出,只有当输入 A、B、C 均为高电平 **1** 时,输出 Y 才为高电平 **1**;其他情况下,Y 均为低电平 **0**。

2. 或门

在逻辑问题中,如果决定某一事件发生的多个条件中,只要有一个或一个以上条件成立,事件便可发生,这种因果关系为或逻辑。

例如,在图 8-2-6 所示电路中,开关 A 和 B 并联控制灯 Y。可以看出,只要开关 A、B 其中有一个闭合(任一个条件具备),灯 Y 就亮(事件就发生)。因此,灯 Y 与开关 A、B 之间的关系是或逻辑关系。

实现或逻辑关系的电路称为或门电路。图 8-2-7 所示是最简单的二极管或门电路。A、B 是它的两个输入,Y 是输出。采用与门电路同样的分析方法,对不同的输入组合,不难得出或门电路的真值表,如表 8-2-2 所示。

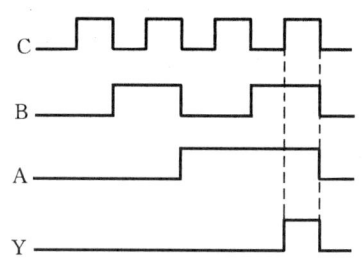

图 8-2-5　三输入与门的波形图

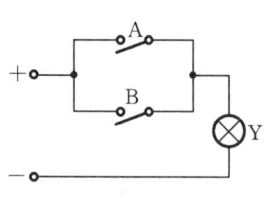

图 8-2-6　或逻辑电路

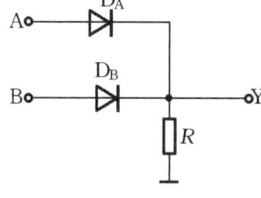

图 8-2-7　二极管或门电路

表 8-2-2　或门真值表

A	B	Y
0	0	0
0	1	1
1	0	1
1	1	1

从表中可知,输入变量只要有一个为 1 时,输出就为 1;只有输入全为 0,输出才为 0。

上述逻辑关系用逻辑表达式描述为

$$Y = A + B \tag{8-2-2}$$

式中,"＋"号表示逻辑或而不是算术运算中的加号。某些文献中也用"∨"表示或运算。图 8-2-8 为两输入端的或门逻辑符号。或门也可有两个以上的输入端。

或门电路的逻辑关系也可用波形图来描述,如图 8-2-9 所示。

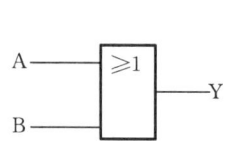

图 8-2-8　或门逻辑符号

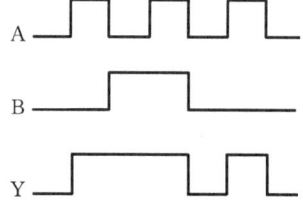

图 8-2-9　或门波形图

图 8-2-10 所示为三输入(A、B、C)或门的波形图,从图中可以看出,输入端只要有一个是高电平,输出 Y 便为高电平。

3. 非门

在逻辑问题中,如果决定某一事件的条件只有一个,当条件出现时事件不发生,而条件不出现时事件发生,这种因果关系称为非逻辑。

例如,在图 8-2-11 所示电路中,开关 A 闭合(条件出现),灯 Y 熄灭(事件不发生);反之,灯 Y 亮。灯亮这个事件的发生和开关 A 闭合这一条件之

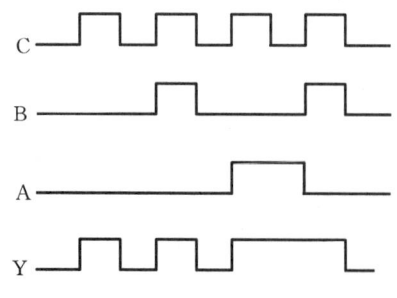

图 8-2-10　三输入或门波形图

间为非逻辑关系。

图 8-2-12 所示为三极管非门电路。非门又称反相器,它只有一个输入端和一个输出端,其输出与输入恒为相反状态。

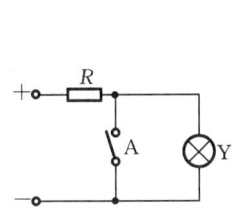

图 8-2-11　非逻辑电路

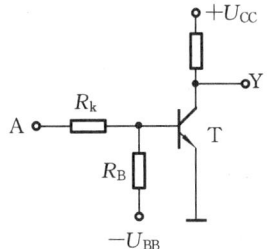

图 8-2-12　晶体管非门电路

下面分析该三极管(工作在饱和或截止状态)非门电路的逻辑功能。

(1) 当输入端 A 为高电平($V_A = 3$ V)时,适当选取R_K、R_B之值可使三极管饱和导通,其集电极输出低电平($V_Y \approx 0$ V)。

(2) 当输入端 A 为低电平($V_A = 0$ V)时,负电源U_{BB}经 R_K、R_B分压使三极管基极电位为负,三极管截止,从而输出高电平(其电位近似等于U_{CC})。

表 8-2-3 是非门电路的逻辑真值表,假定开关 A 断开、灯 Y 熄灭用 0 表示,否则用 1 表示。非门的逻辑符号如图 8-2-13 所示。

如果用逻辑表达式描述,则为

$$Y = \overline{A} \tag{8-2-3}$$

它可与图 8-2-14 的波形图相对照。

表 8-2-3　非门真值表

A	Y
0	1
1	0

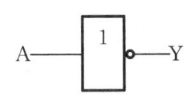

图 8-2-13　非门逻辑符号

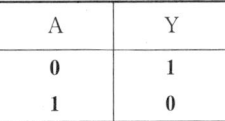

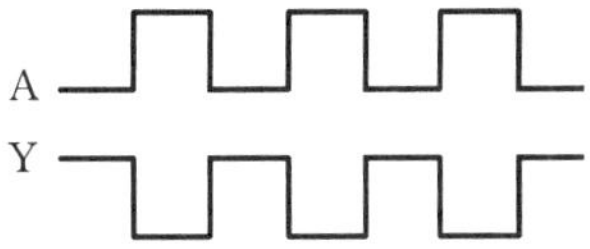

图 8-2-14　非门波形图

8.2.3　基本逻辑门电路的组合

利用与门、或门、非门三种最基本的门电路可以组成各种复合门电路,其中最常用的有与非门电路、或非门电路、异或门电路等。

1. 与非门

与非门电路是数字电路中运用最广的一种逻辑门电路,逻辑符号及波形图如图 8-2-15 所示。

表 8-2-4　与非门真值表

A	B	Y
0	0	1
0	1	1
1	0	1
1	1	0

与非门的逻辑功能为:输入信号全为 1,则输出为 0;只要有一个输入为 0,则输出为 1。与非门真值表如表 8-2-4 所示。

与非门的逻辑功能用逻辑表达式描述,则为

$$Y = \overline{A \cdot B} \tag{8-2-4}$$

与非门可以有两个或两个以上的输入端。

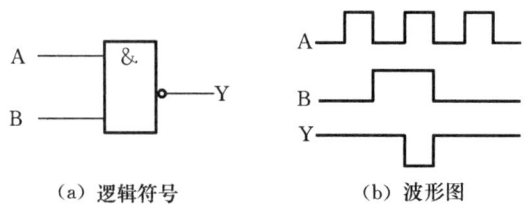

(a) 逻辑符号　　　　　(b) 波形图

图 8-2-15　与非门逻辑符号及波形图

2. 或非门

或非门的逻辑符号及波形图如图 8-2-16 所示。

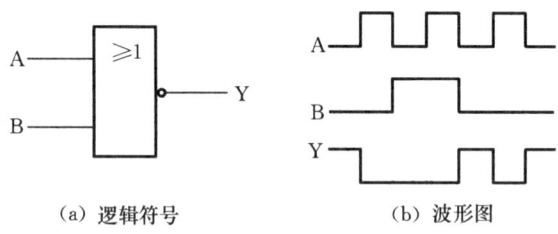

(a) 逻辑符号　　　　　(b) 波形图

图 8-2-16　或非门逻辑符号及波形图

或非门的逻辑功能是:输入全为 **0**,输出才为 **1**;只要有一个输入为 **1**,输出就为 **0**。或非门真值表如表 8-2-5 所示。

或非门的逻辑功能用逻辑表达式描述则为

$$Y = \overline{A + B} \quad\quad (8-2-5)$$

或非门也可有两个或两个以上的输入端。

表 8-2-5　或非门真值表

A	B	Y
0	**0**	**1**
0	**1**	**0**
1	**0**	**0**
1	**1**	**0**

3. 异或门

异或门的逻辑符号及波形图如图 8-2-17 所示。

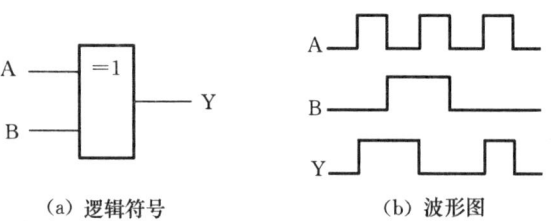

(a) 逻辑符号　　　　　(b) 波形图

图 8-2-17　异或门逻辑符号及波形图

其逻辑功能为:当两个输入端信号相同时,输出为 **0**;当两个输入端信号相异时,输出为 **1**。其真值表如表 8-2-6 所示。

异或门的逻辑功能用逻辑表达式描述为

$$Y = A\overline{B} + \overline{A}B = A \oplus B \quad\quad (8-2-6)$$

异或门只有两个输入端。

表 8-2-6　异或门真值表

A	B	Y
0	**0**	**0**
0	**1**	**1**
1	**0**	**1**
1	**1**	**0**

【思考与练习 8.2】

8.2.1 如果正逻辑改为负逻辑,那么正逻辑条件下的与门和或门的逻辑功能有何变化?

8.2.2 假定一个电路中,指示灯 Y 和开关 A、B、C 的关系为 Y＝BC＋A,试画出相应的电路图。

◀ **8.3 TTL 门电路** ▶

由单个元件构成的门电路称为分立元件门电路。利用半导体集成工艺将一个或多个完整的门电路做在同一块硅片上,称为集成门电路。由于其体积小、功耗低、速度快、可靠性高,所以获得广泛应用。TTL 电路是晶体管—晶体管逻辑(transistor-transistor logic)电路的简称。目前,TTL 电路被广泛应用于中小规模逻辑电路中,因为这种电路的功耗大、线路较复杂,不宜用于制作大规模集成电路。

8.3.1 TTL 与非门电路

1. 电路结构及工作原理

TTL 与非门是 TTL 逻辑门的基本形式,典型的 TTL 与非门电路结构如图 8-3-1 所示,该电路由输入级、倒相级、输出级三部分组成。

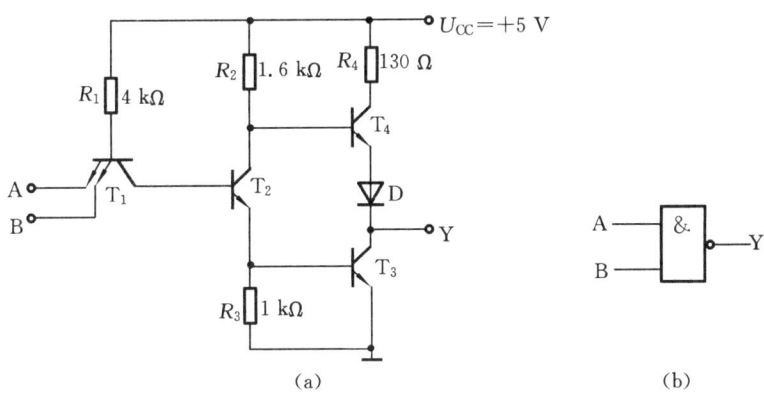

(a)   (b)

图 8-3-1 TTL 与非门电路结构及其逻辑符号

输入级由多发射极三极管 T_1 和电阻 R_1 构成。可以把 T_1 的集电结看成一个二极管,而把发射结看成与前者背靠背的两个二极管。这样,T_1 的作用和二极管与门的作用完全相同。

倒相级由三极管 T_2 和电阻 R_2、R_3 构成。通过 T_2 的集电极和发射极,提供两个相位相反的信号,以满足输出级互补工作的要求。

输出级是由三极管 T_3、T_4,二极管 D 和电阻 R_4 构成的"推拉式"电路。当 T_3 导通时,T_4 和 D 截止;反之 T_3 截止时,T_4 和 D 导通。倒相级和输出级的作用等效于逻辑非的功能。

输入端 A、B 中至少有一个为 **0**。设 A 端为 **0**,其电位约 0.3 V;其余为 **1**,其电位约为 3.6 V。T_1 对应于输入端接低电位的发射结导通,设发射结的正向导通电压为 0.7 V,此时 T_1

的基极电位为

$$V_{B1} = V_A + U_{BE1} = (0.3 + 0.7) \text{ V} = 1 \text{ V}$$

该电压作用于 T_1 管的集电结和 T_2、T_3 的发射结,显然不可能使 T_2 和 T_3 导通,所以 T_2 和 T_3 均处于截止状态。由于 T_2 截止,其集电极电位接近于电源电压 U_{CC},因而使 T_4 和 D 导通,所以输出端 Y 的电位为

$$V_Y = U_{CC} - U_{BE4} - U_D = (5 - 0.7 - 0.7) \text{ V} = 3.6 \text{ V}$$

它实现了"输入有低,输出为高"的逻辑关系。

输入端 A、B 全为 **1**(设电位约为 3.6 V)。U_{CC} 通过 R_1、T_1 的集电结向 T_2 提供基极电流,使 T_2 饱和,从而进一步使 T_3 饱和导通。输出端 Y 的电位为

$$V_Y = U_{CES3} = 0.3 \text{ V}$$

它实现了"输入全高,输出为低"的逻辑功能。此时 T_2 的集电极电位为

$$V_{C2} = U_{BE3} + U_{CES2} = (0.7 + 0.3) \text{ V} = 1 \text{ V}$$

T_4、D 必然截止。

综上所述,当 T_1 发射极中有任一输入为 **0** 时,Y 端输出为 **1**;当 T_1 发射极输入全 **1** 时,Y 端输出为 **0**。实现了与非门的功能。

在使用 TTL 电路时要注意输入端悬空问题。当 T_1 发射极全部悬空时,电源 U_{CC} 仍能通过 R_1 和 T_1 集电结向 T_2 提供基极电流,致使 T_2 和 T_3 导通、T_4 和 D 截止,Y 端输出为 **0**。当 T_1 发射极中有 **0** 输入,其余悬空时,则仍由 **0** 输入的发射极决定了 T_2 和 T_3 截止、T_4 和 D 导通,Y 端输出为 **1**。由此可见,TTL 电路输入端悬空相当于 **1**。

2. 主要外部特性参数

参数是我们了解 TTL 电路性能并正确使用的依据,下面仅就反映 TTL 与非门电路主要性能的几个参数作简单介绍。

1)输出高电平 U_{OH}

与非门至少有一个输入端接低电平时,输出电压的值称为输出高电平 U_{OH}。产品规范值为 $U_{OH} \geqslant 2.4 \text{ V}$。

2)输出低电平 U_{OL}

与非门所有输入端都接高电平时,输出电压的值称为输出低电平 U_{OL}。产品规范值为 $U_{OL} \leqslant 0.4 \text{ V}$。

3)扇出系数 N_o

门电路的输出端所能连接的下一级门电路输入端的个数,称为该门电路的扇出系数 N_o,也称负载能力。一般 $N_o \geqslant 8$。

4)平均传输延迟时间 t_{pd}

在与非门输入端加上一个脉冲电压,则输出电压将对输入电压有一定的时间延迟,从输入脉冲上升沿的 50% 处起到输出脉冲下降沿的 50% 处的时间称为上升延迟时间 t_{pd1};从输入脉冲下降沿的 50% 处到输出脉冲上升沿的 50% 处的时间称为下降延迟时间 t_{pd2}。平均传输延迟时间 t_{pd} 定义为 t_{pd1} 与 t_{pd2} 的平均值,即

$$t_{pd} = \frac{t_{pd1} + t_{pd2}}{2}$$

平均传输延迟时间是衡量与非门开关速度的一个重要参数,此参数值越小越好。

除了与非门外,TTL 门电路还有与门、或门、非门、或非门、异或门等多种不同功能的产品。

8.3.2 三态输出与非门电路

三态输出门简称三态门(three state gate)、TS 门等。它有三种输出状态:输出高电平、输出低电平和高阻状态,前两种状态为工作状态,后一种状态为禁止状态。值得注意的是,三态门并不是指具有三种逻辑值。在工作状态下,三态门的输出可为逻辑 1 或者逻辑 0;在禁止状态下,其输出高阻相当于开路,表示与其他电路无关,它不是一种逻辑值。

图 8-3-2 所示为一个三态输出与非门电路及其逻辑符号。该电路是在一般与非门的基础上,附加使能控制端和控制电路构成的。从图 8-3-2(a)中可知,当控制信号 $\overline{E}=0$ 时,二极管 D_1 反偏,此时电路功能与一般与非门并无区别,输出 $Y=\overline{A \cdot B}$;当控制信号 $\overline{E}=1$ 时,一方面因为 T_1 有一个输入端为低,使 T_2、T_3 截止。另一方面由于二极管 D_1 导通,迫使 T_4 的基极电位变低,致使 T_4、D 也截止。这样,输出 Y 便被悬空,即处于高阻状态。因为该电路是在 $\overline{E}=0$ 时为正常工作状态,所以称为使能控制端低电平有效的三态与非门。为了表明这一点,在逻辑符号的控制端加一个小圆圈,如图 8-3-2(b)所示。若某三态与非门的逻辑符号在控制端未加小圆圈,且控制信号写成 E 时,则表明电路在 E=1 时为正常工作状态,称该三态与非门为使能控制端高电平有效的三态与非门。

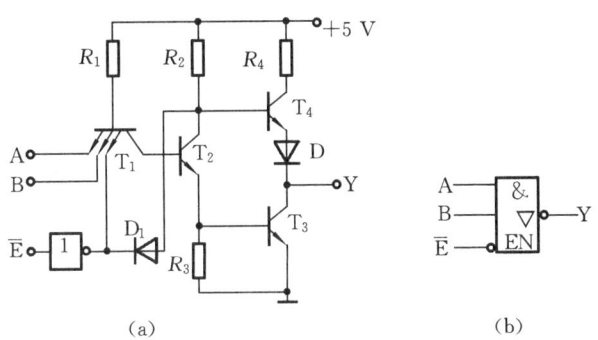

图 8-3-2　TTL 三态输出与非门电路及其逻辑符号

三态与非门主要应用于总线传送,它既可用于单向数据传送,也可用于双向数据传送。

图 8-3-3 所示为用三态非门构成的单向数据总线。当某个三态门的控制端为 0 时,该逻辑门处于工作状态,输入数据经反相后送至总线。为了保证数据传送的正确性,在任意时刻,n 个三态门的控制端只能有一个为 0,其余均为 1,即只允许一个数据端与总线接通,其余均断开,以便实现 n 个数据的分时传送。

图 8-3-4 所示为用两种不同控制输入的三态非门构成的双向总线。图中当 E=1 时,G_1 工作,G_2 处于高阻状态,数据 A 被取反后送至总线;当 E=0 时,G_2 工作,G_1 处于高阻状态,总线上的数据被取反后送到数据端 A,从而实现了数据的分时双向传送。

多路数据通过三态门共享总线,实现数据分时传送的方法,在计算机和其他数字系统中被广泛用于数据和各种信号的传送。

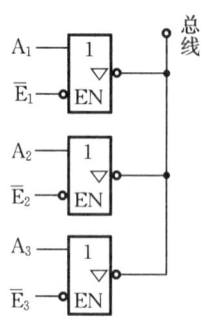

图 8-3-3　三态门构成单向总线

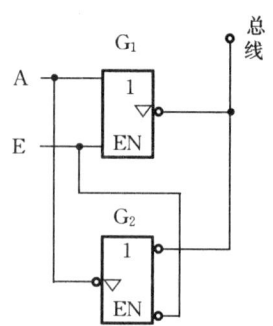

图 8-3-4　三态门构成双向总线

8.3.3　集电极开路与非门电路

使用一般的 TTL 逻辑门时,不能将两个门的输出端直接相连,否则将导致逻辑门损坏。为了实现各种逻辑功能和解决实际应用的需要,TTL 系列产品中专门设计了一种输出端可以相互连接的特殊逻辑门,称为集电极开路门(open collector gate),简称 OC 门。图 8-3-5 所示为一个集电极开路与非门的电路和逻辑符号。该电路把一般 TTL 与非门中的 T_4 去掉,令 T_3 的集电极悬空,从而把一般 TTL 与非门电路的推拉式输出级改为三极管集电极开路输出。需要指出的是,集电极开路与非门只有在外接负载电阻 R_L 和电源 U 后才能正常工作。

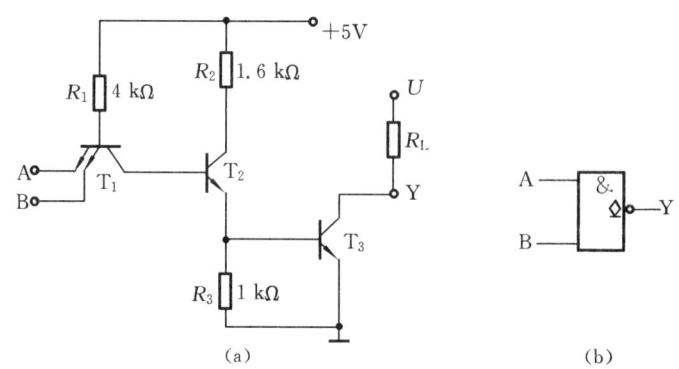

图 8-3-5　集电极开路与非门电路及其逻辑符号

集电极开路与非门在计算机中应用很广泛,可以用它实现"线与"逻辑、电平转换以及直接驱动发光二极管、干簧继电器等。

例如,将两个 OC 与非门按图 8-3-6 所示连接,只要其中有一个输出为低电平,输出 Y 便为低电平;仅当两个门的输出均为高电平时,输出 Y 才为高电平。即 $Y = Y_1 \cdot Y_2 = \overline{A_1 B_1} \cdot \overline{A_2 B_2}$,从而实现了两个与非门输出相与的逻辑功能。由于这种与逻辑功能并不是由与门实现的,而是由输出端引线连接实现的,故称为"线与"逻辑。

又如,将 OC 与非门按图 8-3-7 所示电路连接,可直接驱动电压高于 5 V 的继电器(KA 为继电器线圈)。

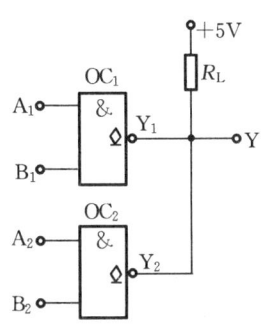

图 8-3-6 "线与"逻辑电路图

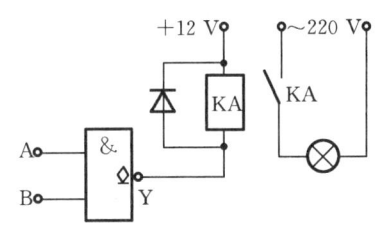

图 8-3-7 OC 门的输出端直接接继电器

【思考与练习 8.3】

8.3.1 在图 8-3-8 所示 TTL 电路中,输出为低电平的电路有哪些?

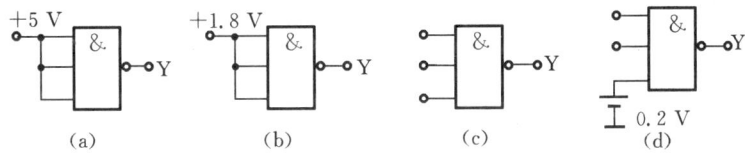

图 8-3-8 思考与练习 8.3.1 图

8.3.2 图 8-3-9 所示电路中能实现 $Y = \overline{A}\,\overline{C} + \overline{B}C$ 的电路是哪一个?

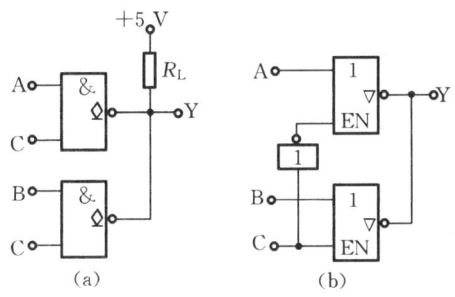

图 8-3-9 思考与练习 8.3.2 图

◀ 8.4 CMOS 门电路 ▶

由 MOS 器件构成的门电路称为 MOS 集成逻辑门,属于单极型逻辑门。就逻辑功能而言,它与双极型(TTL)门电路并无区别,但由于 MOS 器件具有制造工艺、集成度高、体积小、功耗低、抗干扰能力强等优点,在各种数字电路中得到广泛的应用。其中的 CMOS 门电路是一种互补对称场效晶体管集成电路,目前应用最多。

8.4.1 CMOS 非门电路

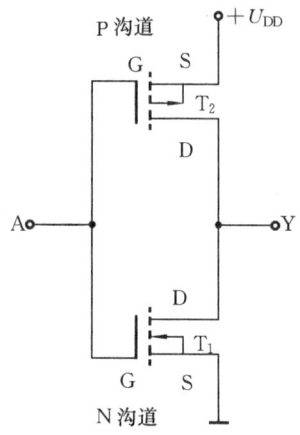

P沟道

N沟道

图 8-4-1 CMOS 非门电路

图 8-4-1 所示是由一个 N 沟道增强型 MOS 管 T_1 和一个 P 沟道增强型 MOS 管 T_2 组成的 CMOS 非门电路(常称为 CMOS 反相器)。两管的栅极相连作为输入端,两管的漏极相连作为输出端。T_1 的源极接地,T_2 的源极接电源。衬底都与各自的源极相连。为了保证电路正常工作,U_{DD} 需大于 T_1 管开启电压和 T_2 管开启电压的绝对值的和。

当输入 A 为 **0**(约为 0 V)时,T_1 管的栅源电压为 0,T_1 截止;同时,由于 T_2 管的栅源电压的绝对值大于开启电压,T_2 导通。结果输出端与电源接通、与地断开,故输出 Y 为 **1**(约为 U_{DD})。当输入 A 为 **1**(约为 U_{DD})时,T_1 导通,T_2 截止。结果输出端与电源断开、与地接通,故输出 Y 为 **0**(约为 0 V)。由此可见,该电路实现了非逻辑功能 $Y=\overline{A}$。

8.4.2 CMOS 与非门电路

图 8-4-2 所示为两输入端 CMOS 与非门电路。T_3、T_4 两个 P 沟道增强型 MOS 管并联组成负载电路。T_1 和 T_2 串联作为驱动管。

当 A、B 两个输入端全为 **1** 时,T_1、T_2 同时导通,T_3、T_4 同时截止,输出端 Y 为 **0**。

当输入端有一个或全为 **0** 时,串联的 T_1、T_2 截止,而相应的 T_3 或 T_4 导通,输出端 Y 为 **1**。

由此可见,该电路实现了与非逻辑功能,即

$$Y = \overline{AB}$$

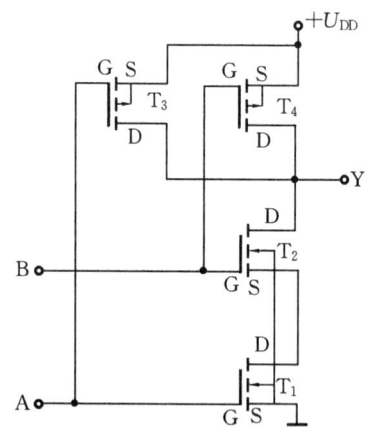

图 8-4-2 CMOS 与非门电路

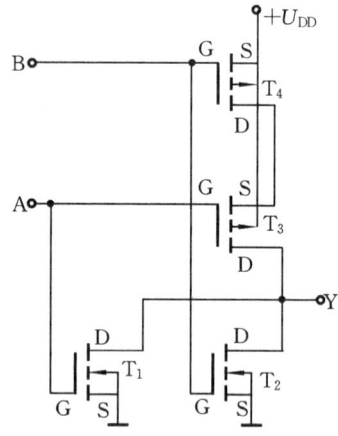

图 8-4-3 CMOS 或非门电路

8.4.3 CMOS 或非门电路

图 8-4-3 所示是两输入端 CMOS 或非门电路。两个并联的增强型 NMOS 管 T_1、T_2 组成驱动电路,两个串联的增强型 PMOS 管 T_3、T_4 组成负载电路。

当输入 A、B 全为 **0** 时，两个并联的 NMOS 管 T_1、T_2 截止，两个串联的 PMOS 管 T_3、T_4 导通，输出端 Y 为 **1**。

当输入端 A、B 中至少有一个为 **1** 时，T_1 和 T_2 至少有一个导通，T_3 和 T_4 至少有一个截止，输出 Y 为 **0**。

由此可见，该电路实现了或非逻辑功能，即

$$Y = \overline{A + B}$$

◀ 8.5 组合逻辑电路的分析和设计 ▶

逻辑电路按其逻辑功能和结构特点可以分为两大类：一类称为组合逻辑电路，该电路的输出状态仅取决于输入的即时状态，而与先前状态无关；另一类称为时序逻辑电路，这种电路的输出状态不仅与输入的即时状态有关，而且还与电路原来的状态有关。图 8-5-1 所示为组合逻辑电路的一般框图，它可用如下的逻辑电路来描述，即

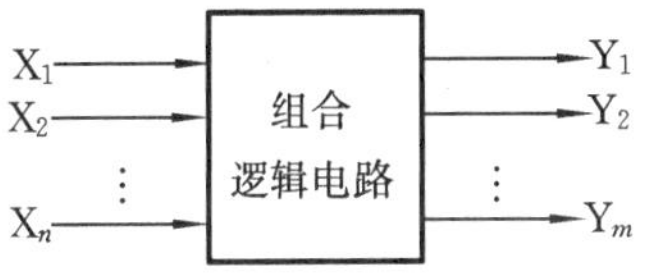

$$Y_i = f_i(X_1, X_2, \cdots, X_n) \quad (i = 1, 2, \cdots, m)$$

电路的输出量可以是一个，也可以是多个。

图 8-5-1 组合逻辑电路框图

8.5.1 组合逻辑电路的分析

组合逻辑电路的分析就是对一个给定的逻辑电路，找出其输出与输入之间的逻辑关系，弄清楚它的逻辑功能的过程。分析组合逻辑电路的步骤如下：

（1）由电路图写出输出端的逻辑表达式；

（2）化简、变换逻辑表达式；

（3）由简化逻辑式列出真值表；

（4）由真值表分析其逻辑功能。

例 8-6 分析图 8-5-2 的逻辑电路的逻辑功能。

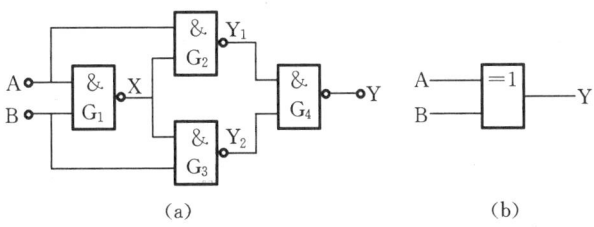

（a）   （b）

图 8-5-2 例 8-6 图

解 （1）由逻辑图写出逻辑式。

从输入端到输出端，依次写出各个门的逻辑式，最后写出输出变量 Y 的逻辑式为

G_1 门：$X = \overline{AB}$。

G_2 门：$Y_1 = \overline{AX} = \overline{A \cdot \overline{AB}}$。

G_3 门：$Y_2 = \overline{BX} = \overline{B \cdot \overline{AB}}$。

G_4 门：$Y = \overline{Y_1 Y_2}$。

（2）化简、变换。

$$Y = \overline{Y_1 Y_2} = \overline{\overline{A \cdot \overline{AB}} \cdot \overline{B \cdot \overline{AB}}} = \overline{\overline{A \cdot \overline{AB}}} + \overline{\overline{B \cdot \overline{AB}}}$$
$$= A \cdot \overline{AB} + B \cdot \overline{AB} = A(\overline{A} + \overline{B}) + B(\overline{A} + \overline{B})$$
$$= A\overline{A} + A\overline{B} + B\overline{A} + B\overline{B} = A\overline{B} + B\overline{A}$$

（3）由逻辑式列出逻辑状态表（见表 8-5-1）。

（4）分析逻辑功能。

当输入端 A 和 B 不是同为 **1** 或 **0** 时，输出为 **1**；否则，输出为 **0**。这种电路称为异或门电路，其逻辑符号如图 8-5-2(b) 所示。逻辑式也可写成

$$Y = A\overline{B} + B\overline{A} = A \oplus B$$

表 8-5-1 例 8-6 真值表

A	B	Y
0	**0**	**0**
0	**1**	**1**
1	**0**	**1**
1	**1**	**0**

例 8-7 分析图 8-5-3(a) 所示逻辑电路的逻辑功能。

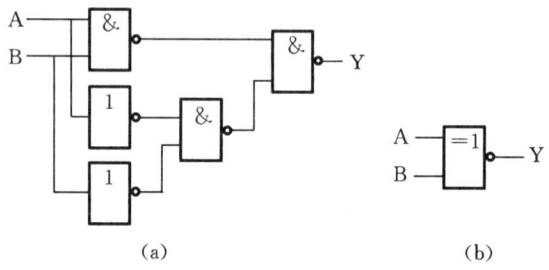

(a)　　　　　　　　　(b)

图 8-5-3 例 8-7 图

解 由逻辑图写出逻辑式并化简。

$$Y = \overline{\overline{AB} \cdot \overline{A} \overline{B}}$$
$$= \overline{\overline{AB}} + \overline{\overline{A} \overline{B}}$$
$$= AB + \overline{A} \overline{B}$$

列出逻辑真值表如表 8-5-2 所示，可以看出：输入变量 A、B 相异时，输出 Y 为 **0**；输入变量 A、B 相同（**0,0** 或 **1,1**）时，输出 Y 为 **1**。这种输入、输出关系称为同或逻辑。从表 8-5-1 和表 8-5-2 不难看出，同或和异或是互为非的关系，因而同或逻辑表达式可以直接写成

$$Y = \overline{A \oplus B}$$

同或门逻辑符号如图 8-5-3(b) 所示。

表 8-5-2 例 8-7 真值表

A	B	Y
0	**0**	**1**
0	**1**	**0**
1	**0**	**0**
1	**1**	**1**

8.5.2 组合逻辑电路的设计

组合逻辑电路的设计就是根据给定的逻辑要求设计逻辑电路，其步骤如下：

（1）根据设计要求列出真值表；

（2）由真值表写出逻辑表达式；

（3）化简、变换逻辑表达式；

（4）由化简后的逻辑式画出逻辑图。

例 8-8 设计一个供电系统检测控制逻辑电路。设 A、B、C 为三个电源，共同向某一重要负载供电，在正常情况下，至少要有两个电源处在正常状态，否则发出报警信号。

解 （1）根据逻辑要求列出真值表。

设 A、B、C 在正常状态时为 1，否则为 0，输出 Y 报警时为 1，正常时为 0，列真值表如表 8-5-3 所示。

（2）由真值表写出逻辑表达式为

$$Y = \overline{A} \cdot \overline{B} + \overline{B} \cdot \overline{C} + \overline{A} \cdot \overline{C} + \overline{A} \cdot \overline{B} \cdot \overline{C}$$

（3）化简、变换逻辑表达式为

$$Y = \overline{A} \cdot \overline{B} + \overline{B} \cdot \overline{C} + \overline{A} \cdot \overline{C} = \overline{\overline{\overline{A} \cdot \overline{B} + \overline{B} \cdot \overline{C} + \overline{A} \cdot \overline{C}}}$$
$$= \overline{\overline{\overline{A} \cdot \overline{B}} \cdot \overline{\overline{B} \cdot \overline{C}} \cdot \overline{\overline{A} \cdot \overline{C}}}$$

（4）画出用与非门实现的逻辑图，如图 8-5-4 所示。

表 8-5-3 例 8-8 真值表

A	B	C	Y
0	0	0	1
0	0	1	1
0	1	0	1
0	1	1	0
1	0	0	1
1	0	1	0
1	1	0	0
1	1	1	0

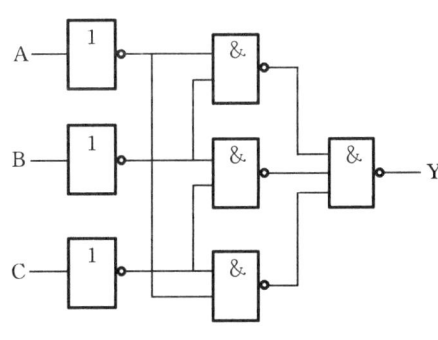

图 8-5-4 例 8-8 图

例 8-9 某工厂有 A、B、C 三个车间和一个自备电站，站内有两台发电机 G_1 和 G_2。G_1 的容量是 G_2 的两倍。如果一个车间开工，只需 G_2 运行即可满足要求；如果两个车间开工，只需 G_1 运行；如果三个车间同时开工，则 G_1 和 G_2 均需运行。试画出控制 G_1 和 G_2 运行的逻辑图。

解 A、B、C 分别表示三个车间的开工状态：开工为 1，不开工为 0；G_1 和 G_2 运行为 1，停机为 0。

（1）按题意列出逻辑状态表（见表 8-5-4）。

（2）由逻辑状态表写出逻辑表达式为

$$G_1 = \overline{A}BC + A\overline{B}C + AB\overline{C} + ABC$$

$$G_2 = \overline{A}\,\overline{B}C + \overline{A}B\overline{C} + A\overline{B}\,\overline{C} + ABC$$

（3）化简逻辑表达式为

$$G_1 = AB + BC + CA = \overline{\overline{AB + BC + CA}} = \overline{\overline{AB} \cdot \overline{BC} \cdot \overline{CA}}$$

$$G_2 = \overline{\overline{\overline{A}\,\overline{B}C} \cdot \overline{\overline{A}B\overline{C}} \cdot \overline{A\,\overline{B}\,\overline{C}} \cdot \overline{ABC}}$$

（4）由逻辑式画出逻辑图（见图 8-5-5）。

表 8-5-4　例 8-9 真值表

A	B	C	G_1	G_2
0	0	0	0	0
0	0	1	0	1
0	1	0	0	1
0	1	1	1	0
1	0	0	0	0
1	0	1	1	0
1	1	0	1	0
1	1	1	1	1

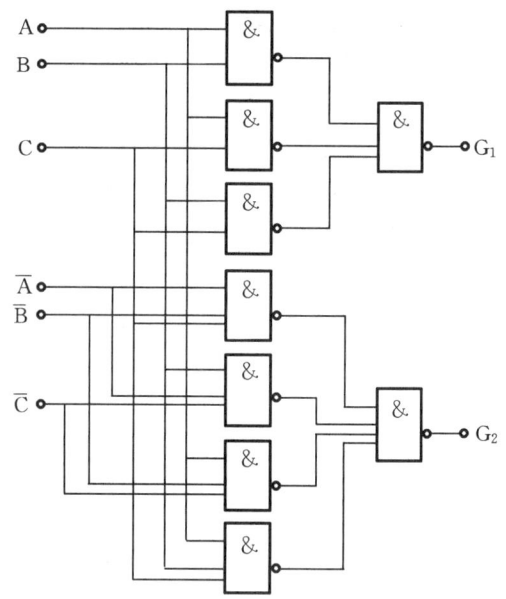

图 8-5-5　例 8-9 图

【思考与练习 8.5】

8.5.1　试总结组合逻辑电路的分析和设计的特点。

8.5.2　试证明：$A\,\overline{B}C + A\,\overline{B}\,\overline{C} = A\,\overline{B}$，$BC + \overline{B}\,\overline{A} + \overline{A}C = BC + \overline{A}\,\overline{B}$。

◀ 8.6　常用组合逻辑功能器件 ▶

组合逻辑功能器件是指具有某种逻辑功能的中规模集成组合逻辑电路芯片。常用的有加法器、编码器、译码器、译码显示器、多路选择器、分配器、比较器等。本节主要介绍它们的逻辑功能和应用。

8.6.1　加法器

加法器是用来实现二进制加法运算的电路，它是计算机中最基本的运算单元。任何二进制算术运算，一般都是按一定规则通过基本的加法操作来实现的。

1. 二进制

十进制中采用了 $0,1,2,\cdots,9$ 十个数码，进位规则是"逢十进一"。当若干个数码并在一起时，处在不同位置的数码，其值的含义不同。例如，373 可写成

$$373 = 3 \times 10^2 + 7 \times 10^1 + 3 \times 10^0$$

二进制只有 **0** 和 **1** 两个数码，进位规则是"逢二进一"，即 **1＋1＝10**（读做"壹零"，而不是十进制中的"拾"）。**0** 和 **1** 两个数码处于不同数位时，它们所代表的数值是不同的。例如，**11010** 这个二进制数，所表示的大小为

$$(11010)_2 = 1 \times 2^4 + 1 \times 2^3 + 0 \times 2^2 + 1 \times 2^1 + 0 \times 2^0 = 26$$

这样,就可将任何一个二进制数转换为十进制数。

反过来,如何将一个十进制数转换为等值的二进制数呢? 由上式可见

$$(26)_{10} = d_4 \times 2^4 + d_3 \times 2^3 + d_2 \times 2^2 + d_1 \times 2^1 + d_0 \times 2^0 = (d_4 d_3 d_2 d_1 d_0)_2$$

$d_4 \cdot d_3 \cdot d_2 \cdot d_1 \cdot d_0$ 分别为相应位的二进制数码 **1** 或 **0**。它们可用下法求得:19 用 2 去除,得到的余数就是 d_0;其商再连续用 2 去除,得到余数 $d_1 \cdot d_2 \cdot d_3 \cdot d_4$,直到最后的商等于 0 为止,即

```
2 | 26                余数
2 | 13  ·····················余 0（d₀）
2 |  6  ·····················余 1（d₁）
2 |  3  ·····················余 0（d₂）
2 |  1  ·····················余 1（d₃）
     0  ·····················余 1（d₄）
```

所以

$$(26)_{10} = (d_4 d_3 d_2 d_1 d_0)_2 = (\mathbf{11010})_2$$

可见,同一个数可以用十进制和二进制两种不同形式表示,两者关系如表 8-6-1 所示。

表 8-6-1　十进制和二进制的转换关系

十进制	二进制	十进制	二进制
0	**0**	8	**1000**
1	**1**	9	**1001**
2	**10**	10	**1010**
3	**11**	11	**1011**
4	**100**	12	**1100**
5	**101**	13	**1101**
6	**110**	14	**1110**
7	**111**	15	**1111**

2. 半加器

实现两个一位二进制数加法运算的电路称为半加器。若将 A、B 分别作为一位二进制数,S 表示 A、B 相加的"和",C 是相加产生的"进位",半加器的真值表如表 8-6-2 所示。

由表 8-6-2 可直接写出

$$S = \overline{A}B + A\overline{B} = A \oplus B$$

$$C = AB$$

半加器可以利用一个集成异或门和与门来实现,如图 8-6-1(a)所示。图 8-6-1(b)是半加器的逻辑符号。

表 8-6-2　半加器真值表

A	B	S	C
0	**0**	**0**	**0**
0	**1**	**1**	**0**
1	**0**	**1**	**0**
1	**1**	**0**	**1**

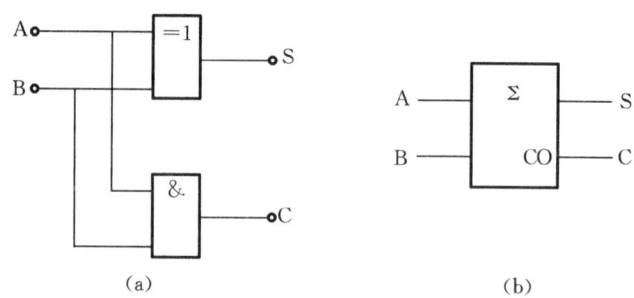

图 8-6-1　半加器逻辑图及其逻辑符号

3. 全加器

全加器用来实现本位被加数 A_i、加数 B_i 以及低位的进位数 C_{i-1} 三者相加。相加的结果有本位和 S_i 和进位 C_i。因此，全加器应有三个输入端、两个输出端。根据三个输入变量的状态组合按照二进制加法法则，全加器的真值表如表 8-6-3 所示。

表 8-6-3　全加器真值表

A_i	B_i	C_{i-1}	S_i	C_i
0	0	0	0	0
0	0	1	1	0
0	1	0	1	0
0	1	1	0	1
1	0	0	1	0
1	0	1	0	1
1	1	0	0	1
1	1	1	1	1

由真值表可分别写出输出端 S_i 和 C_i 的逻辑表达式为

$$S_i = \overline{A_i}\,\overline{B_i}C_{i-1} + \overline{A_i}B_i\overline{C_{i-1}} + A_i\overline{B_i}\,\overline{C_{i-1}} + A_iB_iC_{i-1}$$
$$= \overline{A_i}(\overline{B_i}C_{i-1} + B_i\overline{C_{i-1}}) + A_i(\overline{B_i}\,\overline{C_{i-1}} + B_iC_{i-1})$$
$$= \overline{A_i}(B_i \oplus C_{i-1}) + A_i\,\overline{(B_i \oplus C_{i-1})}$$
$$= A_i \oplus B_i \oplus C_{i-1}$$

$$C_i = \overline{A_i}B_iC_{i-1} + A_i\overline{B_i}C_{i-1} + A_iB_i\overline{C_{i-1}} + A_iB_iC_{i-1}$$
$$= \overline{A_i}B_iC_{i-1} + A_i\overline{B_i}C_{i-1} + A_iB_i$$
$$= (A_i \oplus B_i)C_{i-1} + A_iB_i$$
$$= \overline{\overline{(A_i \oplus B_i)C_{i-1}} \cdot \overline{A_iB_i}}$$

S_i 和 C_i 的逻辑表达式中有公用项 $A_i \oplus B_i$，因此，在组成电路时，可令其共享同一异或门，从而使整体得到进一步简化。一位全加器的逻辑电路图及其逻辑符号如图 8-6-2 所示。

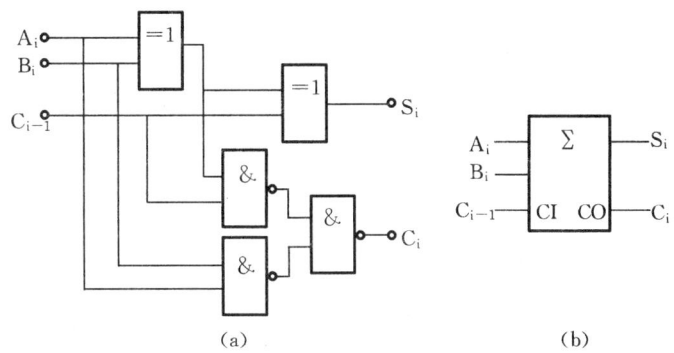

图 8-6-2 全加器逻辑图及其逻辑符号

多位二进制数相加,可采用并行相加、串行进位的方式来完成。例如,图 8-6-3 所示逻辑电路可实现两个四位二进制数 $A_3A_2A_1A_0$ 和 $B_3B_2B_1B_0$ 的加法运算。

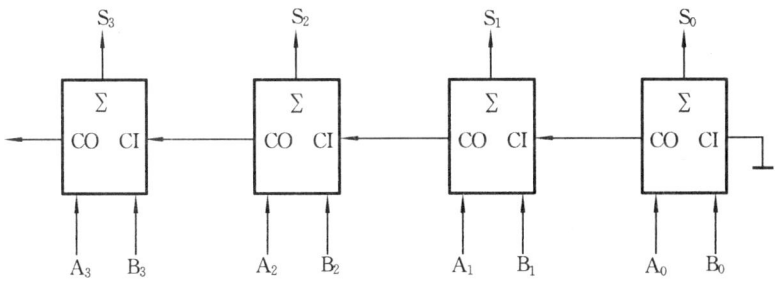

图 8-6-3 四位串行加法器

由图 8-6-3 可以看出,低位全加器进位输出端连到高一位全加器的进位输入端,任何一位的加法运算必须等到低位加法完成时才能进行,这种进位方式称为串行进位,但和数是并行相加的。这种串行加法器的缺点是运行速度较慢。

全加器是构成计算机的基本运算单元,图 8-6-4 所示 74LS183 是一款全加器集成芯片管脚排列,其内部集成了两个独立的全加器,各自具有独立的本位和进位输出。

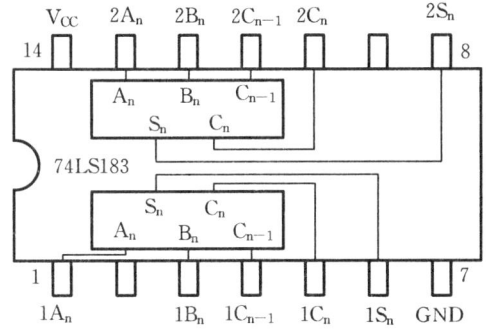

图 8-6-4 74LS183 引脚图

例 8-10 用两片 74LS183 组成四位二进制加法器。

解 设四位二进制数为 $A_3A_2A_1A_0$ 与 $B_3B_2B_1B_0$ 相加和为 $S_4S_3S_2S_1S_0$,电路连接图如图 8-6-5 所示。

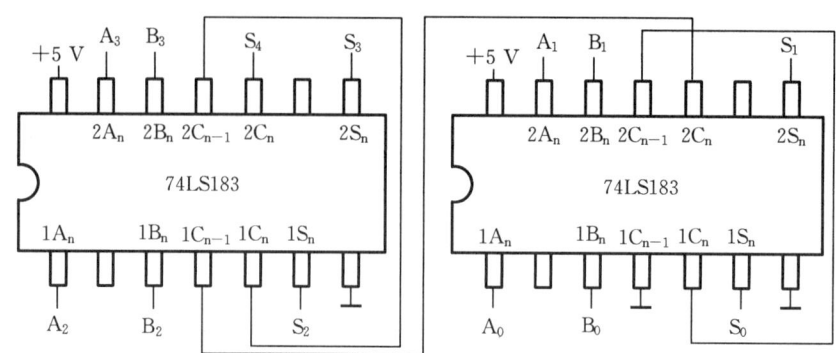

图 8-6-5 例 8-10 图

8.6.2 编码器

将二进制数码 **0** 和 **1** 按一定规律编排起来,用来表示某种信息含义的一串符号称为编码,具有编码功能的逻辑电路称为编码器。例如,计算机键盘就是由编码器组成的,每按一下键,编码器就将该键的含义转换为一个计算机能识别的二进制代码。

1. 二—十进制编码器

二—十进制编码器是将十进制数码 0~9 编成二进制代码的电路。输入的是 0~9 十个数码,输出的是对应的四位二进制代码。这些二进制代码又称二—十进制代码,简称 BCD（binary coded decimal）码。

四位二进制代码共有 **0000~1111** 十六种状态,其中任何十种状态都可表示 0~9 十个数码,方案很多。最常用的是 8421 编码方式,就是在四位二进制代码的十六种状态中取出前面十种状态 **0000~1001** 表示 0~9 十个数码,后面六种状态 **1010~1111** 去掉。二进制代码各位的 **1** 所代表的十进制数从高位到低位依次为 8、4、2、1,称为"权",而后把每个数码乘以各位的"权",相加即得出该二进制代码所表示的一位十进制数。

8421 码与十进制数之间的转换是按位进行的,即十进制数的每一位与四位二进制编码对应。例如

$$(168)_{10} = (\textbf{0001 0110 1000})_{8421BCD}$$

$$(\textbf{1001 0101 0000 1000})_{8421BCD} = (9508)_{10}$$

8421BCD 编码器真值表如表 8-6-4 所示。$I_0 \sim I_9$ 是十个输入变量,分别代表十进制数码 0~9,因此,它们中任何时刻仅允许一个有效（为 1）。当输入某一个十进制数码时,只要使相应的输入端为高电平,其余各输入端均为低电平,编码器的四个输出端 $Y_3 Y_2 Y_1 Y_0$ 就将出现一组相应的二进制代码。

表 8-6-4 8421BCD 编码器真值表

I_0	I_1	I_2	I_3	I_4	I_5	I_6	I_7	I_8	I_9	Y_3	Y_2	Y_1	Y_0
1	0	0	0	0	0	0	0	0	0	0	0	0	0
0	1	0	0	0	0	0	0	0	0	0	0	0	1

续表

I_0	I_1	I_2	I_3	I_4	I_5	I_6	I_7	I_8	I_9	Y_3	Y_2	Y_1	Y_0
0	0	1	0	0	0	0	0	0	0	0	0	1	0
0	0	0	1	0	0	0	0	0	0	0	0	1	1
0	0	0	0	1	0	0	0	0	0	0	1	0	0
0	0	0	0	0	1	0	0	0	0	0	1	0	1
0	0	0	0	0	0	1	0	0	0	0	1	1	0
0	0	0	0	0	0	0	1	0	0	0	1	1	1
0	0	0	0	0	0	0	0	1	0	1	0	0	0
0	0	0	0	0	0	0	0	0	1	1	0	0	1

根据真值表可得出以下化简、变换后的逻辑表达式为

$$Y_3 = I_8 + I_9 = \overline{\overline{I_8 + I_9}}$$

$$Y_2 = I_4 + I_5 + I_6 + I_7 = \overline{\overline{I_4 + I_6} \cdot \overline{I_5 + I_7}}$$

$$Y_1 = I_2 + I_3 + I_6 + I_7 = \overline{\overline{I_2 + I_6} \cdot \overline{I_3 + I_7}}$$

$$Y_0 = I_1 + I_3 + I_5 + I_7 + I_9 = \overline{\overline{I_1 + I_9} \cdot \overline{I_3 + I_7} \cdot \overline{I_5 + I_7}}$$

根据上式可以画出如图 8-6-6 所示的二—十进制编码器逻辑图。

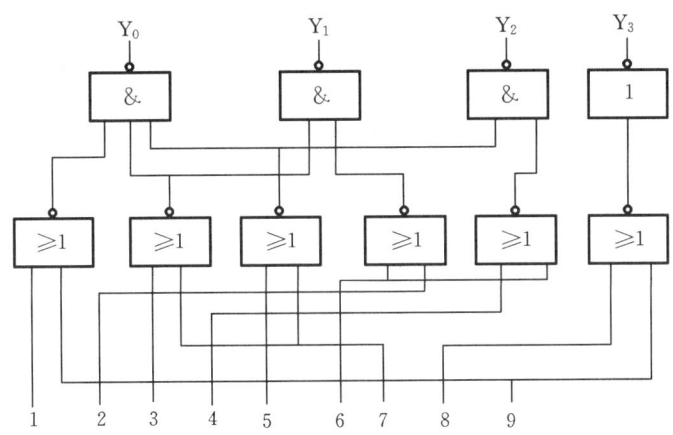

图 8-6-6　8421BCD 编码器逻辑电路图

2. 二进制编码器

二进制编码器是用二进制数对输入信号进行编码的。显然，n 位二进制数可对 2^n 个输入信号编码。如 4/2 线编码器，若 $I_0 \sim I_3$ 为四个输入端，任何时刻只允许一个输入为高电平，即 **1** 表示有输入，**0** 表示无输入，Y_1、Y_0 为对应输入信号的编码，真值表如表 8-6-5 所示。

由真值表得到如下逻辑表达式为

$$Y_1 = \bar{I}_0 \bar{I}_1 I_2 \bar{I}_3 + \bar{I}_0 \bar{I}_1 \bar{I}_2 I_3$$

$$Y_0 = \bar{I}_0 I_1 \bar{I}_2 \bar{I}_3 + \bar{I}_0 \bar{I}_1 \bar{I}_2 I_3$$

表 8-6-5　4/2 线编码器真值表

I_0	I_1	I_2	I_3	Y_1	Y_0
1	0	0	0	0	0
0	1	0	0	0	1
0	0	1	0	1	0
0	0	0	1	1	1

根据上式可以画出如图 8-6-7 所示的 4/2 线编码器逻辑图。

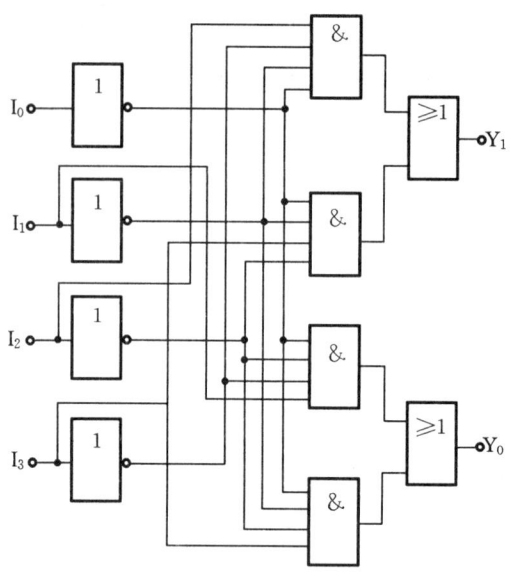

图 8-6-7　4/2 线编码器逻辑图

3. 优先编码器

上述编码器虽然比较简单,但当同时有两个或两个以上输入端有信号时,其编码输出将是混乱的。例如,当 I_2 和 I_3 同时为 **1** 时,$Y_1 Y_0$ 为 **00**,此输出既不是 I_2 的编码,也不是 I_3 的编码。在数字系统中,特别是在计算机系统中,常常要控制几个工作对象,例如,计算机主机要控制打印机、磁盘驱动器、键盘等。当某个部件需要实行操作时,必须先送一个信号给主机(称为服务请求),经主机识别后再发出允许操作信号(服务响应),并按事先编好的程序工作。这里会有几个部件同时发出服务请求的可能,而在同一时刻只能给其中一个部件发出允许操作信号。

因此,必须根据轻重缓急,规定好这些控制对象允许操作的先后次序,即优先级别。识别这类请求信号的优先级别并进行编码的逻辑部件称为优先编码器。4/2 线优先编码器的真值表如表 8-6-6 所示。

表 8-6-6　4/2 线优先编码器真值表

输	入			输	出
I_0	I_1	I_2	I_3	Y_1	Y_0
1	**0**	**0**	**0**	**0**	**0**
×	**1**	**0**	**0**	**0**	**1**
×	×	**1**	**0**	**1**	**0**
×	×	×	**1**	**1**	**1**

该电路输入高电平有效,**1** 表示有输入,**0** 表示无输入。× 表示任意状态,即取 **0** 或 **1** 均可。从真值表可以看出,输入端优先级的次序依次为 I_3、I_2、I_1、I_0。I_3 优先级最高,I_0 最低。例如,对于 I_0,只有当 I_1、I_2、I_3 均为 **0**,且 I_0 为 **1** 时,输出为 **00**。对于 I_3,无论其他三个输入是否为有效电平输入,输出均为 **11**。

优先编码器允许几个信号同时输入,但电路仅对优先级别最高的进行编码,不理会其他输入。优先级的高低由设计人员根据具体情况事先设定。

由表 8-6-6 可以得出该优先编码器的逻辑表达式为

$$Y_1 = \bar{I}_3 I_2 + I_3$$

$$Y_0 = \bar{I}_3 \bar{I}_2 I_1 + I_3$$

8.6.3 译码器和数字显示电路

译码器的功能与编码器的相反,它将二进制代码(输入)转换成十进制数、字符和其他输出信号。常用的译码电路有二进制译码器、二－十译码器和显示译码器等。

1. 二进制译码器

二进制译码器可将 n 位二进制代码译成电路的 2^n 种输出状态。如 2/4 线译码器、3/8 线译码器和 4/16 线译码器等。

例如,要把输入的一组二位二进制代码译成对应的四个输出信号,其译码设计过程如下。

2/4 线译码器表明输入端为二位代码,输出端具有四个。如果对译码器输出的要求是对应于输入的每组代码,四个输出端中只有一个输出信号为高电平 **1**,其余为低电平 **0**,则可列出译码真值表,如表 8-6-7 所示。从表中可以看出,输出为高电平有效。

由真值表写出 $A_1 A_0$ 与 Y 的表达式为

$$Y_0 = \overline{A_1}\,\overline{A_0}, \qquad Y_1 = \overline{A_1} A_0, \qquad Y_2 = A_1 \overline{A_0}, \qquad Y_3 = A_1 A_0$$

最后由逻辑式画出逻辑图,如图 8-6-8 所示。

由图可见,当 $A_1 A_0$ 输入为 **00** 时,Y_0 为 **1**,其余输出为 **0**,当 $A_1 A_0$ 输入为 **11** 时,Y_3 为 **1**,其余输出为 **0**,这样就实现了把输入代码译成特定的输出信号,$\overline{S}$ 为控制端,其作用是控制译码器的工作或扩展其功能。当 $\overline{S}=1$ 时,四个与门均被封锁,不论 $A_1 A_0$ 输入状态如何,译码器输出 $Y_3 \sim Y_0$ 均为低电平 **0**。当时,译码器可按 $A_1 A_0$ 状态组合进行正常译码,如表 8-6-7 所示,控制端为低电平有效。

表 8-6-7 2/4 线译码器真值表

输	入		输		出	
S_1	A_1	A_0	Y_3	Y_2	Y_1	Y_0
0	**0**	**0**	**0**	**0**	**0**	**1**
0	**0**	**1**	**0**	**0**	**1**	**0**
0	**1**	**0**	**0**	**1**	**0**	**0**
0	**1**	**1**	**1**	**0**	**0**	**0**
1	$\times$	$\times$	**0**	**0**	**0**	**0**

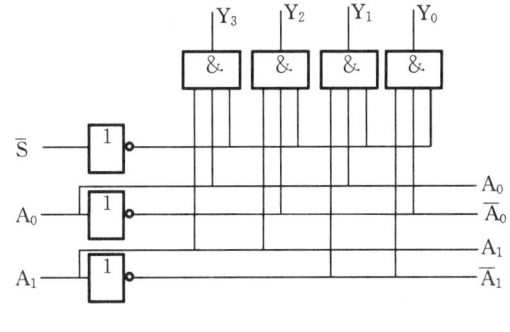

图 8-6-8 2/4 线译码器逻辑图

例 8-11 用与非门设计 2/4 线译码器,输出为低电平有效。

解 (1)列译码器真值表,如表 8-6-8 所示。

表 8-6-8 例 8-11 真值表

A_1	A_0	$\overline{Y_3}$	$\overline{Y_2}$	$\overline{Y_1}$	$\overline{Y_0}$
0	**0**	**1**	**1**	**1**	**0**
0	**1**	**1**	**1**	**0**	**1**
1	**0**	**1**	**0**	**1**	**1**
1	**1**	**0**	**1**	**1**	**1**

（2）写出逻辑表达式。

$$\overline{Y}_0 = \overline{\overline{A}_1 \overline{A}_0}, \qquad \overline{Y}_1 = \overline{\overline{A}_1 A_0}$$

$$\overline{Y}_2 = \overline{A_1 \overline{A}_0}, \qquad \overline{Y}_3 = \overline{A_1 A_0}$$

（3）画逻辑图，如图 8-6-9 所示。

图 8-6-10 为常用的双极型集成 3/8 线译码器 74LS138 的内部逻辑图。图中 A_2、A_1、A_0 为三个输入端，输入三位二进制数码。$\overline{Y}_0$，$\overline{Y}_1$，…，$\overline{Y}_7$ 为八个输出端，Y 上的"—"不代表非运算的含义，表示输出低电平有效。S_1、$\overline{S}_2$、$\overline{S}_3$ 为控制端，同样 $\overline{S}_2$、$\overline{S}_3$ 上的"—"也不代表非运算含义，表示控制端的有效输入电平为低电平。用 S_1、$\overline{S}_2$、$\overline{S}_3$ 的组合控制译码器的选通和禁止。

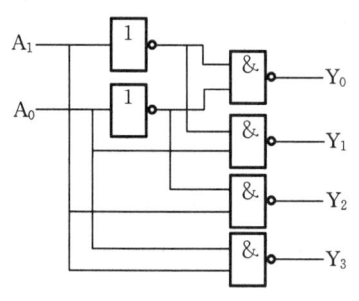

图 8-6-9 例 8-11 图

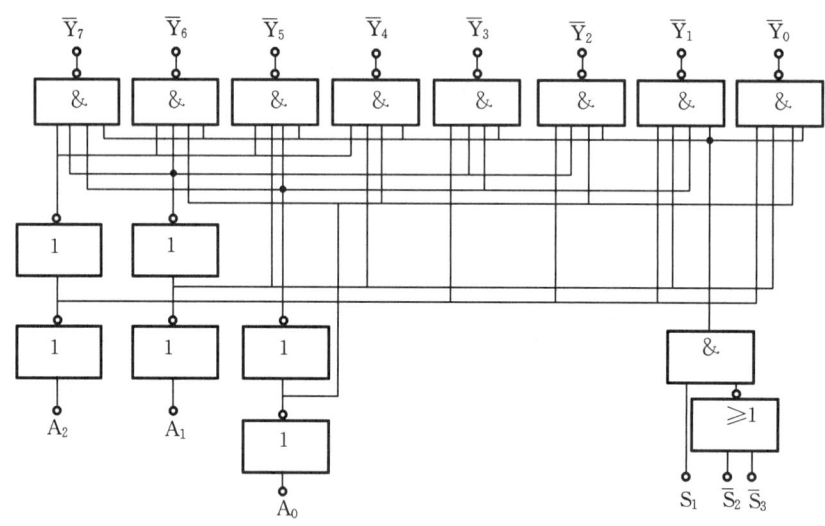

图 8-6-10 74LS138 集成译码器逻辑图

图 8-6-11 是 74LS138 译码器引脚图和逻辑符号，图中小圆圈表示低电平有效。

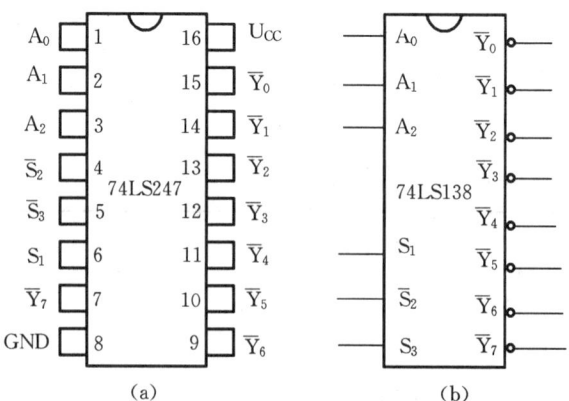

图 8-6-11 74LS138 译码器引脚图和逻辑符号

74LS138 译码器的真值表如表 8-6-9 所示。

表 8-6-9　74LS138 译码器真值表

输　　　　入					输　　　　出							
控 制 码		数　　码			$\overline{Y}_0$	$\overline{Y}_1$	$\overline{Y}_2$	$\overline{Y}_3$	$\overline{Y}_4$	$\overline{Y}_5$	$\overline{Y}_6$	$\overline{Y}_7$
S_1	$\overline{S}_2+\overline{S}_3$	A_2	A_1	A_0								
$\times$	1	$\times$	$\times$	$\times$	1	1	1	1	1	1	1	1
0	$\times$	$\times$	$\times$	$\times$	1	1	1	1	1	1	1	1
1	0	0	0	0	0	1	1	1	1	1	1	1
1	0	0	0	1	1	0	1	1	1	1	1	1
1	0	0	1	0	1	1	0	1	1	1	1	1
1	0	0	1	1	1	1	1	0	1	1	1	1
1	0	1	0	0	1	1	1	1	0	1	1	1
1	0	1	0	1	1	1	1	1	1	0	1	1
1	0	1	1	0	1	1	1	1	1	1	0	1
1	0	1	1	1	1	1	1	1	1	1	1	0

由真值表知,当 $S_1=0$ 或 $\overline{S}_2+\overline{S}_3=1$ 时,译码器处于禁止状态,输出 $\overline{Y}_0,\overline{Y}_1,\cdots,\overline{Y}_7$ 全为 1;当 $S_1=1,\overline{S}_2+\overline{S}_3=0$ 时,译码器被选通,处于工作状态,译码器输出与输入之间的逻辑关系为

$$\overline{Y}_0=\overline{\overline{A}_2\overline{A}_1\overline{A}_0}=\overline{m}_0, \qquad \overline{Y}_4=\overline{A_2\overline{A}_1\overline{A}_0}=\overline{m}_4$$

$$\overline{Y}_1=\overline{\overline{A}_2\overline{A}_1A_0}=\overline{m}_1, \qquad \overline{Y}_5=\overline{A_2\overline{A}_1A_0}=\overline{m}_5$$

$$\overline{Y}_2=\overline{\overline{A}_2A_1\overline{A}_0}=\overline{m}_2, \qquad \overline{Y}_6=\overline{A_2A_1\overline{A}_0}=\overline{m}_6$$

$$\overline{Y}_3=\overline{\overline{A}_2A_1A_0}=\overline{m}_3, \qquad \overline{Y}_7=\overline{A_2A_1A_0}=\overline{m}_7$$

例 8-12　试用 3/8 线译码器 74LS138 和与非门实现逻辑函数

$$Y=AB+BC+CA$$

解　将逻辑函数用最小项表示,然后两次求反。

$$\begin{aligned}Y&=AB+BC+CA\\&=AB(C+\overline{C})+BC(A+\overline{A})+CA(B+\overline{B})\\&=\overline{A}BC+A\overline{B}C+AB\overline{C}+ABC\\&=m_3+m_5+m_6+m_7\\&=Y_3+Y_5+Y_6+Y_7=\overline{\overline{Y}_3\cdot\overline{Y}_5\cdot\overline{Y}_6\cdot\overline{Y}_7}\end{aligned}$$

输入变量 A、B、C 分别接到 3/8 线译码器 74LS138 的输入端 A_2、A_1、A_0,输出端 $\overline{Y}_1$、$\overline{Y}_2$、$\overline{Y}_3$、$\overline{Y}_7$ 接到与非门的输入端,并令 $S_1=1,\overline{S}_2=0,\overline{S}_3=0$,实现逻辑函数 Y 的电路如图 8-6-12 所示。

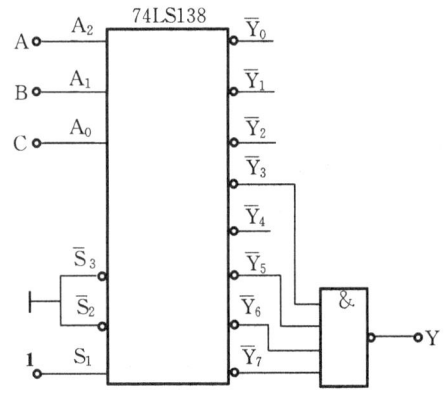

图 8-6-12　例 8-12 图

2. 数字显示译码器

在数字系统中,通常需要将数字量直观地显示出来,一方面供人们直接读取处理结果,另一方面用于监视数字系统工作情况。因此,数字显示电路是许多数字设备不可缺少的部分。

1) 七段数字显示器

七段数字显示器是目前使用最广泛的一种数码显示器。这种数码显示器由分布在同一平面的七段可发光的线段组成,可用来显示数字、文字或符号。图 8-6-13 表示七段数字显示器

利用 a～g 不同的发光段组合,显示 0～15 等数字。在实际应用中,10～15 并不采用,而是用两位数字显示器进行显示。

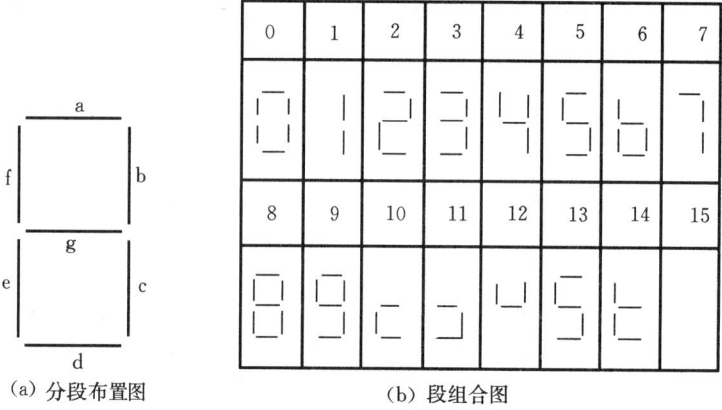

（a）分段布置图　　　　（b）段组合图

图 8-6-13　七段数字显示器发光段组合图

最常用的七段数字显示器有半导体显示器和液晶显示器两种。图 8-6-14 为半导体显示器。根据发光二极管的连接形式不同,分为共阴极显示器和共阳极显示器。共阴极显示器将七个发光二极管的阴极连在一起,作为公共端。在电路中,将公共端接到低电平,当某段二极管的阳极为高电平时,相应段发光。共阳极显示器的控制方式与共阴极显示器正好相反。

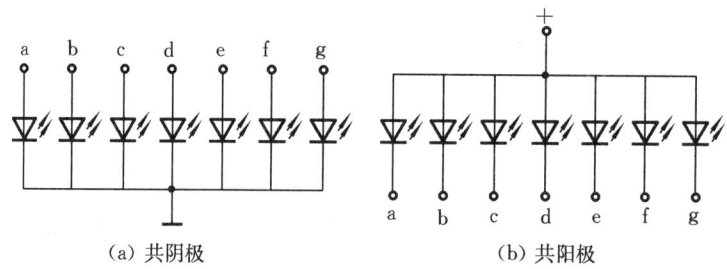

（a）共阴极　　　　　　　　（b）共阳极

图 8-6-14　半导体数码管两种接法

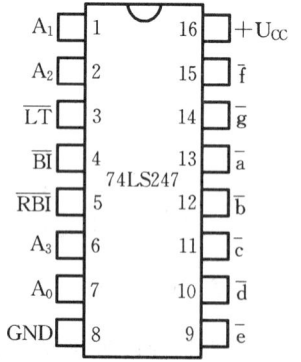

图 8-6-15　74LS247 引脚图

2）七段显示译码器

数字显示译码器是驱动显示器的核心部件,它可以将输入代码转换成相应的数字显示代码,并在数码管上显示出来。图 8-6-15 所示为七段显示译码器 74LS247 的引脚图,输入 A_3、A_2、A_1 和 A_0 接收四位二进制码,输出 $\overline{a}$～$\overline{g}$（低电平有效）,后者接数码管七段。三个辅助控制端 $\overline{LT}$、$\overline{RBI}$ 和 $\overline{BI}$,以增强器件的功能,扩大器件应用。74LS247 的真值表如表8-6-10所示;如采用共阴极数码管,则输出状态应和表 8-6-10 所示的相反,即 **1** 和 **0** 对换。

从功能表可以看出,对输入代码 **0000**,译码条件是:灯测试输入 $\overline{LT}$ 和动态灭零输入 $\overline{RBI}$ 同时等于 **1**,而对其他输入代码则仅要求 $\overline{LT}=$ **1**,这时候,译码器各段 $\overline{a}$～$\overline{g}$ 输出的电平是由输入代码决定的,并且满足显示字形的要求。

表 8-6-10　74LS247 真值表

功能和十进制数	输入							输出							显 示
	$\overline{LT}$	$\overline{RBI}$	$\overline{BI}$	A_3	A_2	A_1	A_0	$\overline{a}$	$\overline{b}$	$\overline{c}$	$\overline{d}$	$\overline{e}$	$\overline{f}$	$\overline{g}$	
试灯	**0**	×	**1**	×	×	×	×	**0**	**0**	**0**	**0**	**0**	**0**	**0**	8
灭灯	×	×	**0**	×	×	×	×	**1**	**1**	**1**	**1**	**1**	**1**	**1**	全灭
灭 0	**1**	**0**	**1**	**0**	**0**	**0**	**0**	**1**	**1**	**1**	**1**	**1**	**1**	**1**	灭 0
0	**1**	**1**	**1**	**0**	**0**	**0**	**0**	**0**	**0**	**0**	**0**	**0**	**0**	**1**	0
1	**1**	×	**1**	**0**	**0**	**0**	**1**	**1**	**0**	**0**	**1**	**1**	**1**	**1**	1
2	**1**	×	**1**	**0**	**0**	**1**	**0**	**0**	**0**	**1**	**0**	**0**	**1**	**0**	2
3	**1**	×	**1**	**0**	**0**	**1**	**1**	**0**	**0**	**0**	**0**	**1**	**1**	**0**	3
4	**1**	×	**1**	**0**	**1**	**0**	**0**	**1**	**0**	**0**	**1**	**1**	**0**	**0**	4
5	**1**	×	**1**	**0**	**1**	**0**	**1**	**0**	**1**	**0**	**0**	**1**	**0**	**0**	5
6	**1**	×	**1**	**0**	**1**	**1**	**0**	**0**	**1**	**1**	**0**	**0**	**0**	**0**	6
7	**1**	×	**1**	**0**	**1**	**1**	**1**	**0**	**0**	**0**	**1**	**1**	**1**	**1**	7
8	**1**	×	**1**	**1**	**0**	**0**	**0**	**0**	**0**	**0**	**0**	**0**	**0**	**0**	8
9	**1**	×	**1**	**1**	**0**	**0**	**1**	**0**	**0**	**0**	**0**	**1**	**0**	**0**	9

试灯输入端 $\overline{LT}$，用来检验数码管的七段是否正常工作。当 $\overline{BI}=1$、$\overline{LT}=0$ 时，无论 A_0、A_1、A_2、A_3 为何状态，输出 $\overline{a}\sim\overline{g}$ 均为 **0**，数码管七段全亮，显示"8"。

灭灯输入端 $\overline{BI}$，当 $\overline{BI}=0$ 时，无论其输入信号为何状态，输出 $\overline{a}\sim\overline{g}$ 均为 **1**，七段全灭，无显示。

灭 0 输入端 $\overline{RBI}$，当 $\overline{LT}=1$、$\overline{BI}=1$、$\overline{RBI}=0$ 时，只有 $A_3 A_2 A_1 A_0=\textbf{0000}$ 时，输入 $\overline{a}\sim\overline{g}$ 均为 **1**，不显示"0"；这时，如果 $\overline{RBI}=1$，则译码器正常输出，显示"0"。当 $A_3 A_2 A_1 A_0$ 为其他组合时，不论 $\overline{RBI}$ 为 0 或 1，译码器均可正常输出。此输入控制信号常用来消除无效 0。

上述三个输入控制端均为低电平有效，在正常工作时均接高电平。

8.6.4　数据选择器和数据分配器

在数字系统中，当需要进行远距离多路数据传送时，为了减少传输线的数目，发送端常通过一条公共传输线用多路选择器分时发送数据到接收端，接收端利用多路分配器分时将数据分配到各路接收端。

多路选择器实质上是一个受控的多路开关，具有多个输入端和一个输出端，由数据选择控制端信号决定选择哪一路输入与输出相连。多路分配器的功能与多路选择器相反，具有一个输入端和多个输出端，由数据分配控制信号决定输入分配给哪一路接收端。

1. 数据分配器

数据分配器具有能根据通道地址信号，将一个公共通道上的数据分时传送到多个不同的通道上去的功能。它的作用相当于多输出的单刀多掷开关，其示意图如图 8-6-16 所示。

数据分配器可以采用二进制译码器实现。用 74LS138 作为数据分配器的逻辑原理图如图 8-6-17 所示。图中 A_2、A_1 和 A_0 作为通道地址输入信号，$\overline{S}_2$ 作为数据输入端，$\overline{S}_3$ 为低电平，S_1 为使能信号。

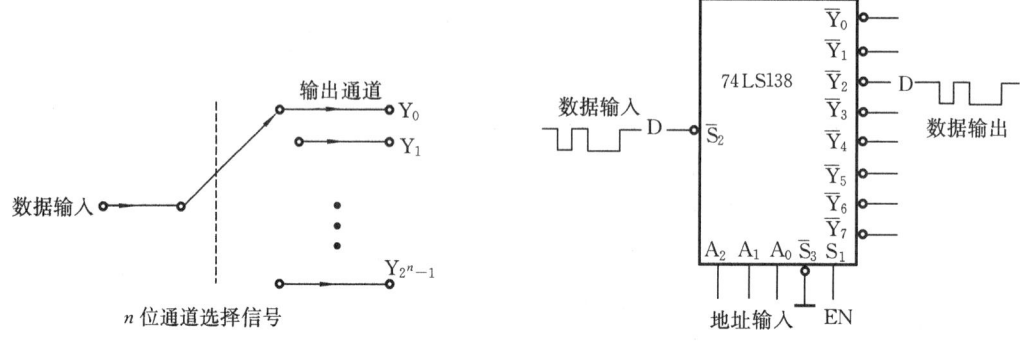

图 8-6-16　数据分配器示意图　　　　图 8-6-17　用 74LS138 作为数据分配器

在 $\overline{S}_3 = 0$、$S_1 = 1$ 的情况下，74LS138 译码器作为数据分配器的真值表如表 8-6-11 所示。根据功能表可知，当 $EN = 1$、$\overline{S}_3 = 0$、$A_2 A_1 A_0 = 000 \sim 111$ 时，$\overline{S}_2$ 端输入的数据 D 被分配到 $\overline{Y}_0 \sim \overline{Y}_7$ 不同的输出端。

表 8-6-11　74LS138 译码器作为数据分配器真值表

| 输　　入 | | | | | | 输　　出 | | | | | | | |
S_1	$\overline{S}_2$	$\overline{S}_3$	A_2	A_1	A_0	$\overline{Y}_0$	$\overline{Y}_1$	$\overline{Y}_2$	$\overline{Y}_3$	$\overline{Y}_4$	$\overline{Y}_5$	$\overline{Y}_6$	$\overline{Y}_7$
0	×	**0**	×	×	×	1	1	1	1	1	1	1	1
1	D	0	**0**	**0**	**0**	D	1	1	1	1	1	1	1
1	D	0	**0**	**0**	**1**	1	D	1	1	1	1	1	1
1	D	0	**0**	**1**	**0**	1	1	D	1	1	1	1	1
1	D	0	**0**	**1**	**1**	1	1	1	D	1	1	1	1
1	D	0	**1**	**0**	**0**	1	1	1	1	D	1	1	1
1	D	0	**1**	**0**	**1**	1	1	1	1	1	D	1	1
1	D	0	**1**	**1**	**0**	1	1	1	1	1	1	D	1
1	D	0	**1**	**1**	**1**	1	1	1	1	1	1	1	D

2. 多路数据选择器

数据选择器又称为多路数据选择器，它类似于多个输入的单刀多掷开关，其示意图如图 8-6-18 所示。它在选择控制信号作用下，选择多路数据输入中的某一路与输出端接通。集成数据选择器的种类很多，有 2 选 1、4 选 1、8 选 1 和 16 选 1 等。图 8-6-19 所示为 74LS151 型 8 选 1 数据选择器的引脚分布和逻辑符号。

74LS151 是一种典型的集成电路数据选择器，它有三个地址输入端 A_2、A_1 和 A_0，可选择

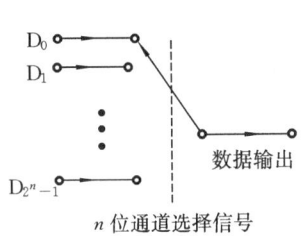

图 8-6-18 数据选择器示意图

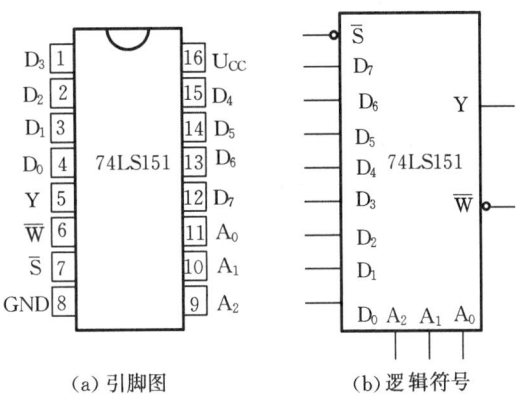

(a) 引脚图   (b) 逻辑符号

图 8-6-19 74LS151 型 8 选 1 数据选择器

$D_0 \sim D_7$ 八个数据源,具有两个互补输出端,同相输出端 Y 和反相输出端 $\overline{W}$。该逻辑电路输入使能端 $\overline{S}$ 为低电平有效。输出 Y 的表达式为

$$Y = \sum_{i=0}^{7} m_i D_i$$

式中,m_i 为 A_2、A_1、A_0 的最小项。例如,当 $A_2 A_1 A_0 = 011$ 时,根据最小项性质,只有 $m_3 = 1$,其余各项为 **0**,故得 $Y = D_3$,即只有 D_3 传送到输出端。

74LS151 的真值表如表 8-6-12 所示。

表 8-6-12 74LS151 真值表

输 入 端				输 出	
使能端	地		址		
$\overline{S}$	A_2	A_1	A_0	Y	$\overline{W}$
1	$\times$	$\times$	$\times$	**0**	**1**
0	**0**	**0**	**0**	D_0	$\overline{D_0}$
0	**0**	**0**	**1**	D_1	$\overline{D_1}$
0	**0**	**1**	**0**	D_2	$\overline{D_2}$
0	**0**	**1**	**1**	D_3	$\overline{D_3}$
0	**1**	**0**	**0**	D_4	$\overline{D_4}$
0	**1**	**0**	**1**	D_5	$\overline{D_5}$
0	**1**	**1**	**0**	D_6	$\overline{D_6}$
0	**1**	**1**	**1**	D_7	$\overline{D_7}$

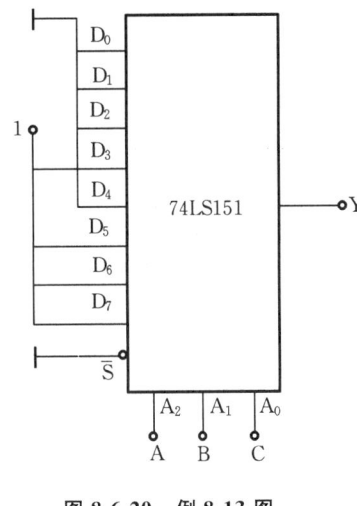

图 8-6-20 例 8-13 图

例 8-13 试用 74LS151 实现逻辑函数 $Y = AB + BC + CA$。

解 把式 $Y = AB + BC + CA$ 转换成最小项表达式

$$Y = AB + BC + CA$$
$$= \overline{A}BC + A\overline{B}C + AB\overline{C} + ABC$$
$$= m_3 + m_5 + m_6 + m_7$$

电路如图 8-6-20 所示。令 $A_2 = A$,$A_1 = B$,$A_0 = C$;$\overline{S}$ 端接地,使数据选择器 74LS151 处于

使能状态。只要输入 $D_0 = D_2 = D_6 = D_7 = \mathbf{0}$，$D_1 = D_3 = D_4 = D_5 = \mathbf{1}$，即可实现函数 $Y = \overline{A}C + A\,\overline{B}$。

【思考与练习 8.6】

8.6.1 用 3/8 线译码器实现函数 $Y = AB + \overline{B}C + A\,\overline{C}$。

8.6.2 利用 8 选 1 数据选择器实现函数 $Y = AB + BC + CA$。

8.1 逻辑电路图输入 A、B 及输出 Y 的波形如图 8-1 所示，试列出真值表，写出逻辑式，画出逻辑图。

8.2 已知四种门电路的输入和对应的输出波形如图 8-2 所示。试分析它们分别是哪四种门电路。

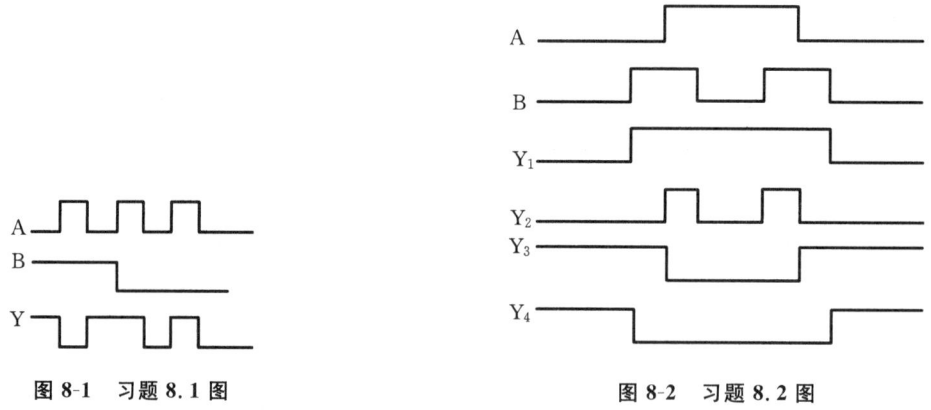

图 8-1 习题 8.1 图   图 8-2 习题 8.2 图

8.3 电路如图 8-3 所示为两种复合门电路，三极管均工作于开关状态。试用逻辑门电路的图形符号来表示这两个电路，列出各电路的逻辑状态表，写出逻辑函数表达式。

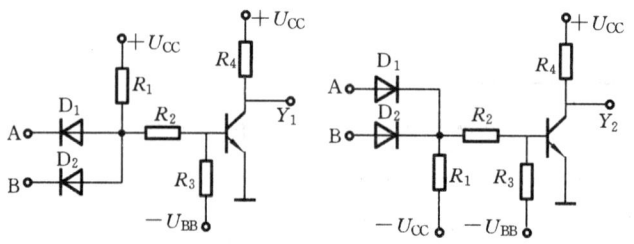

图 8-3 习题 8.3 图

8.4 试写出图 8-4 电路中，输出端的逻辑函数表达式。

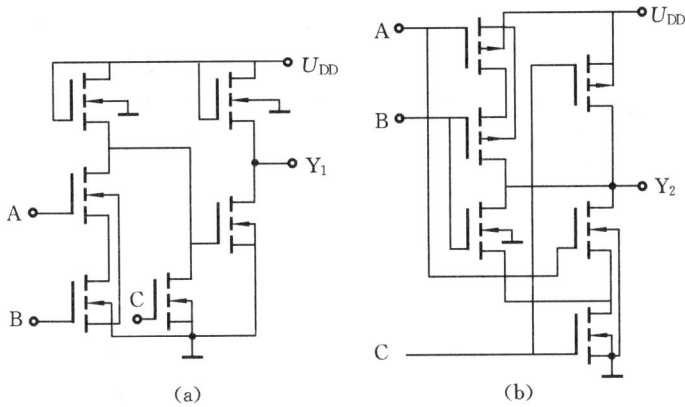

图 8-4 习题 8.4 图

8.5 逻辑电路如图 8-5 所示,试写出逻辑式并化简。

8.6 用逻辑代数的基本定律证明下列等式。

(1) $\overline{A}\,\overline{B}+A\,\overline{B}+\overline{A}B=\overline{A}+\overline{B}$;

(2) $A\,\overline{B}+BD+\overline{A}D+DC=A\,\overline{B}+D$;

8.7 将下列函数转换为标准的与非表达式。

(1) $Y=AB+\overline{A}C$;

(2) $Y=\overline{A}\,\overline{B}+(\overline{A}+B)\overline{C}$;

8.8 用代数法将下列函数化简为最简与或表达式。

(1) $Y=A(\overline{A}+B)+B(B+C)+B$;

(2) $Y=(A+B+C)(\overline{A}+\overline{B}+\overline{C})$;

8.9 已知某组合逻辑电路输入端 A、B、C 及输出端 Y 的波形如图 8-6 所示,试根据波形图列出真值表和卡诺图,并写出逻辑函数表达式。

8.10 逻辑电路如图 8-7 所示,写出逻辑式并化简。

8.11 试分析图 8-8 逻辑电路的功能。

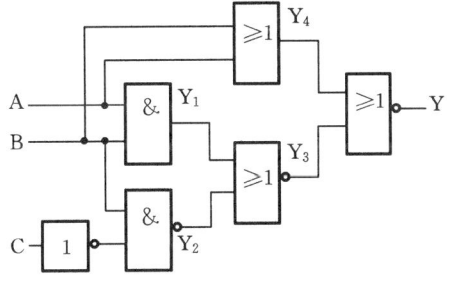

图 8-5 习题 8.5 图

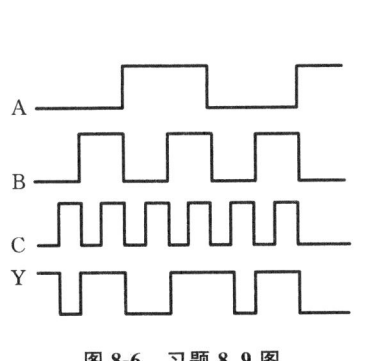

图 8-6 习题 8.9 图

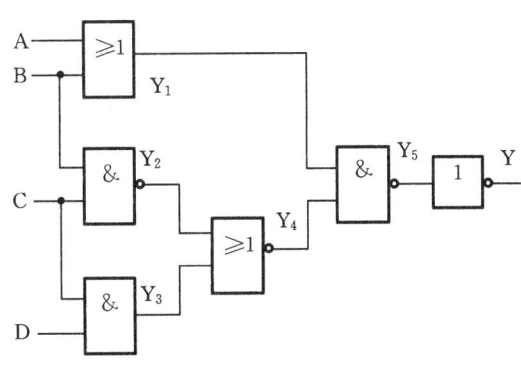

图 8-7 习题 8.10 图

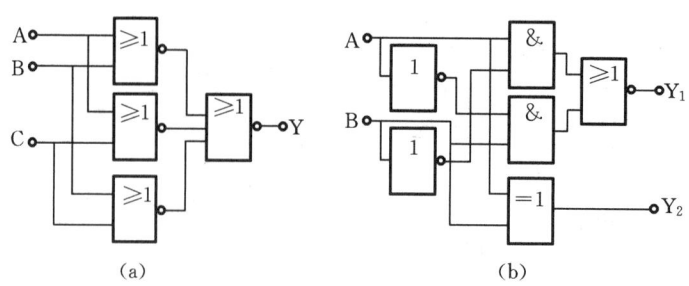

图 8-8 习题 8.11 图

8.12 甲、乙两校举行联欢会,入场券分红、黄两种,甲校学生持红票入场,乙校学生持黄票入场。会场入口处设一自动检票机,符合条件者可放行,否则不准入场。试画出此检票机的放行逻辑电路。

项目 9

触发器与时序逻辑电路

知识目标

(1) 掌握双稳态触发器的逻辑功能;

(2) 熟悉几种典型的时序逻辑电路器件;

(3) 掌握时序逻辑电路的分析和设计方法。

能力目标

(1) 能对典型触发器和寄存器进行选择、分析与应用;

(2) 能识别并理解波形图和真值表,能解决工程实际问题。

素质目标

(1) 培养学生严谨细致的学习态度;

(2) 提升学生逻辑思维能力和创新意识;

(3) 增强学习电工电子技术的兴趣和信心。

在数字电路和计算机系统中,常用时序逻辑电路组成各种寄存器、存储器、计数器等。触发器是时序逻辑电路的基本单元,其种类繁多。从工作状态看,触发器可分为双稳态触发器、单稳态触发器和无稳态触发器三类;从制造工艺看,触发器可分为 TTL 型和 CMOS 型两大类。不论是哪一类型的触发器,只要是同一名称,其输入与输出的逻辑功能完全相同。因此,在讨论各种触发器的工作原理时,通常不指明是 TTL 型还是 CMOS 型。

◀ 9.1 双稳态触发器 ▶

双稳态触发器是组成时序逻辑电路的基本单元。按其逻辑功能可分为 RS 触发器,JK 触发器、D 触发器和 T 触发器等。本节将重点介绍各类触发器的逻辑功能,至于内部结构仅作一般了解。

9.1.1 RS 触发器

1. 基本 RS 触发器

基本 RS 触发器由两个与非门 G_1 和 G_2 交叉耦合构成,如图 9-1-1 所示。

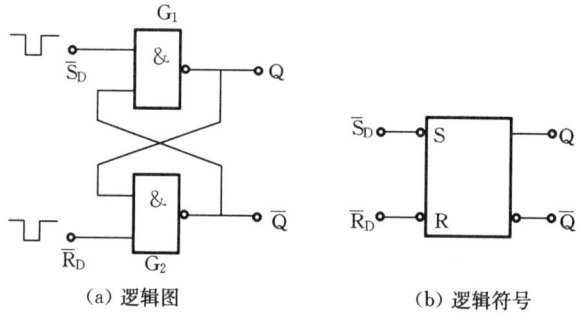

（a）逻辑图   （b）逻辑符号

图 9-1-1 由与非门组成的基本 RS 触发器

Q、$\overline{Q}$ 是两个输出端,在正常情况下,两个输出端保持稳定的状态且始终相反。当 $Q=1$ 时,$\overline{Q}=0$;反之,当 $Q=0$ 时,$\overline{Q}=1$,所以称为双稳态触发器。触发器的状态以 Q 端为标志,当 $Q=1$ 时称为触发器处于 1 态,也称为置位状态;当 $Q=0$ 时则称为触发器处于 0 态,即复位状态。$\overline{R}_D$、$\overline{S}_D$ 是信号输入端,平时固定接高电平 1,当加负脉冲后,由 1 变为 0。

下面分析基本 RS 触发器的逻辑功能。

当 $\overline{R}_D=\overline{S}_D=1$ 时,触发器保持原态不变。如果原输出状态 $Q=0$,则 G_2 输出 $\overline{Q}=1$,这样 G_1 的两个输入端均为 1,所以输出 $Q=0$,即触发器保持原来的 0 态。同样,当原状态 $Q=1$ 时,触发器也将保持 1 态不变。这种由过去的状态决定现在状态的功能就是触发器的记忆功能。这也是时序逻辑电路与组合逻辑电路的本质区别。

当 $\overline{R}_D=1$,$\overline{S}_D=0$ 时,因 G_1 有一个输入端为 0,故输出 $Q=1$,这样 G_2 的两个输入端均为 1,所以输出 $\overline{Q}=0$,即触发器处于 1 状态,也称为置位状态,故 $\overline{S}_D$ 端被称为置位或置 1 端。

当 $\overline{R}_D=0$,$\overline{S}_D=1$ 时,因 G_2 有一个输入端为 0,故输出 $\overline{Q}=1$。这样 G_1 的两个输入端均为

1,所以输出 Q＝0,即触发器为复位状态,故 $\overline{R}_D$ 端也称为复位端或清零端。

当 $\overline{R}_D = \overline{S}_D = 0$ 时,显然 $Q = \overline{Q} = 1$,此状态不是触发器定义状态。当负脉冲除去后,触发器的状态为不定状态,因此,此种情况在使用中应该禁止出现。

上述逻辑关系可用表 9-1-1 来表示。

表 9-1-1 中,Q_n、Q_{n+1} 分别表示输入信号 $\overline{R}_D$、$\overline{S}_D$ 作用前后触发器的输出状态 Q_n 称为现态,Q_{n+1} 称为次态。

表 9-1-1 基本 RS 触发器逻辑功能表

$\overline{R}_D$	$\overline{S}_D$	Q_{n+1}	功能
0	0	不定	禁止
0	1	0	置 0
1	0	1	置 1
1	1	Q_n	保持

基本 RS 触发器置 0 或置 1 是利用 $\overline{R}_D$、$\overline{S}_D$ 端的负脉冲实现的。图 9-1-1(b)所示逻辑符号中 $\overline{R}_D$ 端和 $\overline{S}_D$ 端的小圆圈表示用负脉冲对触发器置 0 或置 1。

例 9-1 设基本 RS 触发器的初态为 0,$\overline{R}_D$ 和 $\overline{S}_D$ 的电压波形如图 9-1-2 所示,试画出 Q 和 $\overline{Q}$ 端的输出波形。

解 根据题意,触发器初态为 0,即 $Q=0$,$\overline{Q}=1$,当输入信号 $\overline{R}_D$ 和 $\overline{S}_D$ 同时输入高电平时,触发器保持 0 态不变;当 $\overline{R}_D$ 和 $\overline{S}_D$ 端有一端有低电平输入时,则使触发器分别置 0 和置 1。当 $\overline{R}_D$ 和 $\overline{S}_D$ 端同时输入低电平时,$Q=\overline{Q}=1$。负脉冲信号过后,触发器处于不定状态。触发器 Q、$\overline{Q}$ 电压波形如图 9-1-2 所示。

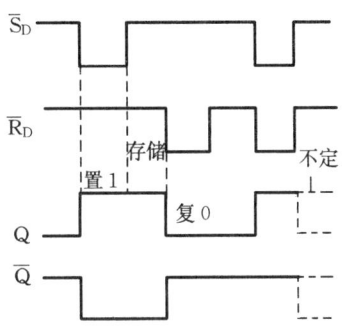

图 9-1-2 例 9-1 图

2. 可控 RS 触发器

前面介绍的基本 RS 触发器的状态转换直接受输入信号 $\overline{R}_D$ 和 $\overline{S}_D$ 的控制,而在实际应用中,往往要求触发器的翻转时刻受统一时钟脉冲 CP(clock pulse)控制。用 CP 控制的 RS 触发器称为可控 RS 触发器,其逻辑图和逻辑符号如图 9-1-3 所示。图中与非门 G_1、G_2 构成基本 RS 触发器,G_3、G_4 构成时钟控制电路,CP 为时钟脉冲输入端。$\overline{R}_D$ 和 $\overline{S}_D$ 是直接复位和直接置位端,一般用在工作之初,预先使触发器处于某一给定状态,在工作过程中不用它们,让它们处于 1 状态。

由图 9-1-3 可见,当 CP＝0 时,G_3 和 G_4 门被封锁,输入信号 R、S 不会对触发器的状态产生影响;只有当 CP＝1 时,G_3 和 G_4 门打开,R 和 S 端的信号才能送入基本 RS 触发器,使触发器的状态发生变化。

下面分析在 CP 高电平期间触发器的逻辑功能。

(1) 当 R＝0、S＝0 时,G_3 和 G_4 门输出为 1,触发器保持原状态不变;

(2) 当 R＝1、S＝0 时,G_3 门输出为 1,G_4 门输出为 0,触发器状态 Q＝0;

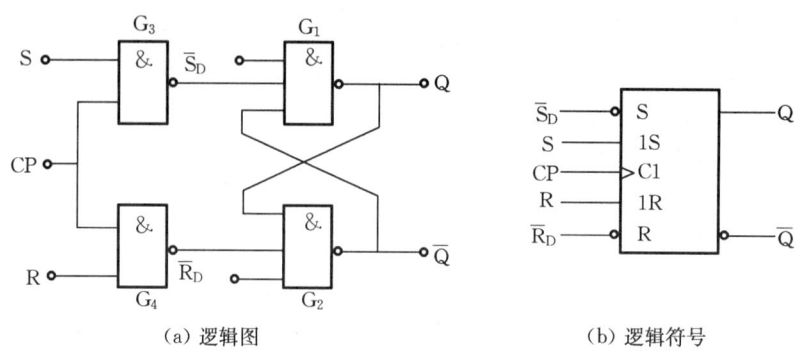

(a) 逻辑图   (b) 逻辑符号

图 9-1-3 可控 RS 触发器

（3）当 R＝0，S＝1 时，G_3 门输出为 0，G_4 门输出为 1，触发器状态 Q＝1；

（4）当 R＝S＝1 时，G_3 和 G_4 门输出为 0，Q＝$\overline{Q}$＝1。当时钟脉冲过去以后，触发器状态不定，因此，此种情况在使用中应该禁止出现。

根据以上分析可得可控 RS 触发器逻辑功能表如表 9-1-2 所示。表中 Q_n、Q_{n+1} 分别表示时钟 CP 作用前后触发器的输出状态，Q_n 称为现态，Q_{n+1} 称为次态。

表 9-1-2 可控 RS 触发器逻辑功能表

R	S	Q_{n+1}	功能
0	0	Q_n	保持
0	1	1	置 1
1	0	0	置 0
1	1	不定	禁止

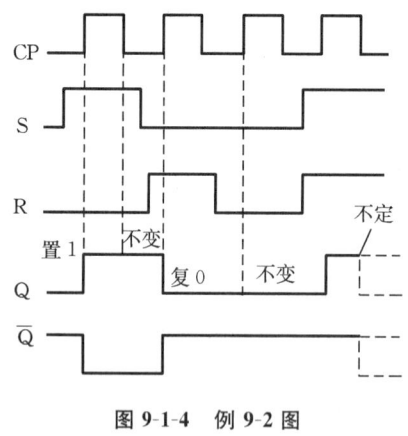

图 9-1-4 例 9-2 图

例 9-2 已知可控 RS 触发器的输入信号 R、S 及时钟脉冲 CP 的波形如图 9-1-4 所示。设触发器的初始状态为 0，试画出输出 Q 的波形图。

解 触发器的初始状态为 0，Q＝0，$\overline{Q}$＝1。第一个时钟脉冲到来时，R＝0，S＝1，所以触发器 Q＝1，$\overline{Q}$＝0。第二个时钟脉冲到来时，R＝1，S＝0，所以 Q＝0，$\overline{Q}$＝1。第三个时钟脉冲到来时，R＝0，S＝0，触发器的状态不变。第四个时钟脉冲到来时，S＝R＝1，触发器 Q＝$\overline{Q}$＝1。时钟脉冲过后，触发器的状态不定。

9.1.2 JK 触发器

JK 触发器是一种功能较完善、应用很广泛的双稳态触发器。图 9-1-5(a)所示为一种典型结构的 JK 触发器——主从 JK 触发器。它由两个可控 RS 触发器串联组成，分别称为主触发器和从触发器。J 和 K 是信号输入端，时钟 CP 控制主触发器和从触发器的翻转。

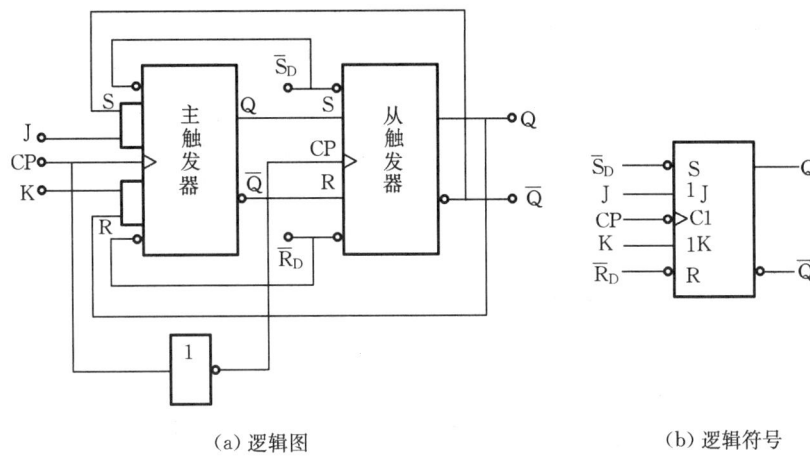

（a）逻辑图　　　　　　　　　　　　（b）逻辑符号

图 9-1-5　主从 JK 触发器

当 CP＝0 时，主触发器状态不变，从触发器输出状态与主触发器的输出状态相同。

当 CP＝1 时，输入 J、K 影响主触发器，而从触发器状态不变。当 CP 从 1 变成 0 时，主触发器的状态传送到从触发器，即主从触发器是在 CP 下降沿到来时才使触发器翻转的。

下面分四种情况来分析主从型 JK 触发器的逻辑功能。

1）J＝1，K＝1

设时钟脉冲到来之前（CP＝0）触发器的初始状态为 0。这时主触发器的 R＝KQ＝0，S＝J$\overline{Q}$＝1，时钟脉冲到来后（CP＝1），主触发器翻转成 1 态。当 CP 从 1 下跳为 0 时，主触发器状态不变，从触发器的 R＝0，S＝1，它也翻转成 1 态。反之，设触发器的初始状态为 1。可以同样分析，主、从触发器都翻转成 0 态。

可见，JK 触发器在 J＝1，K＝1 的情况下，来一个时钟脉冲就翻转一次，即 $Q_{n+1}＝\overline{Q}$，具有计数功能。

2）J＝0，K＝0

设触发器的初始状态为 0，当 CP＝1 时，由于主触发器的 R＝0，S＝0，它的状态保持不变。当 CP 下跳时，由于从触发器的 R＝1，S＝0，它的输出为 0，即触发器保持 0 不变。如果初始状态为 1，触发器亦保持 1 不变。

3）J＝1，K＝0

设触发器的初始状态为 0。当 CP＝1 时，由于主触发器的 R＝0，S＝1，它翻转成 1。当 CP 下跳时，由于从触发器的 R＝0，S＝1。也翻转成 1。如果触发器的初始状态为 1，当 CP＝1 时，由于主触发器的 R＝0，S＝0，它保持原态不变；在 CP 从 1 下跳为 0 时，由于从触发器的 R＝0，S＝1，也保持 1。

4）J＝0，K＝1

设触发器的初始状态为 1。当 CP＝1 时，由于主触发器的 R＝1，S＝0，它翻转成 0。当 CP 下跳时，从触发器也翻转成 0。如果触发器的初始状态为 0，当 CP＝1 时，由于主触发器的 R＝0，S＝0，它保持原态不变；在 CP 从 1 下跳为 0 时，由于从触发器的 R＝1，S＝0，也保持 0。

表 9-1-3　主从 JK 触发器的逻辑功能表

J	K	Q_{n+1}	功能
0	**0**	Q_n	保持
0	**1**	**0**	置 0
1	**0**	**1**	置 1
1	**1**	$\overline{Q}$	计数

JK 触发器的逻辑功能表如表 9-1-3 所示。

上述逻辑关系可用逻辑表达式表示为

$$Q_{n+1} = J\overline{Q_n} + \overline{K}Q_n \qquad (9\text{-}1\text{-}1)$$

这个关系式被称为 JK 触发器的状态方程，式中 Q_n、Q_{n+1} 分别为 CP 下降沿时刻之前和之后触发器的状态。

主从 JK 触发器逻辑符号如图 9-1-5(b) 所示，CP 端加小圆圈表示下降沿触发。

例 9-3　已知主从 JK 触发器的输入 J、K 和时钟 CP 的波形如图 9-1-6 所示。设触发器初始状态为 **0**，试画出 Q 的波形。

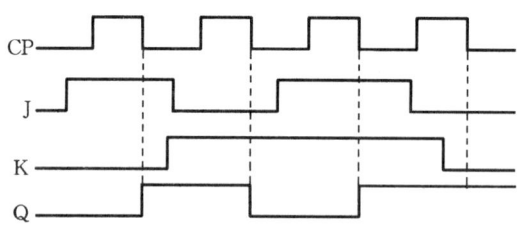

图 9-1-6　例 9-3 图

解　第一个 CP 下降沿到来之前，J＝**1**，K＝**0**，触发后 Q 端为 **1**。

第二个 CP 下降沿到来之前，J＝**0**，K＝**1**，触发后 Q 端翻转为 **0**。

第三个 CP 下降沿过后，触发器翻转，Q＝**1**。

第四个 CP 过后，Q 仍为 **1**。

画出 Q 的波形如图 9-1-6 所示。

例 9-4　集成电路双 JK 触发器 74LS112 的管脚排列如图 9-1-7 所示。一片双 JK 触发器 74LS112 的连接电路如图 9-1-8 所示，J、K 端均为高电平 **1**，在 CP 脉冲作用下，试画出 Q_1 和 Q_2 的波形图。设 Q_1、Q_2 的初值均为 **0**，并说明该电路的分频功能。

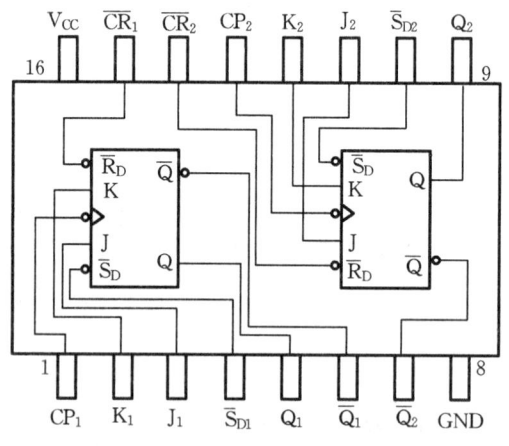

图 9-1-7　74LS112 引脚图

解　由于 J、K 端均为高电平 **1**，两个触发器都处于计数状态，波形如图 9-1-9 所示。Q_1 脉冲的个数为 CP 脉冲的二分之一,即脉冲频率减半,称 Q_1 脉冲为 CP 脉冲的二分频。同理,为 Q_2 四分频。因而该电路具有二分频和四分频的功能。

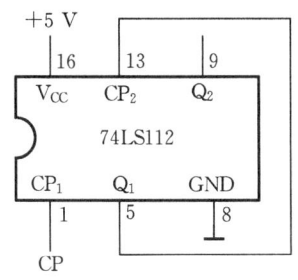

图 9-1-8　例 9-4 电路图

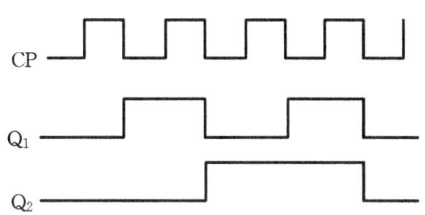

图 9-1-9　例 9-4 波形图

JK 触发器的应用实例——抢答电路。

在智力竞赛中,参赛者通过按动按钮进行抢答,图 9-1-10 所示为用两片双 JK 触发器 74LS114 和一片四输入双与门 74LS21 组成的四人抢答电路。开始工作时,按下清零($\overline{CR}$)按钮 S,所有 Q 均为 0 电平,四个发光二极管 $LED_1 \sim LED_4$ 全灭。所有 $\overline{Q}$ 均为 1 电平,与门 G_1 输出 1,打开与门 G_2,时钟脉冲 CP 作用在所有触发器的时钟输入 C 端。由于所有的 J、K 均为 0 电平,则所有的 Q 一直保持 0 电平不变。当四人抢答按钮 $S_1 \sim S_4$ 中的任何一个如 S_2 首先按下,对应的 $J_2 = 1$,使 $Q_2 = 1$,LED_2 发光。与此同时,$\overline{Q_2} = 0$,G_1 输出 0 电平,关闭 G_2 门,触发器的 C 端均为 0 电平,使各触发器 Q 端的状态不再改变。直到按下清零按钮 S,便可进行下一轮抢答。

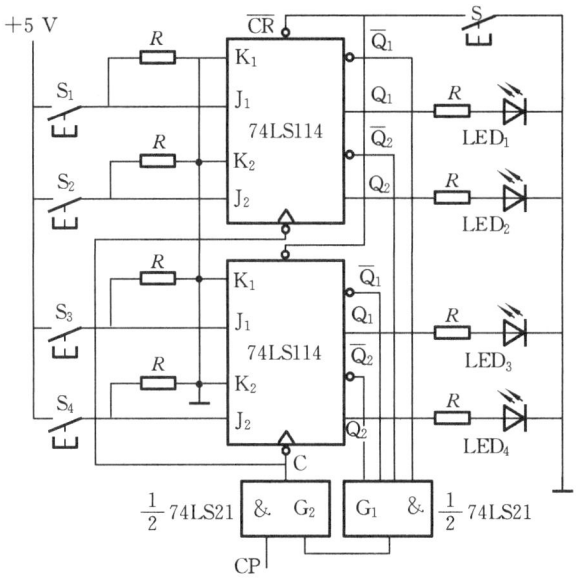

图 9-1-10　抢答电路逻辑图

9.1.3　D 触发器

主从 JK 触发器是在 CP 脉冲高电平期间接收信号,如果在 CP 高电平期间输入端出现干扰信号,那么就有可能使触发器产生与逻辑功能表不符合的错误状态。边沿触发器的电路结构可使触发器在 CP 脉冲有效触发沿到来前一瞬间接收信号,在有效触发沿到来后产生状态转换,这种电路结构的触发器大大提高了抗干扰能力和电路工作的可靠性。下面以维持阻塞 D 触发器为例介绍边沿触发器的工作原理。

维持阻塞型 D 触发器的逻辑图和逻辑符号如图 9-1-11 所示。该触发器由六个与非门组成,其中 G_1、G_2 构成基本 RS 触发器,G_3、G_4 组成时钟控制电路,G_5、G_6 组成数据输入电路。$\overline{R_D}$ 和 $\overline{S_D}$ 分别是直接置 0 和直接置 1 端,有效电平为低电平。分析工作原理时,设 $\overline{R_D}$ 和 $\overline{S_D}$ 均为高电平,不影响电路的工作。电路工作过程如下。

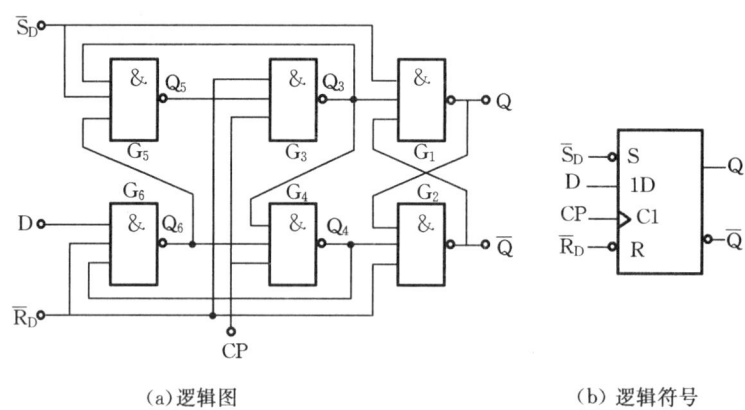

(a) 逻辑图　　　　　　　　　　　(b) 逻辑符号

图 9-1-11　维持阻塞型 D 触发器

(1) 当 CP=0 时,与非门 G_3 和 G_4 封锁,其输出为 1,触发器的状态不变。同时,由于 $Q_3 \sim$ G_5、$Q_4 \sim G_6$ 的反馈信号将 G_5、G_6 这两个门打开,因此可接收输入信号 D,使 $Q_6 = \overline{D}$,$Q_5 = \overline{Q_6}$ $= D$。

(2) 当 CP 由 0 变 1 时,门 G_3 和 G_4 打开,它们的输出 Q_3 和 Q_4 的状态由 G_5 和 G_6 的输出状态决定。$Q_3 = \overline{Q_5} = \overline{D}$,$Q_4 = \overline{Q_6} = D$。由基本 RS 触发器的逻辑功能可知,$Q = D$。

(3) 触发器翻转后,在 CP=1 时输入信号被封锁。G_3 和 G_4 打开后,它们的输出 Q_3 和 Q_4 的状态是互补的,即必定有一个是 0,若 Q_4 为 0,则经 G_4 输出至 G_6 输入的反馈线将 G_6 封锁,即封锁了 D 通往基本 RS 触发器的路径;该反馈线起到了使触发器维持在 0 状态和阻止触发器变为 1 状态的作用,故该反馈线称为置 0 维持线,置 1 阻塞线。G_3 为 0 时,将 G_4 和 G_5 封锁,D 端通往基本 RS 触发器的路径也被封锁;G_3 输出端至 G_5 反馈线起到使触发器维持在 1 状态的作用,称为置 1 维持线;G_3 输出端至 G_4 输入的反馈线起到阻止触发器置 0 的作用,称为置 0 阻塞线。因此,该触发器称为维持阻塞触发器。

由上述分析可知,维持阻塞 D 触发器在 CP 脉冲的上升沿产生状态变化,触发器的次态取决于 CP 脉冲上升沿前 D 端的信号,而在上升沿后,输入 D 端的信号变化对触发器的输出状态没有影响。如在 CP 脉冲的上升沿到来前 D=0,则在 CP 脉冲的上升沿到来后,触发器置 0;如在 CP 脉冲的上升沿到来前 D=1,则在 CP 脉冲的上升沿到来后触发器置 1。维持阻塞 D 触发器的逻辑功能表如表 9-1-4 所示。

表 9-1-4　D 触发器的逻辑功能表

D	Q_{n+1}	功能
0	0	置 0
1	1	置 1

依据逻辑功能表可得 D 触发器的状态方程为

$$Q_{n+1} = D \qquad (9\text{-}1\text{-}2)$$

例 9-5　已知上升沿触发的 D 触发器输入 D 和时钟 CP 的波形如图 9-1-12 所示,试画出 Q 端波形。设触发器初态为 0。

解　该 D 触发器是上升沿触发,即在 CP 的上升沿过后,触发器的状态等于 CP 脉冲上升沿前 D 的状态。所以第一个 CP 过后,Q＝1,第二个 CP 过后,Q ＝0……波形如图 9-1-12 所示。

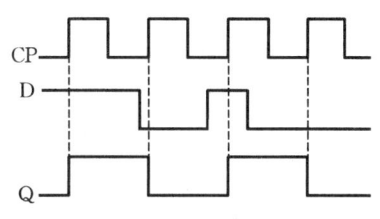

图 9-1-12　例 9-5 波形图

D 触发器在 CP 上升沿前接受输入信号,上升沿触发翻转,即触发器的输出状态变化比输入端 D 的状态变化延迟,这就是 D 触发器的由来。

9.1.4　T 触发器

由 D 触发器转换而成的 T 触发器的逻辑图和逻辑符号如图 9-1-13 所示。

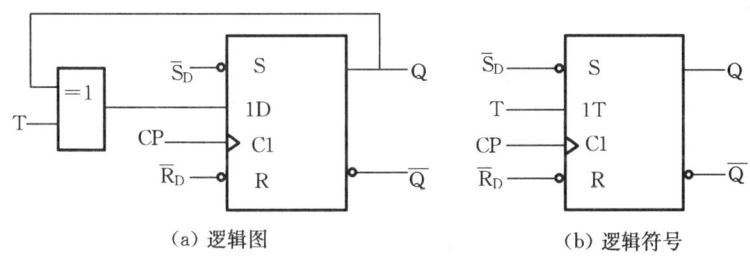

（a）逻辑图　　　　　　　　　（b）逻辑符号

图 9-1-13　T 触发器

T 触发器的逻辑功能可由 D 触发器的状态方程导出。T 触发器的状态方程为

$$Q_{n+1} = T \oplus Q_n \tag{9-1-3}$$

根据次态方程,可列出 T 触发器的逻辑功能表如表 9-1-5 所示。

由功能表可知,当 T＝1 时,只要有时钟脉冲到来(CP 的上升沿),触发器状态翻转,由 1 变为 0 或由 0 变为 1;即具有计数功能。当 T＝0 时,即使有时钟脉冲作用,触发器状态也保持不变。

如果将上述 T 触发器的 T 端固定接 1,它就是一种只具有计数功能的触发器,并特别称它为 T′ 触发器。它的状态方程为

$$Q_{n+1} = T \oplus Q_n = 1 \oplus Q_n = \overline{Q_n}$$

D 触发器、JK 触发器都可以转换为具有计数功能的触发器。如将 D 触发器的 D 端和 $\overline{Q}$ 端相连,如图 9-1-14 所示,D 触发器就转换成了 T′ 触发器。

表 9-1-5　T 触发器的逻辑功能表

T	Q_{n+1}	功能
0	Q_n	保持
1	$\overline{Q_n}$	计数

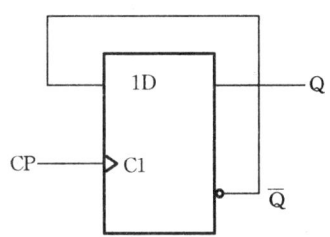

图 9-1-14　D 触发器转换为 T′ 触发器

【思考与练习 9.1】

9.1.1　由或非门组成的基本 RS 触发器如图 9-1-15 所示。试写出其逻辑功能表。

9.1.2　如图 9-1-16 所示,令 JK 触发器的 $J=D,K=\overline{D}$,试分析其逻辑功能。

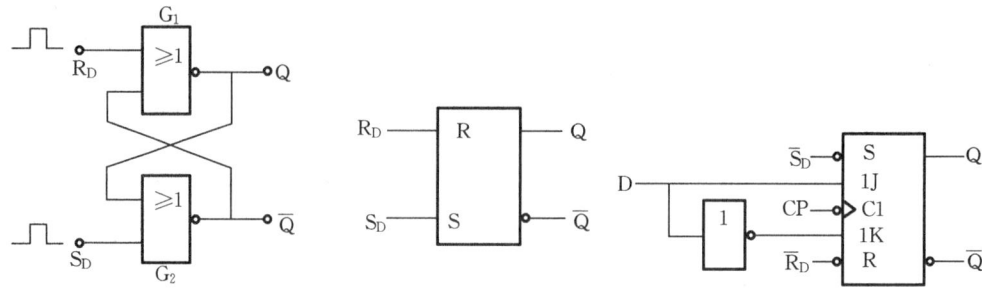

图 9-1-15　思考与练习 9.1.1 图　　　　图 9-1-16　思考与练习 9.1.2 图

◀ 9.2　寄　存　器 ▶

寄存器用来暂时存放参与运算的数据和运算结果。一个触发器只能寄存一位二进制数,要存多位数时,就得用多个触发器。常用的有四位、八位、十六位等寄存器。

寄存器存放数码的方式有并行和串行两种。在并行方式中,被取出的数码各位在对应于各位的输出端上同时出现;而在串行方式中,被取出的数码在一个输出端逐位出现。

寄存器常分为数码寄存器和移位寄存器两种,其区别在于有无移位的功能。

9.2.1　数码寄存器

图 9-2-1 所示为由四个 D 触发器组成的并行输入、并行输出数码寄存器。使用前,直接在复位端 $\overline{R}_D$ 加负脉冲将触发器清零。数码加在输入端 d_3、d_2、d_1、d_0 上,当时钟 CP 上升沿过后,$Q_3Q_2Q_1Q_0=d_3d_2d_1d_0$,这样待存的四位数码就暂存到寄存器中。需要取出数码时,可从输出端 Q_3、Q_2、Q_2、Q_0 同时取出。

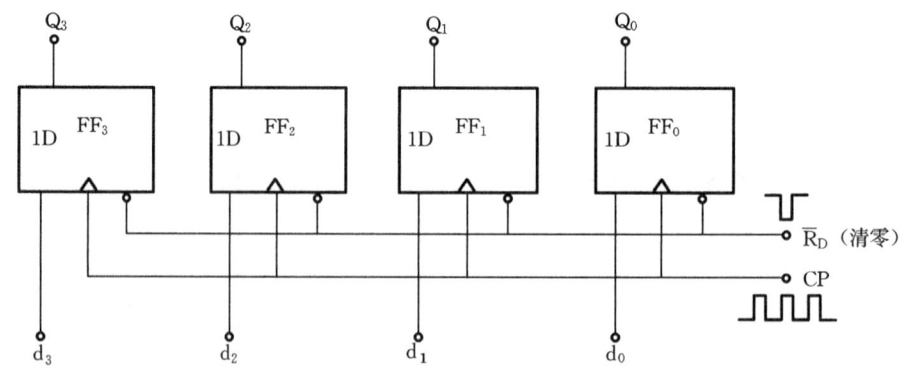

图 9-2-1　四位数码寄存器

9.2.2 移位寄存器

移位寄存器不仅能够寄存数码,而且具有移位功能。移位是数字系统和计算机技术中非常重要的一个功能。如二进制数 0101 乘以 2 的运算,可以通过将 0101 左移一位实现;而除以 2 的运算则可通过右移一位实现。

移位寄存器的种类很多,有左移寄存器、右移寄存器、双向移位寄存器和循环移位寄存器等。

图 9-2-2 所示为由四个 D 触发器组成的四位左移寄存器。数码从第一个触发器的 D_0 端串行输入,使用前先用 $\overline{R}_D$ 将各触发器清零。现将数码 $d_3 d_2 d_1 d_0 = 1101$ 从高位到低位依次送到 D_0 端。

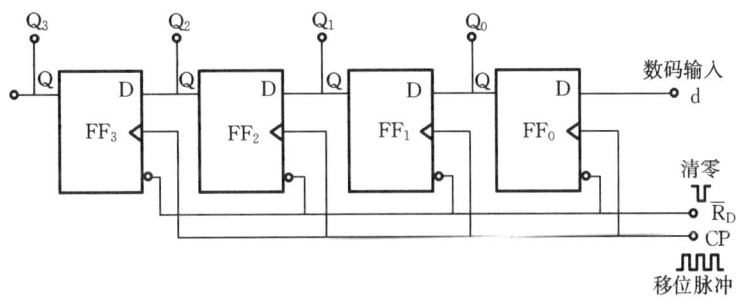

图 9-2-2　由四个 D 触发器组成的四位左移寄存器

第一个 CP 过后,$Q_0 = d_3 = 1$,其他触发器输出状态仍为 0,即 $Q_3 Q_2 Q_1 Q_0 = 000$,$d_3 = 0001$。第二个 CP 过后,$Q_0 = d_2 = 1$,$Q_1 = d_3 = 1$,而 $Q_3 = Q_2 = 0$。经过四个 CP 脉冲后,$Q_3 Q_2 Q_1 Q_0 = d_3 d_2 d_1 d_0 = 1101$,存数结束。各输出端状态如表 9-2-1 所示。如果继续送四个移位脉冲,就可以使寄存的这四位数码 1101 逐位从 Q_3 端输出,这种取数方式为串行输出方式。直接从 $Q_3 Q_2 Q_1 Q_0$ 取数为并行输出方式。

表 9-2-1　四位左移寄存器状态表

CP	Q_3	Q_2	Q_1	Q_0
1	0	0	0	d_3
2	0	0	d_3	d_2
3	0	d_3	d_2	d_1
4	d_3	d_2	d_1	d_0

寄存器作为数字电路的主要部件得到广泛应用,现以顺序脉冲发生器为例,举例如下。

在电子计算机和数字控制系统中,有许多操作需要按次序分别顺序工作,这就需要用顺序脉冲发生器产生一系列节拍脉冲对各部分进行控制,以协调各种操作。一种移位寄存器型的顺序脉冲发生器如图 9-2-3 所示,节拍脉冲输出 $Z_0 \sim Z_7$ 的工作波形如图 9-2-4 所示。它由自起动脉冲分配器(扭环形计数器)和译码电路组成,表 9-2-2 所示为它们的状态表。

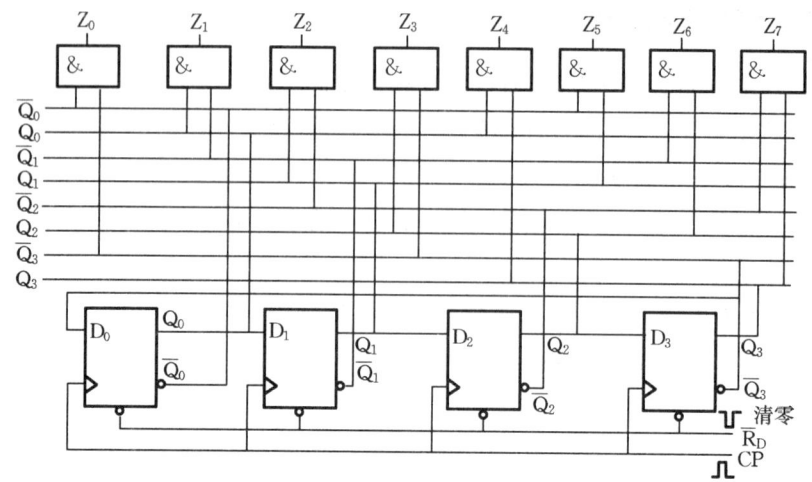

图 9-2-3 顺序脉冲发生器逻辑图

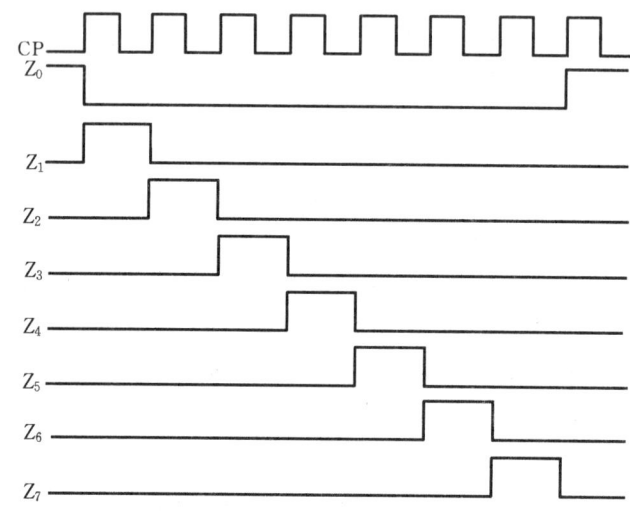

图 9-2-4 顺序脉冲发生器波形图

表 9-2-2 顺序脉冲发生器状态表

CP	Q_0	Q_1	Q_2	Q_3	Z_0	Z_1	Z_2	Z_3	Z_4	Z_5	Z_6	Z_7
0	0	0	0	0	1	0	0	0	0	0	0	0
1	1	0	0	0	0	1	0	0	0	0	0	0
2	1	1	0	0	0	0	1	0	0	0	0	0
3	1	1	1	0	0	0	0	1	0	0	0	0

CP	Q_0	Q_1	Q_2	Q_3	Z_0	Z_1	Z_2	Z_3	Z_4	Z_5	Z_6	Z_7
4	1	1	1	1	0	0	0	0	1	0	0	0
5	0	1	1	1	0	0	0	0	0	1	0	0
6	0	0	1	1	0	0	0	0	0	0	1	0
7	0	0	0	1	0	0	0	0	0	0	0	1
8	0	0	0	0	1	0	0	0	0	0	0	0

【思考与练习 9.2】

9.2.1　在寄存器电路中,时钟脉冲 CP 有何作用? 数码寄存器和移位寄存器有何不同?

9.2.2　数码寄存器的数据被取走后,寄存器内容是否变化? 移位寄存器的数据被取走后,寄存器的内容变化吗?

◀ 9.3　计　数　器 ▶

计数器是一种累计输入脉冲数目的逻辑部件,在计算机及数控系统中应用极广。

计数器种类很多,如按计数过程中计数器数字的增减分类,可以把计数器分为加法计数器、减法计数器和可逆计数器。按计数进制,可分为二进制计数器、十进制计数器和其他进制计数器等。按计数器中触发器翻转的先后次序分类,又可把计数器分为同步计数器和异步计数器两种。在同步计数器中,计数脉冲 CP 同时加到所有触发器的时钟端,当计数脉冲输入时触发器的翻转是同时发生的。在异步计数器中,各个触发器不是同时被触发的。

9.3.1　二进制计数器

二进制只有 0 和 1 两个代码。二进制加法就是"逢二进一",即 $0+1=1$,$1+1=10$。也就是每当本位是 1 再加 1 时,本位变成 0,而向高位进位,使高位加 1。

由于双稳态触发器有 0 和 1 两个状态。一位触发器可以表示一位二进制数,如果要表示 n 位二进制数,就得用 n 个触发器。

1. 异步二进制计数器

图 9-3-1 所示为用四个 JK 触发器组成的四位二进制加法计数器,所有触发器的 J＝K＝1,均处在计数工作状态,每当它们的 C 端出现下降沿时,Q 的状态即可翻转。在计数前,首先在 $\overline{R_D}$ 端用负脉冲清零,其工作波形如图 9-3-2 所示,$Q_0 \sim Q_3$ 的波形变化与表 9-3-1 的四位二进制加法计数器状态表完全一致。作为整体,该电路也可称为十六进制加法计数器。从电路结构特点来看,CP 计数脉冲只与最低位触发器的 C 端相连,并用该脉冲触发翻转,而其他触发

器均用低一位触发器的输出 Q 进行触发翻转,即用低位输出推动高一位触发器,四个触发器的状态只能依次翻转。因而,这种结构特点的计数器称为异步计数器。这种计数器结构简单,但计数速度较慢。

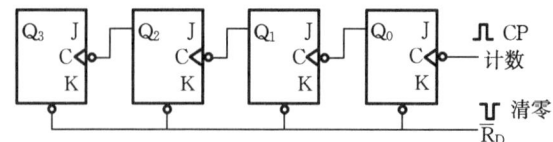

图 9-3-1　异步二进制加法计数器逻辑图

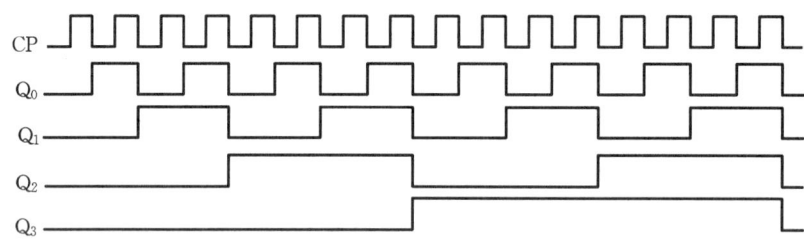

图 9-3-2　异步二进制加法波形图

表 9-3-1　加法器真值表

计数脉冲	Q_3	Q_2	Q_1	Q_0	计数脉冲	Q_3	Q_2	Q_1	Q_0
0	0	0	0	0	9	1	0	0	1
1	0	0	0	1	10	1	0	1	0
2	0	0	1	0	11	1	0	1	1
3	0	0	1	1	12	1	1	0	0
4	0	1	0	0	13	1	1	0	1
5	0	1	0	1	14	1	1	1	0
6	0	1	1	0	15	1	1	1	1
7	0	1	1	1	16	0	0	0	0
8	1	0	0	0					

观察 $Q_0 \sim Q_3$ 波形的频率,不难发现,每出现两个 CP 计数脉冲,Q_0 输出一个脉冲,即频率减半,称为对 CP 计数脉冲二分频。同理,Q_1 为四分频,Q_2 为八分频,Q_3 为十六分频。因此,在许多场合,计数器也可作为分频器使用,以得到不同频率的脉冲。

图 9-3-3 是用四个 D 触发器组成的四位异步二进制加法计数器,每个触发器的 $\overline{Q}$ 与 D 相连,接成计数方式(即 T′ 触发器),其工作原理和波形图与前面基本相同,由于 Q 的状态在 CP 脉冲的上升沿翻转,因而各触发器要用低位触发器的 $\overline{Q}$ 触发。

二进制加法计数器在电路上稍作变动,便可组成减法计数器。四位二进制减法计数器的状态表如表 9-3-2 所示,图 9-3-4 是用四个 D 触发器组成的四位异步减法计数器。D 触发器仍接为 T′ 触发器,工作前在 $\overline{S}_D$ 端用负脉冲对各触发器置 **1**,然后对 CP 计数脉冲进行减 **1** 计数,其工作波形如图 9-3-5 所示。

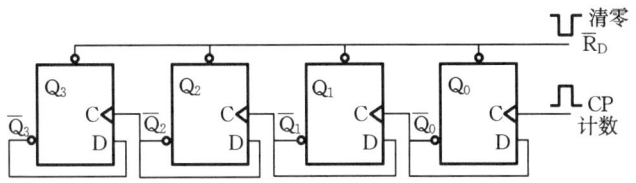

图 9-3-3　D 触发器构成的异步二进制加法计数器逻辑图

表 9-3-2　减法器真值表

计数脉冲	Q_3	Q_2	Q_1	Q_0	计数脉冲	Q_3	Q_2	Q_1	Q_0
0	1	1	1	1	9	0	1	1	0
1	1	1	1	0	10	0	1	0	1
2	1	1	0	1	11	0	1	0	0
3	1	1	0	0	12	0	0	1	1
4	1	0	1	1	13	0	0	1	0
5	1	0	1	0	14	0	0	0	1
6	1	0	0	1	15	0	0	0	0
7	1	0	0	0	16	1	1	1	1
8	0	1	1	1					

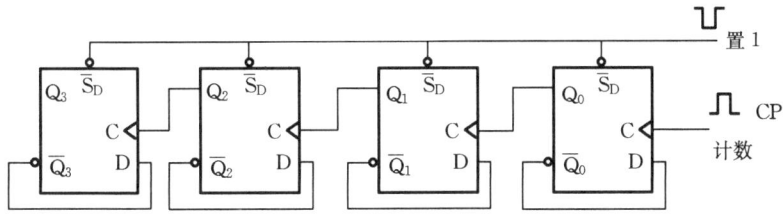

图 9-3-4　异步二进制减法计数器逻辑图

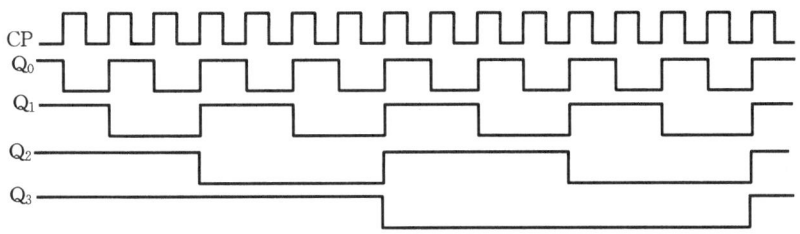

图 9-3-5　异步二进制减法计数器波形图

2. 同步二进制计数器

为了提高计数速度,将计数脉冲输入端与各个触发器的 C 端相连。在计数脉冲触发下,所有应该翻转的触发器可以同时动作,这种结构的计数器称为同步计数器。图 9-3-6 所示为用四个 JK 触发器($FF_0 \sim FF_3$)组成的四位同步二进制加法计数器。各个触发器只要满足 J＝K＝1 的条件,在 CP 计数脉冲的下降沿 Q 即可翻转。一般来说,从分析状态表可以找到 J＝K＝1 的逻辑关系,该逻辑关系又称为驱动方程。分析表 9-3-1 四位加法计数器状态表可以得出:

（1）对于触发器FF_0，要求每来一个CP计数脉冲，Q_0必须翻转一次，因而驱动方程为$J_0 = K_0 = 1$；

（2）对于触发器FF_1，只有在$Q_0 = 1$的情况下，来一个CP计数脉冲，Q_1才翻转，其驱动方程应该是$J_1 = K_1 = Q_0$。

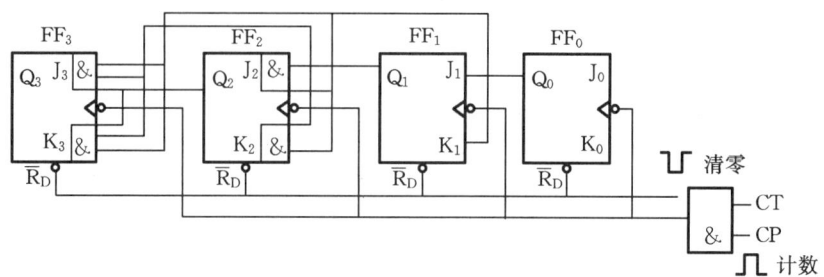

图 9-3-6　同步二进制加法计数器逻辑图

按照同样分析方法，可以得出触发器FF_2的驱动方程为$J_2 = K_2 = Q_1 Q_0$；触发器FF_3的驱动方程为$J_3 = K_3 = Q_2 Q_1 Q_0$。根据上述驱动方程，便可连成如图9-3-6所示电路，其工作波形图与异步计数器完全相同。图中的与门是用来实现可控计数的，当计数允许端CT = 1时，计数器对CP脉冲计数。若CT = 0，则停止计数。

四位二进制加法计数器，能记的最大十进制数为$2^4 - 1 = 15$。n位二进制加法计数器，能记的最大十进制数为$2^n - 1$。图9-3-7所示为74161型四位同步二进制可预置计数器的外引线排列图及其逻辑符号，其中$\overline{R_D}$是直接清零端，$\overline{LD}$是预置数据控制端，$A_3 A_2 A_1 A_0$是预置数据输入端，EP和ET是计数控制端，$Q_3 Q_2 Q_1 Q_0$是计数输出端，RCO是进位输出端。74161型计数器的功能表如表9-3-3所示。

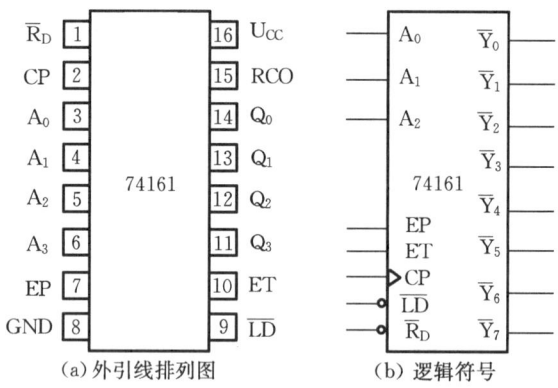

图 9-3-7　74161型四位同步二进制计数器

表 9-3-3　74161型四位同步二进制计数器的功能表

清零	预置	控制		时钟	预置数据输入				输　出			
$\overline{R_D}$	$\overline{LD}$	EP	ET	CP	A_3	A_2	A_1	A_0	Q_3	Q_2	Q_1	Q_0
0	×	×	×	×	×	×	×	×	**0**	**0**	**0**	**0**

续表

清零	预置	控制		时钟	预置数据输入				输 出			
					d_3	d_2	d_1	d_0	d_3	d_2	d_1	d_0
1	0	×	×	↑	d_3	d_2	d_1	d_0	d_3	d_2	d_1	d_0
1	1	0	×	×	×	×	×	×		保持		
1	1	×	0	×	×	×	×	×		保持		
1	1	1	1	↑	×	×	×	×		计数		

由表 9-3-3 可知,74161 具有以下功能。

(1)异步清零。$\overline{R}_D = 0$ 时,计数器输出被直接清零,与其他输入端的状态无关。

(2)同步并行预置数。在 $\overline{R}_D = 1$ 条件下,当 $\overline{LD} = 0$ 且有时钟脉冲 CP 的上升沿作用时,A_3、A_2、A_1、A_0 输入端的数据 d_3、d_2、d_1、d_0 将分别被 Q_3、Q_2、Q_1、Q_0 所接收。

(3)保持。在 $\overline{R}_D = \overline{LD} = 1$ 条件下,当 $ET \cdot EP = 0$,不管有无 CP 脉冲作用,计数器都将保持原有状态不变。需要说明的是,当 EP=0、ET=1 时,进位输出 RCO 也保持不变;而当 ET=0 时,不管 EP 状态如何,进位输出 RCO=0。

(4)计数。当 $\overline{R}_D = \overline{LD} = EP = ET = 1$ 时,74161 处于计数状态。

9.3.2 十进制计数器

二进制计数器结构简单,但是读数不习惯,所以在有些场合采用十进制计数器较为方便。十进制计数器是在二进制计数器的基础上得出的,用四位二进制数来代表十进制的每一位数,所以也称为二-十进制计数器。

1. 同步十进制计数器

图 9-3-8 所示为用四个 JK 触发器组成的同步十进制加法计数器的逻辑图。

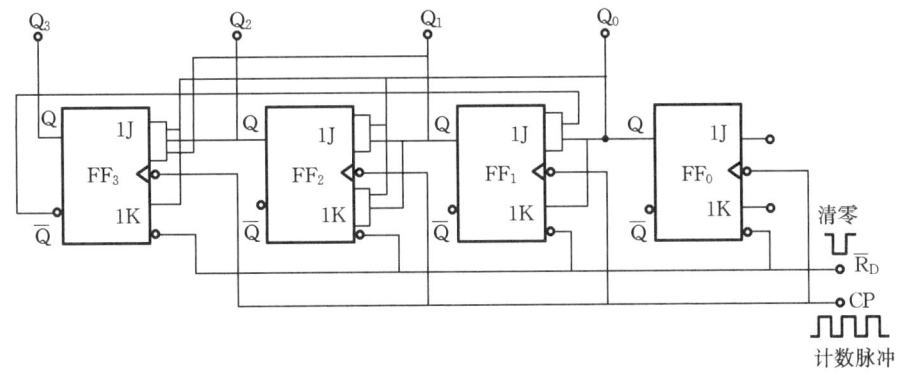

图 9-3-8 同步十进制加法计数器

由图 9-3-8 可以列出各触发器 JK 端的逻辑关系式(又称驱动方程)。

$$J_3 = Q_2 Q_1 Q_0, \quad K_3 = Q_0$$

$$J_2 = K_2 = Q_1 Q_0$$

$$J_1 = \overline{Q}_3 Q_0, \quad K_1 = Q_0$$

$$J_0 = K_0 = 1$$

代入各个 JK 触发器的状态方程为

$$Q_3^{n+1} = J_3\overline{Q_3} + \overline{K_3}Q_3 = \overline{Q_3}Q_2Q_1Q_0 + Q_3\overline{Q_0}$$

$$Q_2^{n+1} = J_2\overline{Q_2} + \overline{K_2}Q_2 = \overline{Q_2}Q_1Q_0 + Q_2\overline{Q_1Q_0}$$

$$Q_1^{n+1} = J_1\overline{Q_1} + \overline{K_1}Q_1 = \overline{Q_3}\overline{Q_1}Q_0 + Q_1\overline{Q_0}$$

$$Q_0^{n+1} = J_0\overline{Q_0} + \overline{K_0}Q_0 = \overline{Q_0}$$

将触发器 $Q_3Q_2Q_1Q_0$ 的十六种取值组合代入各触发器的状态方程,得到如表 9-3-4 所示的状态转移表。

表 9-3-4　同步十进制加法计数器的状态转移表

Q_3	Q_2	Q_1	Q_0	Q_3^{n+1}	Q_2^{n+1}	Q_1^{n+1}	Q_0^{n+1}
0	0	0	0	0	0	0	1
0	0	0	1	0	0	1	0
0	0	1	0	0	0	1	1
0	0	1	1	0	1	0	0
0	1	0	0	0	1	0	1
0	1	0	1	0	1	1	0
0	1	1	0	0	1	1	1
0	1	1	1	1	0	0	0
1	0	0	0	1	0	0	1
1	0	0	1	0	0	0	0
1	0	1	0	1	0	1	1
1	0	1	1	0	1	0	0
1	1	0	0	1	1	0	1
1	1	0	1	0	1	0	0
1	1	1	0	1	1	1	1
1	1	1	1	0	0	0	0

根据状态转移表可画出状态转换图,如图 9-3-9 所示。

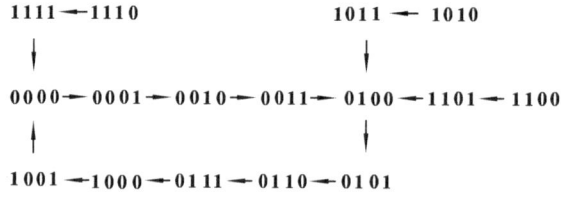

图 9-3-9　状态转换图($Q_3Q_2Q_1Q_0$)

在 CP 作用下,计数器的状态 $Q_3^{n+1}Q_2^{n+1}Q_1^{n+1}Q_0^{n+1}$ 按照 **0000→0001→…→1001→0000** 循环,这十个状态称为有效状态。**1010、1011、1100、1101、1110、1111** 这六个状态称为无效状态。

74LS160 型同步十进制计数器是常用的,它的外引线排列图和功能表与前述的 74LS161 型同步二进制计数器完全相同。

2. 异步十进制计数器

74LS290 是异步十进制计数器,其逻辑图和外引线排列图如图 9-3-10 所示。它由一个一位二进制计数器和一个异步五进制计数器组成。如果计数脉冲由 CP_0 端输入，输出由 Q_0 端引出，即得二进制计数器；如果计数脉冲由 CP_1 端输入，输出由 $Q_3Q_2Q_1$ 引出，即是五进制计数器；如果将 Q_0 与 CP_1 相连，计数脉冲由 CP_0 输入，输出由 $Q_3Q_2Q_1Q_0$ 引出，即得 8421 码十进制计数器。因此，又称此电路为二—五—十进制计数器。

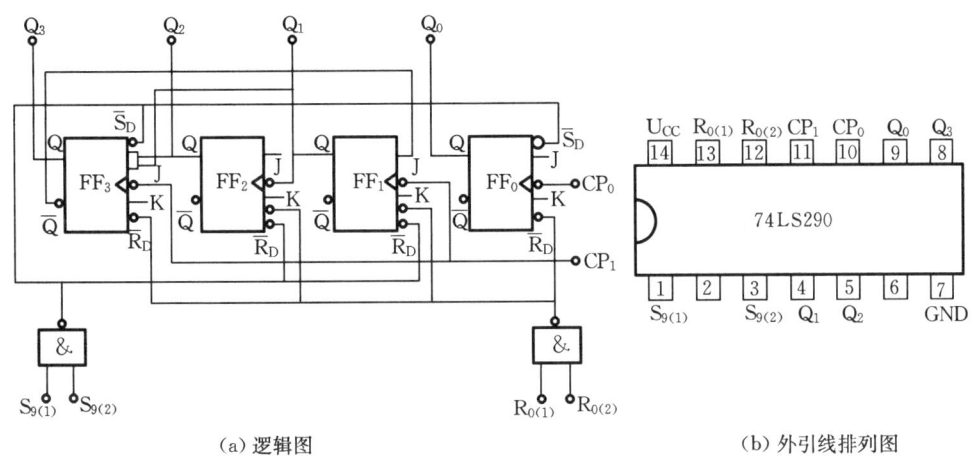

（a）逻辑图 （b）外引线排列图

图 9-3-10　74LS290 型计数器

表 9-3-5 所示为 74LS290 的功能表。由表可以看出，当复位输入 $R_{0(1)}=R_{0(2)}=1$ 且置位输入 $S_{9(1)} \cdot S_{9(2)}=0$ 时，74LS290 的输出被直接置零；只要置位输入 $S_{9(1)}=S_{9(2)}=1$，则 74LS290 的输出将被直接置 9，即 $Q_3Q_2Q_1Q_0=1001$；只有同时满足 $R_{0(1)} \cdot R_{0(2)}=0$ 和 $S_{9(1)} \cdot S_{9(2)}=0$ 时，才能在计数脉冲（下降沿）作用下实现二—五—十进制加法计数。

表 9-3-5　74LS290 型计数器的功能表

复位输入		置位输入		时　钟	输　　出			
$R_{0(1)}$	$R_{0(2)}$	$S_{9(1)}$	$S_{9(2)}$	CP	Q_3	Q_2	Q_1	Q_0
1	**1**	**0**	$\times$	$\times$	**0**	**0**	**0**	**0**
		$\times$	**0**					
$\times$	$\times$	**1**	**1**	$\times$	**1**	**0**	**0**	**1**
$\times$	**0**	$\times$	**0**	$\downarrow$	计　数			
0	$\times$	**0**	$\times$	$\downarrow$	计　数			
0	$\times$	$\times$	**0**	$\downarrow$	计　数			
$\times$	**0**	**0**	$\times$	$\downarrow$	计　数			

9.3.3　任意进制计数器

目前常用的计数器主要有二进制和十进制，当需要其他任意进制计数器时，只能用已有的计数器产品经过外电路的不同连接方法得到。

实现任意进制计数器的方法有复位法（清零法）和置位法（置数法）两种。

1. 清零法

将计数器适当连接,利用其清零端进行反馈置 **0**,可以得到小于原进制的多种进制的计数器,这种方法称为复位法(清零法)。

2. 置数法

置数法适用于具有预置数功能的集成计数器。对于具有同步预置数功能的计数器而言,在其计数过程中,可以将它输出的任何一个状态通过译码,产生一个预置数控制信号反馈至预置数控制端,在下一个 CP 脉冲作用后,计数器就会把预置数输入端的状态置入输出端。预置数控制信号消失后,计数器就从预置入的状态开始重新计数。

图 9-3-11(a)、(b)都是借助同步预置数功能,采用反馈置数法,用 74161 构成十二进制加计数器的。其中图 9-3-11(a)的接法是把输出 $Q_3Q_2Q_1Q_0 = 1101$ 状态译码产生预置数控制信号 **0**,反馈至 $\overline{\text{LD}}$ 端,在下一个 CP 脉冲的上升沿到达时置入 **0000** 状态。图 9-3-11(a)电路的循环状态为

$$0000 \rightarrow 0001 \rightarrow 0010 \rightarrow 0011 \rightarrow 0100 \rightarrow 0101$$
$$\uparrow \qquad\qquad\qquad\qquad\qquad\qquad\qquad \downarrow$$
$$1011 \leftarrow 1010 \leftarrow 1001 \leftarrow 1000 \leftarrow 0111 \leftarrow 0110$$

其中,**0001~1011** 这十一个状态是 74161 进行加 **1** 计数实现的,**0000** 是由反馈置数得到的。

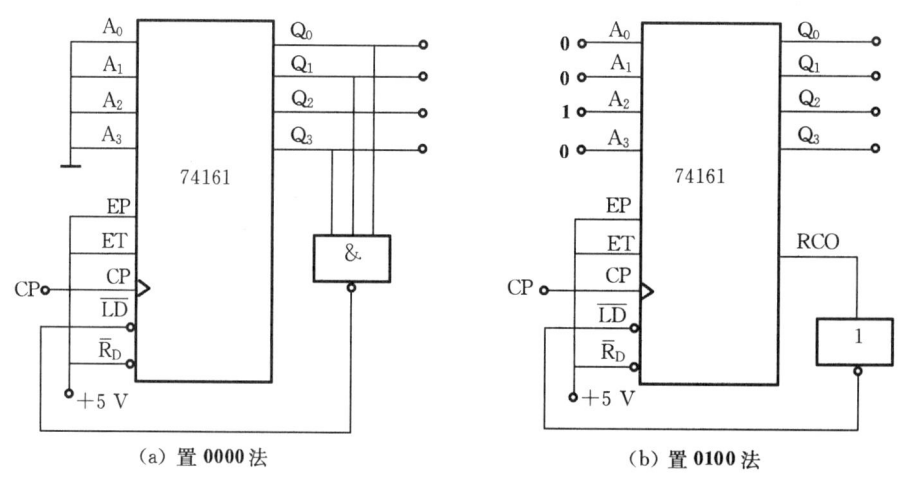

(a) 置 0000 法 (b) 置 0100 法

图 9-3-11 用置数法将 74161 接成十二进制计数器

图 9-3-11(b)电路的接法是将 74161 计数到 **1111** 状态时产生的进位信号译码后,反馈到预置数控制端。预置数据输入端置成 **0100** 状态。电路从 **0100** 状态开始加 **1** 计数,输入第十一个 CP 脉冲后到达 **1111** 状态,此时 RCO = **1**,$\overline{\text{LD}}$ = **0**,在第十二个 CP 脉冲作用后,$Q_3Q_2Q_1Q_0$ 被置成 **0100** 状态,同时使 RCO = **0**,$\overline{\text{LD}}$ = **1**。新的计数周期又从 **0100** 开始。图 9-3-11(b)电路的循环状态为

$$0100 \rightarrow 0101 \rightarrow 0110 \rightarrow 0111 \rightarrow 1000 \rightarrow 1001$$
$$\uparrow \qquad\qquad\qquad\qquad\qquad\qquad\qquad \downarrow$$
$$1111 \leftarrow 1110 \leftarrow 1101 \leftarrow 1100 \leftarrow 1011 \leftarrow 1010$$

【思考与练习 9.3】

9.3.1 在图 9-3-12 所示的逻辑电路中,试画出 Q_0、Q_1 端的波形(在四个时钟脉冲 CP 的作用下)。如果 CP 的频率为 6 000 Hz,那么 Q_0、Q_1 的频率各为多少?设初态 $Q_1 = Q_0 = 0$。

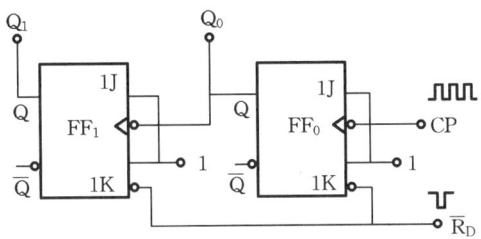

图 9-3-12　思考与练习 9.3.1 图

9.3.2 同步计数器和异步计数器应如何区别?在计数速度上有无差异?

◀ 9.4　555 定时器及其应用 ▶

555 定时器是一种数字电路与模拟电路相结合的中规模集成电路。该电路使用灵活、方便,只需外接少量的阻容元件就可以构成单稳态触发器和多谐振荡器等,因而广泛用于信号的产生、变换、控制与检测。

9.4.1　555 定时器

555 定时器产品有 TTL 型和 CMOS 型两类。TTL 型产品型号的最后三位都是 555,CMOS 型产品的最后四位都是 7555,它们的逻辑功能和外部引线排列完全相同。

555 定时器的电路如图 9-4-1 所示。它由三个阻值为 5 kΩ 的电阻组成的分压器、两个电压比较器 C_1 和 C_2、基本 RS 触发器、放电晶体管 T、与非门和反相器组成。

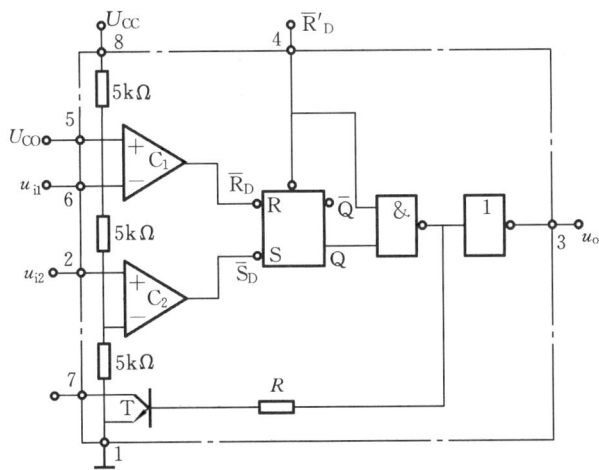

图 9-4-1　555 定时器原理图

分压器为两个电压比较器 C_1、C_2 提供参考电压。如端 5 悬空,则比较器 C_1 的参考电压为 $\frac{2}{3}U_{CC}$,加在同相端;C_2 的参考电压为 $\frac{1}{3}U_{CC}$,加在反相端。

$\overline{R}'_D$ 是复位输入端。当 $\overline{R}'_D = 0$ 时,基本 RS 触发器被置 0,晶体管 T 导通,输出端 u_o 为低电平。正常工作时,$\overline{R}'_D = 1$。

u_{i1} 和 u_{i2} 分别为端 6 和端 2 的输入电压。当 $u_{i1} > \frac{2}{3}U_{CC}$,$u_{i2} > \frac{1}{3}U_{CC}$ 时,C_1 输出为低电平,C_2 输出为高电平,即 $\overline{R}_D = 0$,$\overline{S}_D = 1$,基本 RS 触发器被置 0,晶体管 T 导通,输出端 u_o 为低电平。

当 $u_{i1} < \frac{2}{3}U_{CC}$,$u_{i2} < \frac{1}{3}U_{CC}$ 时,C_1 输出为高电平,C_2 输出为低电平,$\overline{R}_D = 1$,$\overline{S}_D = 0$,基本 RS 触发器被置 1,晶体管 T 截止,输出端 u_o 为高电平。

当 $u_{i1} < \frac{2}{3}U_{CC}$,$u_{i2} > \frac{1}{3}U_{CC}$ 时,基本 RS 触发器状态不变,电路亦保持原状态不变。

综上所述,可得 555 定时器功能如表 9-4-1 所示。

表 9-4-1　555 定时器功能表

输　　入			输　　出	
复位 $\overline{R}'_D$	u_{i1}	u_{i2}	输出 u_o	晶体管 T
0	×	×	0	导通
1	$> \frac{2}{3}U_{CC}$	$> \frac{1}{3}U_{CC}$	0	导通
1	$< \frac{2}{3}U_{CC}$	$< \frac{1}{3}U_{CC}$	1	截止
1	$< \frac{2}{3}U_{CC}$	$> \frac{1}{3}U_{CC}$	保持	保持

9.4.2　555 定时器的应用

1. 单稳态电路

前面介绍的双稳态触发器具有两个稳态的输出状态 Q 和 $\overline{Q}$,且两个状态始终相反。而单稳态触发器只有一个稳态状态。在未加触发信号之前,触发器处于稳定状态,经触发后,触发器由稳定状态翻转为暂稳状态,暂稳状态保持一段时间后,又会自动翻转回原来的稳定状态。单稳态触发器一般用于延时和脉冲整形电路。

单稳态触发器电路的构成形式很多。图 9-4-2(a)所示为用 555 定时器构成的单稳态触发器,R、C 为外接元件,触发脉冲 u_i 由端 2 输入。端 5 不用时一般通过 $0.01~\mu F$ 电容接地,以防干扰。下面对照图 9-4-2(b)进行分析。

1) 稳态

在 t_1 以前,触发脉冲尚未输入,u_i 为 1,其值 $u_i > \frac{1}{3}U_{CC}$,比较器 C_2 的输出为 1。若触发器的原始状态 $Q = 0$,$\overline{Q} = 1$,则晶体管 T 饱和导通,$u_C \approx 0.3~V$,故 C_1 的输出为 1,触发器的状态保持不变。若 $Q = 1$,$\overline{Q} = 0$,则 T 截止,U_{CC} 通过 R 对电容 C 充电,当 u_C 上升略高于 $\frac{2}{3}U_{CC}$ 时,比较器

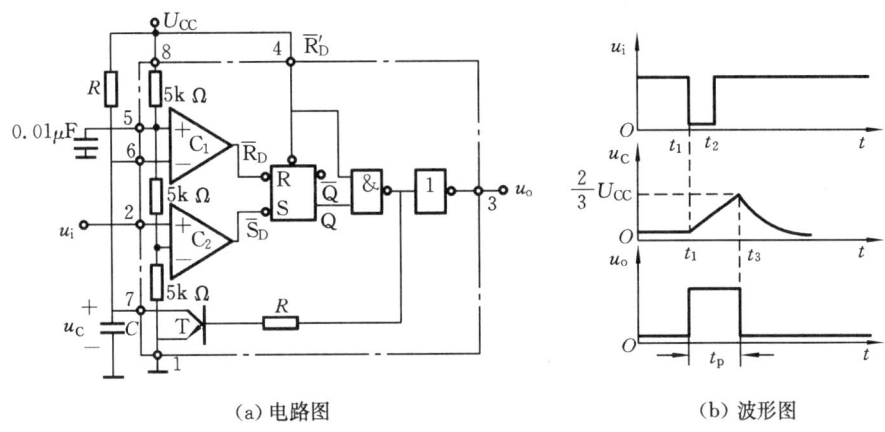

(a) 电路图　　　　　(b) 波形图

图 9-4-2　单稳态触发器

C_1 的输出为 **0**,使触发器翻转为 $Q=0$,$\overline{Q}=1$。则 u_o 保持 **0** 状态。电路将一直处于这一稳定状态。

2) 暂稳态

在 $t=t_1$ 瞬间,端 2 输入一个负脉冲,即 $u_i<\dfrac{1}{3}U_{CC}$,基本 RS 触发器置 1,输出为高电平,并使晶体管 T 截止,电路进入暂稳态。此后,电源又经 R 向 C 充电,充电时间常数 $\tau=RC$,电容的电压 u_C 按指数规律上升。

在 $t=t_2$ 时刻,触发负脉冲消失($u_i>\dfrac{1}{3}U_{CC}$),若 $u_C<\dfrac{2}{3}U_{CC}$,则 $\overline{R}_D=1$,$\overline{S}_D=1$,基本 RS 触发器保持原状态,u_o 仍为高电平。

在 $t=t_3$ 时刻,当 u_C 上升略高于 $\dfrac{2}{3}U_{CC}$ 时,$\overline{R}_D=0$,$\overline{S}_D=1$,基本 RS 触发器复位,输出 $u_o=0$,回到初始稳态。同时,晶体管 T 导通,电容 C 通过 T 迅速放电直至 u_C 为 **0**。这时 $\overline{R}_D=1$,$\overline{S}_D=1$,电路为下次翻转做好了准备。

输出脉冲宽度 t_p 为暂稳态的持续时间,即电容 C 的电压从 **0** 充至 $\dfrac{2}{3}U_{CC}$ 所需的时间。由 $\dfrac{2}{3}U_{CC}=U_{CC}(1-e^{-\frac{t_p}{RC}})$ 得

$$t_p = \ln 3 \cdot RC \approx 1.1RC \tag{10-4-1}$$

由上式可知:

(1) 改变 R、C 的值,可改变输出脉冲宽度,从而可以用于定时控制;

(2) 在 R、C 的值一定时,输出脉冲的幅度和宽度是一定的,利用这一特性可对边沿不陡、幅度不齐的波形进行整形。

2. 多谐振荡器

多谐振荡器又称为无稳态触发器,它没有稳定的输出状态,只有两个暂稳态。在电路处于某一暂稳态后,经过一段时间可以自行触发翻转到另一暂稳态。两个暂稳态自行相互转换而输出一系列矩形波。多谐振荡器可用作方波发生器。

图 9-4-3 所示为由 555 定时器构成的多谐振荡器。R_1、R_2 和 C 是外接元件。

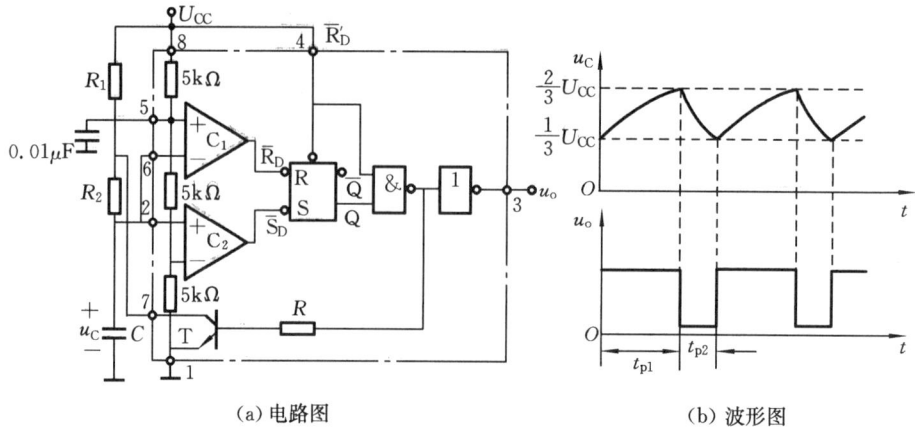

(a) 电路图   (b) 波形图

图 9-4-3 多谐振荡器

刚接通电源时，$u_C = 0$，$u_o = 1$。当 u_C 升至 $\frac{2}{3}U_{CC}$ 后，比较器 C_1 输出低电平（$\overline{R}_D = 0$），基本 RS 触发器置 **0**，定时器输出 u_o 由 **1** 变为 **0**。同时，三极管 T 导通，电容通过 R_2 放电，u_C 下降。在 $\frac{1}{3}U_{CC} < u_C < \frac{2}{3}U_{CC}$ 期间，u_o 保持低电平状态。在 u_C 下降至 $\frac{1}{3}U_{CC}$ 以后，比较器 C_2 输出低电平（$\overline{S}_D = 0$），使触发器置 **1**，输出 u_o 由 **0** 变为 **1**。同时三极管 T 截止，于是电容 C 再次被充电。如此不断重复上述过程，多谐振荡器的输出端就可得到一串矩形波。工作波形如图 9-4-3(b) 所示。

振荡周期等于两个暂稳态的持续时间。第一个暂稳态时间 t_{p1} 为电容 C 的电压 u_C 从 $\frac{1}{3}U_{CC}$ 充电至 $\frac{2}{3}U_{CC}$ 所需时间，即

$$t_{p1} \approx (R_1 + R_2)C\ln 2 = 0.7(R_1 + R_2)C \tag{9-4-2}$$

第二个暂稳态时间 t_{p2} 为电容 C 的电压从 $\frac{2}{3}U_{CC}$ 放电至 $\frac{1}{3}U_{CC}$ 所需时间，即

$$t_{p2} \approx R_2 C\ln 2 = 0.7R_2 C \tag{9-4-3}$$

振荡周期为

$$T = t_{p1} + t_{p2} = 0.7(R_1 + 2R_2)C \tag{9-4-4}$$

振荡频率为

$$f = \frac{1}{T} = \frac{1.43}{(R_1 + 2R_2)C}$$

占空比为

$$D = \frac{t_{p1}}{t_{p1} + t_{p2}} = \frac{R_1 + R_2}{R_1 + 2R_2} \tag{9-4-5}$$

例 9-6 试分析图 9-4-4 所示"叮咚"门铃电路的工作原理。

解 图中 555 定时器接成无稳态多谐振荡器，当按钮 S 断开时，电容 C_1 未被充电，端 4 处在低电平，555 定时器复 **0**，扬声器不发声。当按下 S（闭合），电流通过二极管 D_1 给 C_1 快速充电，当端 4 达到高电平时，555 定时器开始振荡，振荡的充电时间常数是 $(R_3 + R_4)C_2$，放电时间常数是 $R_4 C_2$，扬声器发出"叮叮"的声音。松开 S（断开）时，电容 C_1 经 R_1 缓慢放电，端 4 仍处于高电平，555 定时器仍维持振荡，但充电电路串入 R_2 使振荡频率降低，扬声器发出"咚咚"声音，直到 C_1 放电到低电平，555 定时器停止振荡。

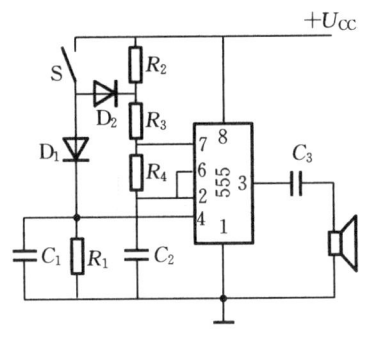

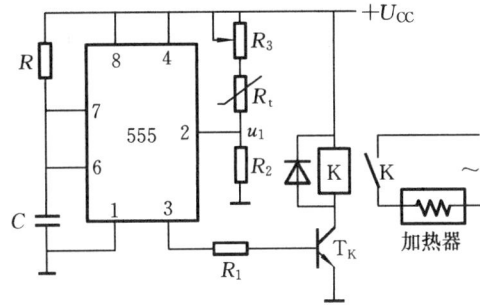

图 9-4-4　例 9-6 图　　　　　　　　　　图 9-4-5　例 9-7 图

例 9-7　试分析图 9-4-5 所示温度控制电路的工作原理。

解　555 定时器按单稳态方式工作，R_t 为具有负温度系数的热敏电阻，在被控温度为设定值时，应满足 $R_3 + R_t = 2R_2$，脚 2 的分压 u_i 恰好为 $\frac{1}{3}U_{CC}$。当被控温度降低时，R_t 阻值增大，使 $u_i < \frac{1}{3}U_{CC}$，脚 3 输出高电平，使晶体管 T_K 导通，继电器 K 吸合，接通加热器加热。与此同时，电容 C 开始充电，脚 6 的电位按指数规律上升。随着加热而温度升高，R_t 阻值减小，u_i 随之升高直到 $u_i \geq \frac{1}{3}U_{CC}$，当暂稳态结束（即电容 C 充电，脚 6 电位大于 $\frac{2}{3}U_{CC}$）时，脚 3 输出低电平，晶体管 T_K 截止，加热器停止加热，且电容 C 迅速放电。若温度再下降，重复上述工作过程，从而是被控温度保持在设定值附近。

【思考与练习 9.4】

9.4.1　555 定时器按多谐振荡器方式工作时，振荡周期 T 和占空比 D 如何确定？

9.4.2　将 555 定时器按图 9-4-6(a) 所示连接，输入波形如图 9-4-6(b) 所示。请画出定时器输出波形，并说明电路相当于什么器件？设 u_o 初始输出为高电平。

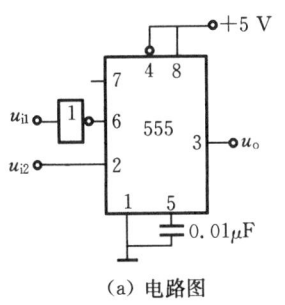

（a）电路图

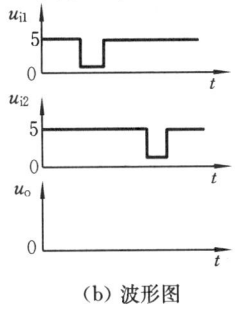

（b）波形图

图 9-4-6　思考与练习 9.4.2 图

习题 9

9.1　已知由与非门组成的基本 RS 触发器和输入端 $\overline{R_D}$、$\overline{S_D}$ 的波形如图 9-1 所示，试对应地画出 Q 和 $\overline{Q}$ 的波形,并说明状态"不定"的含义。

9.2 可控 RS 触发器的 CP、S、R 端信号状态波形如图 9-2 所示,试画出触发器 Q 端的状态波形图。设初始状态为 **0**。

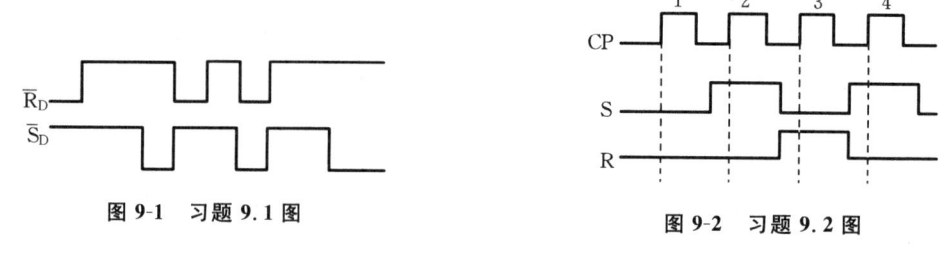

图 9-1 习题 **9.1** 图

图 9-2 习题 **9.2** 图

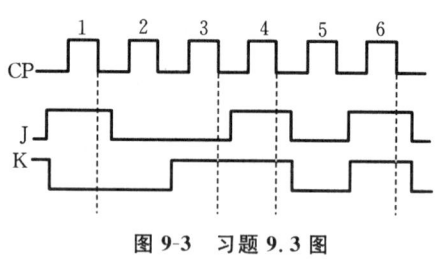

图 9-3 习题 **9.3** 图

9.3 已知主从 JK 触发器 J、K、CP 端的状态波形如图 9-3 所示,触发器的初始状态为 **0**,试对应地画出 Q 端的状态波形。

9.4 已知时钟脉冲 CP 波形为四个矩形脉冲,试分别画出图 9-4 所示各触发器在时钟脉冲 CP 作用下输出端 Q 的波形。设它们的初始状态均为 **0**。

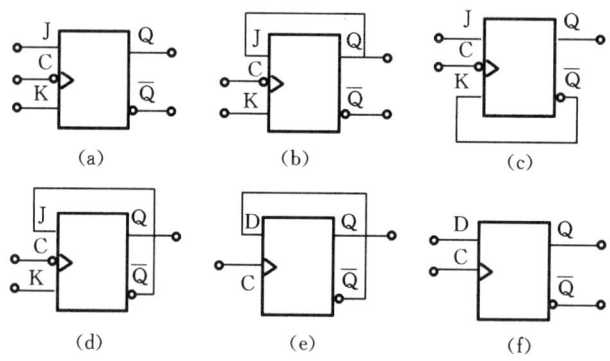

图 9-4 习题 **9.4** 图

9.5 如图 9-5 所示的电路和波形,试画出 D 和 Q 端的波形。设初始状态 Q＝0。

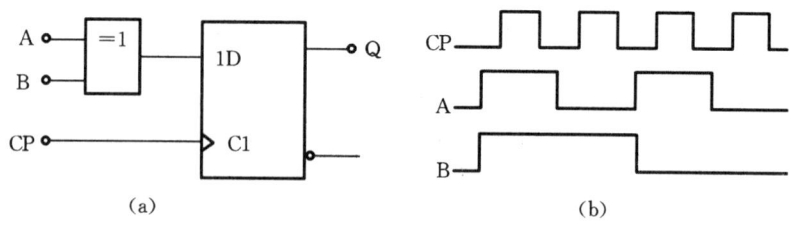

图 9-5 习题 **9.5** 图

9.6 根据图 9-6 所示电路和输入信号 A、B 的波形,试画出触发器 Q_1 和 Q_2 端的波形。触发器为主从 JK 触发器,设各触发器初态为 **0**。

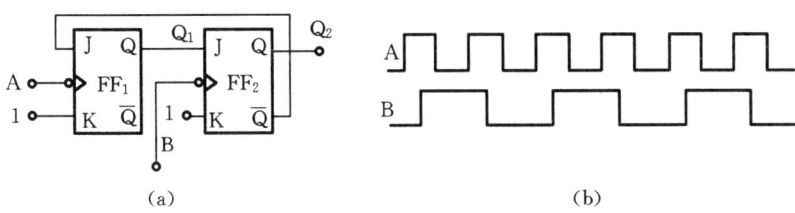

(a)　　　　　　　　　　　　　　　(b)

图 9-6　习题 9.6 图

9.7　已知电路及输入端 M、时钟脉冲 CP 的波形如图 9-7 所示,试画出输出端 Q_1、Q_2 的波形。设各触发器初态均为 **1**。

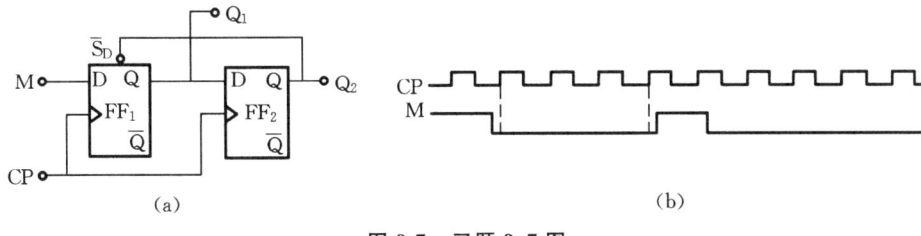

(a)　　　　　　　　　　　　　　　(b)

图 9-7　习题 9.7 图

9.8　电路如图 9-8(a)所示,画出在图 9-8(b)所示的 CP、$\overline{R}_D$、D 信号作用下 Q_1、Q_2 的波形。

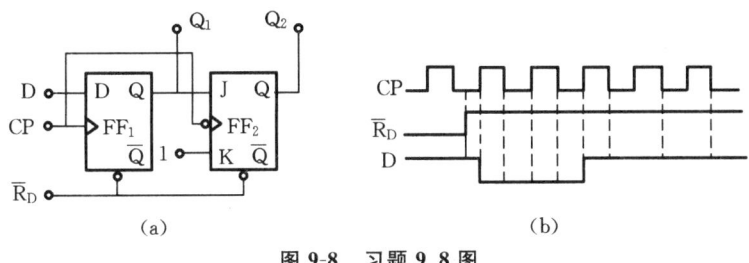

(a)　　　　　　　　　　　　　　　(b)

图 9-8　习题 9.8 图

9.9　分析如图 9-9 所示电路的逻辑功能。

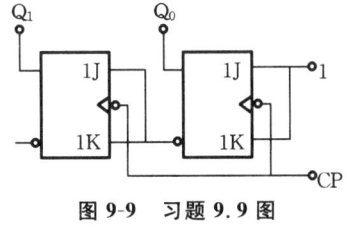

图 9-9　习题 9.9 图

9.10　电路如图 9-10(a)所示为四个围场阻塞 D 触发器组成的移位寄存器,时钟脉冲 CP 及 D_0 端波形如图 9-10(b)所示。试画出在 CP 脉冲作用下输出端 Q_0、Q_1、Q_2、Q_3 的波形。设触发器初态均为 **0**。

9.11　电路如图 9-11 所示为由 D 触发器构成的计数器,试说明其功能;并画出与 CP 脉冲对应的各输出端波形。设 CP 脉冲有 8 个,各触发器初态为 **0**。

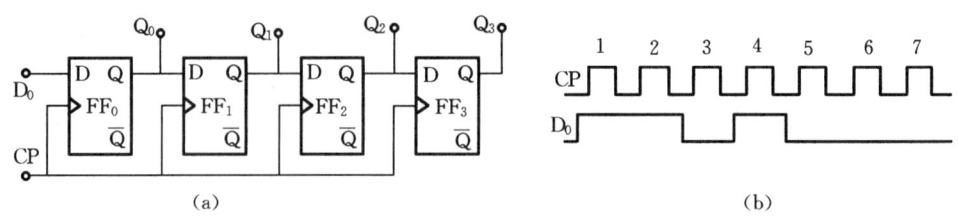

图 9-10 习题 9.10 图

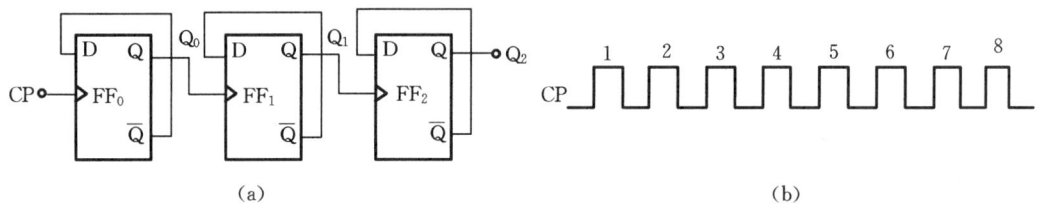

图 9-11 习题 9.11 图

9.12 逻辑电路如图 9-12 所示。设 $Q_A=1$，红灯亮；$Q_B=1$，绿灯亮；$Q_C=1$，黄灯亮。试分析该电路，说明三组彩灯点亮的顺序。在初始状态，三个触发器的 Q 端均为 0。此电路可用于晚会的彩灯控制电路。

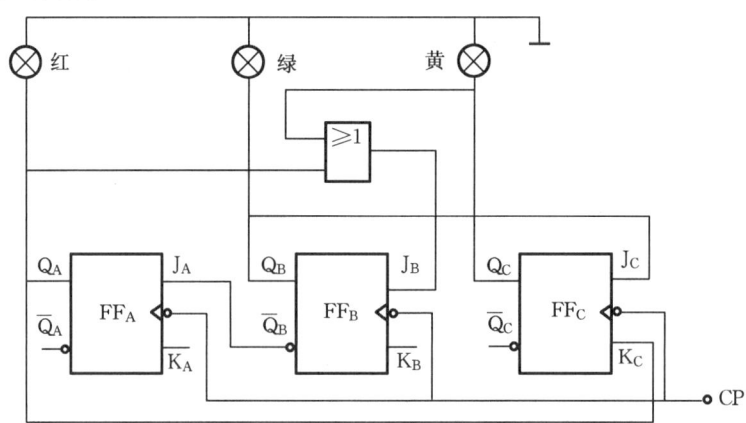

图 9-12 习题 9.12 图

9.13 图 9-13 是一简易触摸开关电路，当手摸金属片时，发光二极管亮，经过一段时间，发光二极管熄灭。试说明其工作原理，并求发光二极管能亮多长时间？

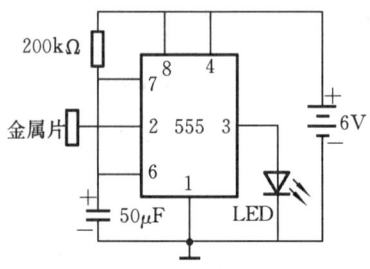

图 9-13 习题 9.13 图

[1] 刘建萍等.电工电子技术[M].武汉:华中科技大学出版社,2007.

[2] 秦曾煌.电工学(上册)[M].6版.北京:高等教育出版社,2006.

[3] 唐介,王宁.电工学(少学时)[M].北京:高等教育出版社,2004.

[4] 殷瑞祥.电路与模拟电子技术[M].北京:高等教育出版社,2004.

[5] 叶挺秀,张伯尧.电工电子学[M].4版.北京:高等教育出版社,2014.

[6] 高玉良.电路与模拟电子技术[M].北京:高等教育出版社,2004.

[7] 杨素行.模拟电子技术基础简明教程[M].2版.北京:高等教育出版社,1999.

[8] 袁洪岭,印成清,张源淳.电工电子技术基础[M].2版.武汉:华中科技大学出版社,2017.